北京林业大学国家公园研究中心研究文库

国家社科基金一般项目"国家公园管理中的公众参与机制研究"（17BGL122）资助

国家公园
公众参与机制研究

NATIONAL PARK

Research on Public Participation
Mechanism of National Parks

张玉钧　李丽娟　王应临　等／著

U0252181

中国环境出版集团·北京

图书在版编目（CIP）数据

国家公园公众参与机制研究 / 张玉钧等著. -- 北京：
中国环境出版集团，2025.1. -- ISBN 978-7-5111-5884-0

Ⅰ. S759.992

中国国家版本馆CIP数据核字第2024A81R04号

责任编辑　邵　葵
装帧设计　彭　杉

出版发行　中国环境出版集团
　　　　　（100062　北京市东城区广渠门内大街16号）
　　　　　网　　址：http：//www.cesp.com.cn
　　　　　电子邮箱：bjgl@cesp.com.cn
　　　　　联系电话：010-67112765（编辑管理部）
　　　　　发行热线：010-67125803，010-67113405（传真）
印　　刷　北京中科印刷有限公司
经　　销　各地新华书店
版　　次　2025年1月第1版
印　　次　2025年1月第1次印刷
开　　本　787×1092　1/16
印　　张　18.5
字　　数　277千字
定　　价　148.00元

中国环境出版集团郑重承诺：
中国环境出版集团合作的印刷单位、材料单位均具有中国环境标志产品认证。

出版说明

PUBLISHER'S NOTE

　　本书是全国哲学社会科学规划办公室国家社科基金一般项目"国家公园管理中的公众参与机制研究"（17BGL122）的成果总结。该研究项目于 2017 年启动，整个研究历时三年有余，并于 2021 年 7 月正式通过结题验收。该研究项目由北京林业大学张玉钧教授作为总负责人，主要成员包括李丽娟副教授、王应临副教授，其他成员还包括张婧雅、薛冰洁、徐亚丹、陈思淇、尚琴琴、秦子薇、杨金娜、熊文琪、王嘉欣、肖书文、毕莹竹、吴若云等。

前言

　　回顾中国自然保护地从单类型分散管理到体系化整合治理的渐进过程，不难发现，以前的分散管理方式存在诸多共性问题：一是重复设置，二是保护地的功能定位不准确，三是过度开发和错位经营现象严重，四是保护目标与社区发展存在冲突，五是管理缺乏法律法规支撑。这些问题产生的根本原因是中国自然保护地管理体系缺乏顶层设计，因而建立以国家公园为主体的自然保护地管理体系是解决上述问题的关键所在。

　　中国建立以国家公园为主体的自然保护地体系，其核心约束条件是人地关系，由此产生的主要管理问题大多源自对人地关系的处理上，包括自然资源与生态系统的长效保育、人类社会与保护地相关的平衡发展与合理利用、人类社会与自然环境关系的协调运行机制等方面。建立以国家公园为主体的自然保护地体系，必须从体制机制层面统筹解决以下问题：一是解决多头管理问题。目前自然保护地的管理已经转由专门的、稳定的权威部门行使统一管理，原有管理模式造成的保护地在空间上交叉重叠、管理碎片化的诸多问题将逐步得到解决。二是建立有效的资金投入机制。建立以财政投入为主的多元化资金保障机制，满足自然保护地的人头费、办公费、资源保护费、科研费和基础设施建设费等基本需要。三是建立自然资源产权制度。国家除了对自然资源保护和利用实行监管之外，还会严格履行国有自然资源资产所有者的职责，实施统一调查和确权登记，建立自然资源有偿使用制度。这将对中国自然资源资产的确权、规划管理和监督产生积极影响。四是完善多种途径的社会参与机制。在未来的自然保护地管理制度中，通过建立第三方监督机制和广泛的公众参与机制，扩大社会各界的知情权和参与渠道，以保证自然保护地的保护利用从规划到实施，都能置于社会和公众强有力的监督之下。

目前中国正处于国家公园建设的推进阶段，实践中也暴露出许多问题，面临一些困难。国家公园具有生态系统保护、自然资源可持续利用等管理目标，涉及的利益主体具有复杂性，在规划建设过程中需要依赖公众参与进行利益协调，公众参与可以促进管理民主化、决策科学化，但也可能花费大量的时间与精力，甚至造成决策延误。这取决于国家公园处于何种发展阶段，是否具备成熟的引入公众参与的发展条件。那么在什么阶段引入何种程度的公众参与，不同公众主体参与什么内容，又发挥了怎样的作用等问题变得十分关键。如何让公众更好地参与到国家公园建设当中，真正能为国家公园建设做出实际贡献，需要对国家公园公众参与机制进行探索。

本书重点对国家公园公众参与机制进行深入研究，主要是基于中国国情，以国家公园的保护及其功能实现为目标，在总结国外在国家公园公众参与方面成功经验的基础上，探索符合中国本土特色的国家公园公众参与理论体系，为国家公园和自然保护地适应性管理提供理论支撑。同时，以三江源国家公园为例，分析其主要公众群体（社区居民、非政府组织和志愿者）在参与国家公园建设过程中出现的问题，并探寻其参与机制，以明确国家公园公众参与中的"谁来参与""参与什么""如何参与"等本质问题，进而搭建中国国家公园公众参与的有效平台，探索多主体参与国家公园建设的优化策略，最终实现公众与国家公园的良性发展。

本书的创新点主要体现在以下几个方面：

第一，本书丰富了国家公园研究领域公众参与机制的相关理论。"公众参与"虽然在行政法治、城市规划等许多领域取得了大量研究成果，但基于中国国家公园领域展开的研究较少，本书对国内国家公园公众参与机制进行了总体系统梳理研究，丰富了国家公园领域公众参与机制的研究理论。

第二，在研究对象方面，本书所构建的国家公园公众参与机制也能为其他自然保护地提供参考。本书对三江源国家公园的实证研究较为深入，能够直接为三江源国家公园公众参与机制构建提供理论支撑和借鉴。同时，三江源国家公园作为中国第一个国家公园体制试点，也是首批正式设立的国家公园之一，在建设与保护中出现的诸多制度困境和公众参与面临的现状问题，与其他试点地和其他自然保护地所面临的问题大多具有共通性。

第三，在研究内容方面，本书构建了国家公园管理中公众参与机制概念模型。该模型从与公众参与机制有关的多个主体出发，考虑多方的不同利益诉求及角色特征，构建更加合理科学的参与机制，切实为国家公园公众参与的管理提供指导。同时，本书在借鉴国外国家公园管理体制、管理理念和公众参与机制的同时，也重视对中国国家公园建设管理和公众参与独特性的总结，突出本土特色，将国际上国家公园的"普遍真理"与中国国家公园"具体实践"相结合，通过公众参与体制的创新，推动中国国家公园等保护地管理水平、效益、质量得到全面提升。

第四，在研究方法方面，本书采用的方法和模型综合了生态学、地理学、心理学等多学科的研究方法。实现定性分析与定量分析相结合，全面考虑了社会、经济、生态、政策等多方面要素的影响，具有综合性、动态性和可操作性的特点。

本书的出版得到全国哲学社会科学规划办公室国家社科基金一般项目"国家公园管理中的公众参与机制研究"（17BGL122）的支持，在研究过程中得到青海三江源国家公园管理局、祁连山国家公园管理局、钱江源－百山祖国家公园管理局、海南热带雨林国家公园管理局等单位的帮助，同时还收到同行专家、学者和相关领导的中肯建议。他们是张德海（三江源国家公园管理局）、王贵林（三江源国家公园管理局）、王恩光（青海省林业和草原局）、王志臣（国家林业和草原局林草调查规划院）、邹统钎（北京第二外国语学院）、苏杨（国务院发展研究中心）、张海霞（浙江工商大学）、李燕琴（中央民族大学）、汤青川（青海大学）、汪长林（钱江源国家公园管理局）、吴先明（海南热带雨林国家公园管理局霸王岭分局）、林崇（海南热带雨林国家公园管理局霸王岭分局）、北尾邦伸（日本岛根大学）、南宫梅芳（北京林业大学）、林震（北京林业大学）等。在此对关注、关心此项研究的社会各界表示衷心感谢！

　　本书得以出版，特别感谢国家林业和草原局自然保护地管理司、国家公园（自然保护地）发展中心的指导，同时也要感谢北京林业大学园林学院和科研处等相关部门的大力支持。如有不当之处，敬请读者批评指正。

2024 年 5 月 30 日

CONTENTS

目录

第 **1** 章

绪 论

Chapter I

国家公园作为自然保护地的一种类型，承担着生物多样性保护及游憩功能发挥的作用，是系统管理自然资源的重要方式和工具（张婧雅等，2017）。20世纪60年代，公众参与兴起，最初较多地运用于新公共行政改革及环境行政管理领域，是西方国家针对政府决策及规划制定过程中的社会运动，被视为居于"政府集权"与"公众自治"两种方式之间的状态（Thomas John Clayton，2008）。而公众参与被引入自然保护地管理领域则是出于对之前自然资源管理模式的修正，其发展历程也从侧面反映了人类自然资源保护理念的转变（Agrawal et al.，1999）。最初，自然环境恶化的主因被归结于人类活动，保护地内的社区群体被放到了自然保护的对立面，因此土地和自然资源的管理都是自上而下的政府单向管理模式，涉及公众利益的公共资源管理政策均由政府独立制定（Selin et al.，1995）。而在后期的实践中发现，尽管政府拥有强大的资金及人力资源，但这种由政府强制性的单向管理模式对资源的保护却仍是有缺陷的，出现了很多问题（如政府与当地社区的矛盾关系、政策与实践脱节等）（Agrawal et al.，1999；张婧雅等，2017）。分析其中的原因是政府的全权管理模式相较于基于公众的共同管理模式而言，在制定决策时缺乏理性思考（Fiorino，1990），导致了保护地的多种问题及冲突的发生（Mannigel，2008）。因此，让公众参与管理政策的制定及其实施过程，成为破解这些困境的唯一途径（Agrawal et al.，1999）。当前许多国家都将公众参与纳入保护地的建设和管理中，且随着保护地管理领域的不断扩大及公众参与的发展，一切与保护地有关的事件与活动，既包括保护地的建立、规划、计划和治理，也包括与保护地相关的法律法规、政策的制定与实施，都有公众的参与。例如，美国林务局实施一系列类似"合作学习"和"适应性管理"的公众参与方式；美国国家公园管理局更是将公众参与机制贯穿国家公园的设立、规划决策、管理运营等多个环节，并通过《公民共建与公众参与》（*Civic Engagement and Public Involvement*）和《国家环境政策法》（*National Environmental Policy Act*，NEPA）规定公众至少可参与环境影响范围界定、环评草案和环评决案3个阶段（张振威等，2015；Tuler et al.，2000），其中在黄石国家公园每年批准的科研项目中，有近1/4的项目是由基金会等社会组织完成的（Lynch et al.，2008）。由此可见，公众参与已逐渐成为许多国家划定利益相关者利益边界，实现保护地适应性管理的重要途径（张婧雅等，2017）。

自1956年中国建立第一个保护地——广东鼎湖山自然保护区后，便开启了构建保护地体系的探索历程，先后建立了自然保护区、风景名胜区、森林公园、湿地公园、地质公园等多种类型的保护地（蒋志刚，2018），截至2018年年底，中国不同类型的自然保护地已达1.18万处，占国土面积的18%以上（唐小平等，2019）。上述各类自然保护地无疑在协调保护和利用关系方面发挥了重要作用，但在管理中也出现了一些问题，主要表现在：①宏观管理政出多门，管理体制不健全，影响长远发展；②微观层面，各个利益相关主体不够独立，相互之间的关系不平等，经营机制不顺畅，影响健康发展；③过度开发利用造成环境破坏和资源退化，出现了不同程度的生态问题。因此寻求建立具有中国特色的国家公园体制有望成为有效规避和解决上述管理问题的良方。2013年，党的十八届三中全会提出"建立国家公园体制"的改革目标，由此开启了中国国家公园体制的探索历程。2015年，中国启动国家公园体制试点建设。2017年9月，《建立国家公园体制总体方案》提出"建立以国家公园为代表的自然保护地体系"，同年10月，党的十九大报告提出"建立以国家公园为主体的自然保护地体系"。从"代表"到"主体"，标志着国家公园地位的提升，国家公园已成为中国自然保护地最重要的类型。2018年3月，《深化党和国家机构改革方案》提出"组建国家林业和草原局，加挂国家公园管理局牌子"，在国家层面成立了统一的国家公园管理机构。2019年中共中央办公厅、国务院办公厅印发《关于建立以国家公园为主体的自然保护地体系的指导意见》，提出以国家公园为主体、自然保护区为基础、各类自然公园为补充的自然保护地管理体系，要求建立统一、规范、高效的管理体制。自此，国家公园体制建设迈入新的阶段。

虽然中国国家公园管理体制已逐步解决多头管理、权责不明等问题，但在管理过程中仍然面临政府主导管理与决策、公众整体参与程度不高等问题，亟须构建广泛、合理、高效的公众参与制度，以便更有效地提高公众参与的广度和深度，协调政府管理部门与公众之间的关系，促进国家公园各项管理政策和措施的高效落实。到目前为止，中国在国家公园公众参与方面也进行了一些探索，在《建立国家公园体制总体方案》中明确提出国家公园由国家确立并主导管理，需建立健全政府、企业、社会组织和公众共同参与国家公园保护管理的长效机制，探索社会力量参与自然资源管理和保护的新模式。国家公园在规划管理方面也有了一些公众参与的尝试，但仍处于较为浅显的层次，还有待继续深化。可见，探索中国公众参与国家公园管理的理论体系与实践模式已经成为一个具有重要价值的课题。鉴于此，本书基于文献梳理，通过借鉴国外国家公园公众参与相关案例，结合中国国家公园体制建设及公众参与的特点，以三江源国家公园作为实证案例，尝试构建中国国家公园公众参与机制，从而进一步明确在中国国家公园建设和管理中什么时期、什么阶段需要公众参与，以及解决谁来参与、参与什么、如何参与等问题，旨在使公众参与国家公园事务更加规范化、主动化，从而推动中国国家公园建设管理更加科学合理。

中国已正式设立第一批国家公园。在此前的国家公园体制建设的探索阶段，学者对国家公园的研究工作集中于国家公园、国家公园体制、自然保护地、自然保护地体系及管理体制、生态文明建设等方面（唐芳林等，2018），虽然也意识到国家公园管理中公众参与的重要性，但大多停留在国外经验借鉴和本土体制、制度研究层面，对于本土化国家公园公众参与问题研究缺少系统的解决方案，难以支撑国家公园的管理实践。因此本书在借鉴国外国家公园公众参与优秀经验的基础上，从中国国家公园典型案例出发，构建中国本土化的公众参与机制，以丰富中国国家公园理论研究内容，为后期深入研究奠定理论基础。在分析国内外相关文献和实践经验的基础上，以三江源国家公园为典型案例，从多个公众主体角度分析目前公众参与中的动机、需求、行为以及所面临的困境，基于问题导向构建公众参与机制，以期对中国国家公园的管理实践起到指导作用。同时，因为三江源国家公园是国家批准的第一个国家公园体制试点，也是政策先试先行的区域，对三江源国家公园的研究能够为中国国家公园的总体规划、专项规划以及《中华人民共和国国家公园法》的编制提供政策建议。此外，国家公园作为中国自然保护地体系的主体，对其管理中的公众参与机制进行研究，可以为其他类型的保护地管理提供实践参考。

　　本书主要探讨的是中国国家公园管理中的公众参与机制，围绕这一研究主题，选取美国、英国、新西兰、日本4个国家进行案例研究，总结他们在国家公园公众参与方面的经验，为后续中国国家公园公众参与机制的构建提供借鉴；同时，为了构建出具有本土适应性的公众参与机制，选取中国第一个试点国家公园——三江源国家公园作为实证研究案例，以社区居民、非政府组织（NGO）和志愿者3个主要的公众群体为研究对象，评估他们在国家公园管理中的参与现状及存在的问题，并提出构建公众参与机制的具体建议。关于国家公园公众参与机制的研究过程，主要分为4个阶段：①第一阶段，明确基本原则。国家公园的目标应是在生态系统有效保护的前提下，实现自然资源的高效管理，这一目标应作为公众参与机制构建的宗旨。公众参与机制的最终目的是广泛的信息数据分析后的决策判断，绝非简单地为各利益相关者搭建对话平台。在进行充分的文献研究以及对国家公园进行实地调研后，结合国外公众参与机制的实践经验，明确国家公园的公众参与机制应是在宏观上负责引导国家公园建设运转的前提下，实现"自下而上"的公众参与形式，注重游客、NGO、社区居民等基层群体的意愿诉求和信息反馈。②第二阶段，确立参与途径。借鉴社会学提出的公众参与类别和各国的公众参与机制，结合中国保护地管理过程中可能涉及的公众主体及实际情况，同样根据公众的参与程度，将国家公园的公众参与途径分为信息反馈、咨询、协议及合作4个层级。信息反馈是政府将国家公园的管理政策等信息向公众通报，有可能得到公众的意见反馈。这种反馈机制便是公众参与国家公园建设途径的最浅层次；咨询是指通过由政府部门、专家等组织的听证会、咨询会、问卷访谈、开放论坛等形式，利益相关者代表、社会组织等公众群体对国家公园的决策及规划编制过程进行意见的表达和有效的参与；协议是指政府雇用或聘请对国家公园建设管理感兴趣或有一定知识技能的公众群体或个人，参与到国家公园建设管理的多个方面，如公园保护、经营、技术支持等，其参与形式包括特许经营、协议保护、专家聘请、第三方监督、志愿者参与等；合作则是根据共同目标和利益确定合作范围，明晰各方权责界限及产出分配，合作与协议的关键区别在于，协议中的公众群体或个人一般只需要对协议中指定的领域负责，而合作需要公众群体或个人与政府共同分享该项目的权益并承担责任，合作的参与形式包括委员会、工作组、社区共管、公私合营等。③第三阶段，制定技术规程。应在基本原则的指导下，联合国家公园当地居民、周边用地的管理机构、游客、与管理相关的私营企业或个体、社会团体以及相关的社会或国际组织，共同制定不同参与途径的详细程序和技术规程。在信息反馈、咨询、协议及合作4个层级中，都必须有相对全面且详细的技术操作手册作为指导，应至少包括公众参与机制的适用准则、参与对象的选取办法、参与方案的制定规范、组织方的具体权责、机制的运转模型等关键方面。④第四阶段，构建保障体系。公众参与机制能否高效运转的关键是要建立完备的保障体系，包括面向公众的信息公开平台、及时准确的信息反馈通道，以及政府和公众在内的培训体系等。利用系统的评估体系对公众参与的过程和结果分别进行评估，收集公众对项目效果的阶段性意见反馈，并形成阶段性报告。除此之外，最重要的是要有相关的专项法律法规支持，作为国家公园公众参与机制顺利实施的强制性保障。从立法的层面明确公众参与的必要性、合理性甚至强制性。

本书的基本思路是：（1）查阅和综述相关研究文献，总结以下内容：①国家公园管理体制、管理目的和特点；②利益相关者等理论及其在保护地研究中的应用；③国家公园公众的界定、层次划分、相互关系与利益诉求；④公众参与的原则、模式与实施途径。（2）总结一些国家（如美国、英国、新西兰、日本等）在国家公园公众参与机制构建方面的成功经验，并进行归类对比分析。（3）实地调查、分析案例地概况，包括青海省三江源地区的基本情况和三江源国家公园公众参与主体界定及其相互关系。④构建案例地国家公园公众参与机制，在明确公众参与机制的适用条件后筛选三江源国家公园的三大类公众参与主体（社区、NGO、志愿者），确定公众参与类别和途径，同时建立保障体系。⑤得出研究结论，对公众参与的过程和结果分别进行评估，以便构建综合的公众参与有效机制，为中国国家公园体制建设和管理实践提供理论支撑。

本书通过收集与分析国内外国家公园公众参与相关文献，结合行政学、管理学、社会学等学科相关研究成果，辨析公众、公民、公众参与、利益相关者参与等相关概念内涵，梳理目前国内外保护地公众参与的研究进展，从中找到可以借鉴的理论和研究方法作为研究依据，构建相应的理论框架基础。聚焦"国家公园公众参与"这一问题，选取此方面具有典型性和代表性的国家（如美国、英国、新西兰、日本）等国外案例进行研究，遵循一定的逻辑分析方法，从参与主体、参与内容、参与途径和特色做法等多层次进行经验归纳和对比分析，为本书构建公众参与机制的总体框架奠定了国际经验基础。另外，选取典型案例地三江源国家公园进行实证研究。在实证研究中，采用问卷调查法，以线上、线下问卷的形式，获取公众群体特征的相关数据，并对调查搜集到的大量资料进行整理分析。其次，运用系统分析法对三江源国家公园管理体制系统要素进行综合分析，找出基于解决问题的可行方案的咨询方法。全面分析公众参与机制中要素与要素、要素与系统、系统与环境以及此系统与他系统的关系，从而把握其内部联系与规律性，达到有效控制与改造系统的目的。深入实证案例地，围绕"国家公园公众参与"相关问题，通过与三江源国家公园管理局等相关管理机构负责人、工作人员，在三江源区域较为活跃的各类 NGO 工作人员，当地牧民、牧委会等人员进行交流与访谈，以半结构访谈的方式为主，综合运用历史法、观察法等方法获取研究数据，以便更好地了解公众参与的主观意愿、影响因素及行为动机。最后，基于李克特量表五点法进行评分问卷设计，通过向研究国家公园、生态保护、社区共管、公共管理等领域的专家发放评分问卷的形式，调查专家学者对三江源国家公园管理中公众参与的认知和看法，并对收集的调研数据进行系统地统计、处理、分析和归纳，进而对现有影响公众参与的因素进行评分与层次划分，以作为构建国家公园公众参与机制的数据基础。

综上所述，在国家公园管理过程中，单靠政府的方针政策以及市场技术是不够的，应该更加强调管理者、社区居民、经营者、旅游者以及 NGO 等各利益相关者之间不同价值取向的交织、碰撞和磨合。将各利益相关者的价值判断与国家公园的管理目标相融合，实现公园管理目标以及相关主体的利益协调。因此，本书试图回答以下几个问题：①如何明确国家公园公众参与的适用条件；②如何界定和划分国家公园利益相关者，探索其利益诉求的冲突和共性；③如何根据公众意识和社会经济条件选择合理的公众参与类别和方式；④如何在体制设计中保障公众参与机制的顺利实施。

第 **2** 章

研究综述

Chapter 2

2.1　相关概念研究

2.1.1　国家公园

国家公园（National Park）是自然保护地体系中的一种类型，其概念源于美国，"国家公园"一词由美国艺术家乔治·卡特林首次提出（杨锐，2003a）。自1872年，美国建立了世界上第一个国家公园后，国家公园理念逐步被世界上多数国家和地区所接受。各国结合本国国情及实践对国家公园概念的解释虽不尽相同（表2-1-1），但其共通之处是均指在生态系统完整且价值较高的区域，强调保护自然资源的同时也

表2-1-1　不同国家、地区和组织对国家公园概念的界定

国家或地区、组织	国家公园概念
美国	面积较大且成片的自然区域，保护和提供游憩机会
加拿大	以"典型自然景观区域"为主体，是加拿大人民世代获得享用、接受教育、进行娱乐和欣赏的区域
德国	面积相对较大而又具有独特性质的天然保护区
澳大利亚	大面积陆地区域、生态景观保存较为完整，本土物种数量丰富、多种多样
南非	保护环境，为公众提供科学、教育、休闲以及旅游机会，并能促进当地经济发展
世界自然保护联盟（IUCN）	大面积的自然或近自然的区域，保护和提供精神享受、科研、教育、娱乐与参观的机会
中国	由国家批准设立并主导管理，边界清晰，以保护具有国家代表性的大面积自然生态系统为主要目的，实现自然资源科学保护和合理利用的特定陆地或海洋区域

资料来源：根据《国家公园体制比较研究》、IUCN《自然保护地管理分类指南》（2013年）和中国中央政府印发的《建立国家公园体制总体方案》（2017年）整理而成。

注重发挥国家公园科研、教育、游憩等多元价值和功能以及全民的共建和共享。各国在国家公园概念阐释中均强调了公众参与国家公园共建共享的重要作用。

2.1.2　公众

人作为一种群居动物，总是生活在一定群体中，在不同场合因不同原因聚集而成的群体，由于参与领域和参与特点的不同，往往有不同的称谓，比如公众、公民、市民、利益相关者等（武小川，2014）。本书为了更好地体现国家公园公众参与的主体性，首先对中国语境下的公众、公民、市民、利益相关者的概念进行辨析。

公民（citizen）为中国宪法所确定的基本权利的一般性的主体。根据中国宪法第33条第1款规定，凡是具有中华人民共和国国籍的人都是中华人民共和国公民。公民一般具有个体性，可以落实到具体的个人身上。

市民（townspeople）是随着现代化城市建设和发展而形成的一类群体，原指长期居住在城市并具有城市户籍的合法公民。但随着城市化进程的加快，大量农村劳动力、手工业者等涌入城市，他们与城市原有居民逐渐融合，不再从事农业生产，经济来源主要是自己固定的非农收入，成为现代意义上的市民（周孝玲，2016）。虽然不同学科对市民的定义不尽相同，但一般而言中国对市民的定义主要围绕身份、地域和职业3个方面进行，即长期以城市为定居目的地，具备城市户籍，从事非农产业为主的，且具有城市文化特征的意识、行为方式和生活方式的公民（孟丹丹，2018）。

利益相关者（stakeholder）概念源于管理学领域，是指能够影响组织团体目标实现过程的所有个人和组织群体。该概念于1963年由斯坦福研究院首次提出，随后该理论的应用范围从最初的企业逐渐扩展到城市规划、公共治理、旅游发展等诸多领域（Freeman，1984），研究内容集中在利益相关者界定与识别、利益诉求演化、利益冲突与摩擦，以及利益协调机制构建等方面。Mitchell 等（1997）提出利益相关者具有合法性、权力性、急迫性 3 个特征,此后不少学者以此为依据进行了利益相关者结构层次的划分,例如,有学者从紧密程度出发将利益相关者分为核心层、紧密层和外围层。此外还有多种不同角度的细分方法(陈传明,2013)。也有学者对国家公园中的利益相关者进行了界定,"在国家公园资源与价值决策中存有利害关系或者很强的经济、法律等利益的个体、团体或实体,包括特许经营者、游憩团体、持有采伐许可证等群体,存在与国家公园相关的明确法定权利与义务"(张振威等,2015)。

公众(public)一般是指具有共同的兴趣、共同的利益基础或关注某些共同问题的社会大众或群体(赵彦彬,2013)。"公众"不是一个单一实体,而是一个不断变换隶属关系、利益关系和联盟关系的复合体(Paoli,1996),它既包括公众个人,也包括公众组织(戴维·波普诺,1988),可以是私营部门、NGO 和个体公众等。但公众范畴中通常不包含政府,被理解为相对于公权力的私权利主体或政府为之服务的主体对象(向荣淑,2007;李春燕,2006)。在国家公园保护和管理中的公众可以是"任何对国家公园及项目感兴趣或有相关的个人、非政府组织和实体"(张振威等,2015)。

综上可见,公众的概念内涵比公民、市民的范围更大,没有了年龄、地域、国籍等系列限制,而国家公园中的"公众"与"利益相关者"的区别是前者强调除公权力主体外,所有关心国家公园及项目的个人或社会组织等,而后者可以包含公权力政府主体,但更强调在国家公园资源或价值决策中存在直接或间接利益关系的群体,如图 2-1-1 所示。结合本书探讨的重点,将参与保护地建设管理的公众分为两大类,即与保护地资源保护或利用相关的,除公权力主体(政府)以外的各类利益相关者(包括社区、企业、游客等),以及对保护地建设管理感兴趣的公民及社会组织。

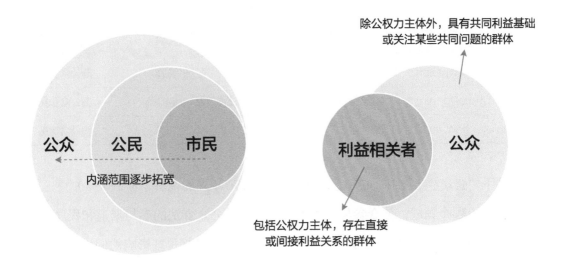

图 2-1-1　"公众"相关概念辨析（根据资料自绘）

2.1.3　公众参与

公众参与兴起于 20 世纪 60 年代的西方，是针对政府决策及规划制定过程而产生的社会运动（Parks & Wildlife Commission of the Northern Territory，2002）。它可以拆分成"公众"和"参与"两词来理解。"公众"可被理解为公权力之外的个人、组织或实体；关于"参与"一词往往意味着一种"咨询""涉入""介入"活动，而不是"决定"或决策行为（张晓杰，2010），因此"公众参与"可以被理解为居于"政府集权"与"公众自治"两种方式之间的状态（Thomas John Clayton，2008）。在西方，关于公众参与有不同的表述：public participation、public involvement、public engagement，虽然不同表述下公众参与的内容和侧重点存在细微差别，如表 2-1-2 所示，但都反映了公众参与的主要表现形式，强调公众参与是一种具有实质性的、可操作性的参与。

表 2-1-2　不同英文表述下公众参与内容的解释（根据资料自制）

公众参与相关英文表述	参与内容	解释
public participation	实质性参与，在决策过程中实现更高层次的协作	偏公众决策
public involvement	为提高规划等决策实施的可行性而取得公众的合作	偏公众意见
public engagement	20 世纪 90 年代提出，强调公众直接参与公共事务	偏公众实施

关于"公众参与"概念的界定，不同学科领域有不同的说法（表 2-1-3）。

但不论哪个领域，公众参与都离不开政府给予公众合法的参与渠道和程序。对于民众来说，"公众参与"就是让他们有能力去影响和参加那些影响他们生活的决策和行为；而对于公共机构来说，"公众参与"就是让所有民众的意见得到倾听和考虑，并最终在公开和透明的方式中形成决议（蔡定剑，2010）。

表 2-1-3　不同学科领域公众参与的概念解释

学科领域	公众参与概念定义	参考文献
环境保护领域	公众及其代表有权通过一定的程序参与一切与环境有关的决策活动，使得该项决策符合公众的切身利益，且有利于保护环境	韩广等，2007
政府决策领域	公众以合法的形式在行政决策制定过程中表达利益要求，并影响决策过程和结果的活动	王士如等，2010
行政领域	政府相关主体在行政立法和决策过程中允许、鼓励利益相关人和一般社会公众，就立法和决策所涉及的与其利益相关或涉及公共利益的重大问题，以提供信息、表达意见、发表评论、阐述利益诉求等方式参与立法和决策过程	王锡锌，2008
国家公园领域	公众在国家公园管理局（NPS）的规划和决策过程的积极参与	美国国家公园第 75A 局长令
环境法领域	公众及其代表依据环境法赋予的权利义务参与环境保护、各级政府及有关政府部门的环境决策行为、环境经济行为及环境管理部门的监管工作，听取公众意见，取得工作认可及提倡公众自我保护环境	陈建新等，2003

虽然公众参与在中国已逐步得到重视，相关研究也日益增多，但在概念应用中，不少学者仍混淆了公众参与、公民参与、公共参与、社会参与以及利益相关者参与的概念，因此在这里有必要进行区分，以明确研究对象。公众参与不同于公民参与，一是其主体更加广泛，公众参与从主体上更强调公权力主体之外的全体成员，不局限于年满十八周岁于中国居住且取得中国国籍的公民，还可以包括未满十八周岁的青年人、国外友人等。二是从参与内容和参与方式上，公民参与虽然也包括社会公共事务的参与，但其传统意义上主要指政治参与（孙柏瑛，2009）；而公众参与不是政治参与，不包括选举活动等（蔡定剑，2010）。此外，公众参与不同于公共参与，是因为公共参与更侧重参与的公共过程，不涉及参与主体，而公众参与既强调参与程序，也包括具象的参与主体。社会参与指的是公众参与社会事务，在国家公园建设语境中，"社会参与"和"公众参与"两者概念其实并无明显区分，但以往研究及日常表述中存在把社会参与的主体集中于社会组织而非公民个体的现象，因此使用"公众参与"更能强调各个具象的参与主体。另外，公众参与不同于利益相关者参与，因为公众参与的主体是包含除公权力主体外的利益相关者的参与，而且其比利益相关者更广泛的是它还包括无利害关系的普通公众的参与；在参与的深度、层次上利益相关者的参与都有别于普通公众（张振威等，2015）。

综上分析，本书讨论的公众参与有别于公民参与、公共参与和利益相关者参与，有具象的参与主体，但不包括公权力主体，参与内容不包括选举活动等政治参与，主要指公共机构在对国家公园某一（拟）决策事项（如一个项目、方案、规划、政策等）做出决策的过程中，对该（拟）决策事项感兴趣的个人、法人或者其他组织，通过交流信息、发表意见以及明确表达利益诉求等方式，旨在影响公共机构关于该（拟）决策事项的决策或者结果的一种可操作的实质性参与（胡德胜，2016）。

2.2 国内外研究进展

2.2.1 国外研究进展

目前国外关于国家公园等保护地公众参与研究已经比较成熟，涉及公众参与国家公园等保护地事务的理论研究、作用与意义、局限及适用条件、影响因素研究、经验总结及评价研究等多个方面。

2.2.1.1 公众参与保护地管理的理论研究

理论研究主要包括两大方面，一是将公众参与的模式和理念引入国家公园等保护地管理领域中，提出新的理论观点和理论框架；二是从国家公园等保护地管理的公众参与实践中总结提炼，提出公众参与理论框架。

1）公众参与保护地管理的理论基础

主要理论包括利益相关者理论、治理理论、审议民主理论、计划行为理论（图2-2-1）。

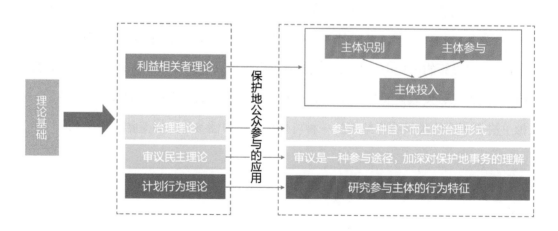

图 2-2-1　公众参与保护地管理的理论基础

（1）利益相关者理论。"利益相关者"一词于 1963 年作为一个明确的理论概念被提出，发展到目前已经形成了比较完善的理论框架，后来被引入保护地管理研究领域，出现了大量基于此理论的实证研究，用于建立保护地公众参与管理计划。例如，参与过程中的利益相关者识别、参与层次、参与的必要性及参与原则，具体如 Masagca 等（2018）提出的利益相关者识别（SID）- 利益相关者投入（SIN）- 利益相关者参与（SEN）方案，SID-SIN-SEN 方案为公众参与提供早期计划以便确保计划的成功实施；Curzon（2015）提出的利益相关者映射（stakeholder mapping），从利益相关者的角度识别、分类及分析利益相关者的诉求从而实现其参与过程等。

（2）治理理论。治理是使不同或者相互冲突的利益主体得以调和并采取联合行动的持续过程（Hirst，2000），强调政府不是治理的唯一主体，核心是建立利益相关者之间的伙伴关系。保护地及国家公园公众参与属于保护地治理研究范畴。Hiwasaki（2005）提出公众参与保护地相关政策决策是自下而上的治理形式。

（3）审议民主理论。审议民主理论是 20 世纪后期在西方兴起的一种民主理论，该理论认为民主不仅是投票和参与，在投票前应该有一个公共审议的过程，以深化公民对公共利益的理解，强调通过公共审议来提高参与品质。一些研究将其引入自然资源管理领域，例如，Kovács 等（2017）提出民主理论对保护管理有效性有贡献，Rodela（2012）认为审议民主观点在公众参与中的运用有助于挑战自然资源管理中的一些既有传统，并促使形成了开展和评估公众参与的新方式。

（4）计划行为理论。计划行为理论是由 Ajzen I.（1991）提出的社会心理学理论，旨在描述人是如何改变自己的行为模式，主要用于研究微观个体在参与保护地管理过程中的影响因素。例如，Ward 等（2017）以计划行为理论为基础，研究了马达加斯加保护地 3 个社区的参与情况，结果表明参与受到沟通不畅、缺乏谁可能参与以及如何参与等方面知识的限制。

2）公众参与保护地管理的理论框架

学者根据个案研究，提出公众参与相关的理论框架，主要包括单项保护地的公众参与流程以及针对某项具体事务的公众参与流程（图2-2-2）。针对单项保护地的公众参与流程，Granek等（2010）通过对全球渔业管理案例分析，从影响来源、利益相关者管理程度及规模大小3个方面构建了渔民参与的框架，以期最大限度地提升参与项目成功的可能性。Pollard等（2011）以南非克鲁格国家公园河流管理为例，构建了基于利益相关者参与的框架，包括明确目标、目标等级划分、管理实施范围（包括确定参与主体、参与方式、参与范围）、监测系统和反馈评估过程与反馈循环5个方面，并将该框架推广到整个生态系统的管理。

针对保护地某项具体事务的公众参与流程，Hiwasaki（2005）以日本保护地资源保护为例，制定了利益相关者参与的自下而上的决策框架，从而建立一个超越政府边界并涉及当地社区的公园管理系统，具体包括确定公园管理中的利益相关者并确定社区范围，明确各利益相关者的角色和责任，支持利益相关者就园区的目标和长远愿景达成共识。Rodríguez-Martínez（2008）同样制定了一个包含5个主题方面的以社区参与保护地倡议的框架结构，包括确定项目的社区领导人、讨论达成共识、政府介入明确地位、中央政府接管决策、政府与利益相关者之间持续解决问题，该框架营造了合作共同管理的方式。Dalton（2005）以美国海洋保护地规划制定的过程为例，提出了影响公众参与成功的框架，具体包括五大方面：主动参与者参与、完整的信息交流、公平决策、有效管理和积极参与者之间的互动，该框架是对公众参与美国自然资源管理的实证和理论研究。

从学者的研究可以发现，不管是单项保护地还是某项具体事务的公众参与活动程序并未实现整体性构建，其中很多都是根据具体实践活动的性质构建，对同类型的推广有一定借鉴意义，但是否能推广到更广泛的领域，还值得进一步研究。但是前人的研究也积累了一定的基础，可以发现，对于保护地事务的参与流程包括界定参与客体、明确参与目标、界定参与主体、制订参与计划、实施参与、效果评估和反馈等7个步骤（图2-2-3）。

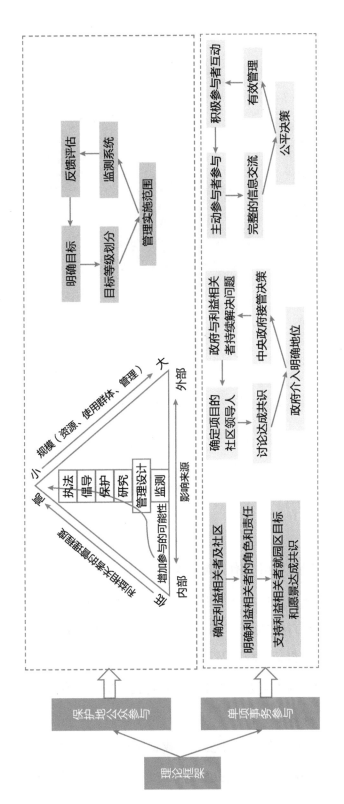

图 2-2-2　公众参与保护地管理的理论框架（Granek et al., 2010）

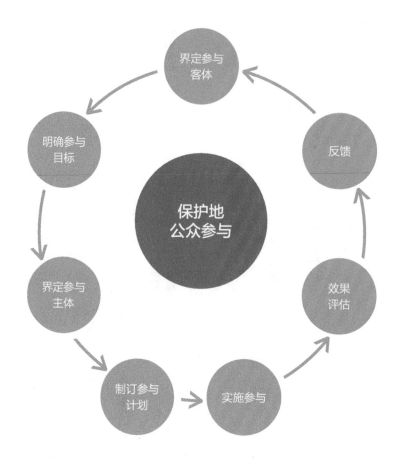

图 2-2-3　保护地公众参与的基本步骤（根据资料自绘）

2.2.1.2　公众参与在保护地中的作用与意义

公众参与是为满足自上而下与自下而上结合的发展需求而居于"政府集权"与"公众自治"两种治理方式之间的状态（Thomas John Clayton，2008）。对于公众而言，公众参与能让其取得话语权以及让政府获得其信任；而对于政府而言，公众参与能弥补财政、物力、人力等方面的不足并获得公众的支持和帮助。所以，公众参与在保护地治理中具有重要作用。

第一，公众参与可以很好地平衡公众与政府之间的利益，实现二者的双重价值。具体来说，Tuler 等（2000）强调以更加透明和包容的方式引导公众参与政策规划和决策活动，帮助缓解政府机构所面临的越来越大的管理压力，增强公众对政府的信任，同时政府也可以更好地回应公众的需求。Smith（2012）进一步提出，公众参与能够弥补预期管理和实际管理状态之间越来越大的差距，既能够缩减政府预算，也能确保保护地政策制定的有效性。Almany 等（2010）提出科学家、当地社区的参与，既可以提高保护地研究能力来保证数据传输，从而提高政府管理效率，又能充分发挥公众的潜力和价值。有学者研究了在保护地管理中引入公众参与的重要作用，如 Mbile 等（2005）提到保护地成功管理离不开社区参与。通过公众参与可以更好地了解公众的愿望和需求，进而确保决策制定的合法性，同时公众意见的整合也能为决策提供重要信息，进而提高决策质量（Langemeyer et al.，2018；Marks，2008；Kai et al.，2011）。此外，有学者通过分析缺乏公众参与所带来的问题来说明公众参与的重要性，如 Kelboro 等（2015）分析，国家倡导的自上而下的保护方式与当地发展需求及区域利益不匹配，加深了政府与公众的矛盾，因此提出要采用自下而上的公众参与方式来解决这类问题。

第二，公众参与可以更好地实现保护地可持续发展。公众参与对保护地及保护地中社会生态系统的可持续发展具有极大作用（Micheli et al.，2013）。Herbert 等（2016）以无脊椎生物保护为例，论述了将公众纳入区域决策可减少负面环境影响，促进可持续发展。Nagendra 等（2004）也以尼泊尔和洪都拉斯为例，验证了实施共同管理的公众参与的作用，奇特旺皇家国家公园中的森林在公众参与下得到全面保护，发展起来的生态旅游也给当地社区带来了可观的收入，实现了可持续发展。西班牙马德里地区的瓜达拉马山国家公园同样将利益相关者纳入森林管理决策过程中，森林管理也变得更加可持续（Martã-N-Fernã et al.，2017）。Lange 等（2011）以英国峰区国家公园为例，更具体地说明了缺少利益相关者参与的规划提案会停滞不前，而有利益相关者的参与，并且经过多次的磋商和参与，所制定的景观和土地管理的长期愿景，能最大限度地提高生态、野生动物和景观的长期效益；将当地社区隔绝在外的决策，若政府未提出更具包容性的环境治理方法，将会阻碍环境保护的发展（Stringer et al.，2013）。此外，Islam 等（2017）还阐述了当地社区参与保护地管理和渔业监管是有效管理的重要因素，社区居民的参与对保护地治理有着显著贡献，对有效管理起着重要作用。

2.2.1.3 公众参与保护地治理的局限及适用条件

尽管绝大多数学者认为公众参与有助于治理政策的成功制定，并有利于建立参与式决策。然而，也有学者通过分析决策过程、决策结果、决策模式变化等公众参与保护事务的内容，得出公众参与保护地及国家公园治理存在的局限与缺点，主要体现在政府、公众及参与事务本身3个方面。对于政府来说，实施保护地事务的公众参与时间成本大、项目预算高、决策可能会失去控制或让参与的公众产生敌意；从公众层面来说，公众会认为参与本身容易耗费时间，而且可能会成为既得利益者之间的权利游戏，而忽略了其他非公权力利益相关者特别是民众的利益诉求，最终导致所制定决策未必合理；而对于参与事务本身，不管是不透明的决策还是利益相关者分化，都使得参与难以实施或者让参与流于形式，让保护地治理变得效率低下（Islam et al., 2017；Irvin et al., 2010；Steelman et al., 1997；Héritier, 2010）。因此，上述分析表明，并不是保护地领域的所有事务都适合采用公众参与，保护地的公众参与是有特定的适用条件的，如 Niedziatkowski 等（2012）发现当政府在长期引导公众参与的能力有限时，并不能解决利益冲突，反而让参与成为利益相关者争夺权利的游戏，这说明政府引导公众参与的能力是十分重要的。Dietz 等（1998）论述了公众参与的适用条件是参与客体具有多维度和科学不确定的特征，利益相关者价值冲突较为明显、公众对管理机构缺乏信任等。此外，Hogg 等（2017）以西班牙东南部穆尔西亚省霍尔米加斯（Cabo de Palos-Islas Hormigas MPA，CPH-MPA）海洋保护地为例，针对利益相关者在参与保护地管理时很难达成共识这一问题，通过分析利益相关者对参与决策价值的看法、参与的范围、参与的挑战以及克服方法，进一步提出了采用适应性共同管理的方法来解决上述问题（表2-2-1）。

表 2-2-1　公众参与保护地治理的局限、适用条件及解决办法

公众参与保护地治理注意事项	具体内容
局限	政府层面：时间成本高、项目预算高、决策可能失误、公众对政府产生敌意 公众层面：时间成本高、既得利益者之间的权利之争，因参与者可变及多样化的身份及需求差异使得决策缺乏合理性 参与事务本身层面：不透明的决策规则；分化利益相关者，难以出现有效的利益相关者联盟，参与难以实施
适用条件	政府拥有引导公众参与的能力、公众对管理机构缺乏信任、参与客体具有多维度和科学不确定的特征；利益相关者之间利益冲突明显等
解决办法	适应性共同管理

2.2.1.4　公众参与保护地影响因素研究

国外关于公众参与保护地及国家公园影响因素的研究主要是从公众层面、综合因素层面两个方面展开研究，其中综合因素层面包括本身考虑因素的综合性及与其他学科理论结合的综合性。

在公众层面，参与保护地事务的影响因素包括性别、时间、受教育程度、收入、对保护地的态度及看法、参与事务的偏好和缺陷、各种技术和组织限制、对政府一些行为的感知等。Baral 等（2007）对尼泊尔的实证研究验证了性别、受教育程度、家庭富裕程度及对保护地的态度是公众参与保护计划的重要影响因素；Heck 等（2011）、Rodríguez-Martínez 等（2010）及 Octeau（1999）基于具体参与项目的执行，总结出缺少时间和金钱、治理项目本身存在缺陷以及各种技术和组织的限制，如没有为公众提供足够的信贷投入、没有有效激发公众参与兴趣等都会对公众参与意愿产生影响；Focacci 等（2018）通过对意大利南部的森林景观规划案例研究发现，公众对森林所提供的服务和产品的偏好会影响其参与意愿，所以通过了解公众偏好，有利于确定参与的优先事项。除此以外，政府的一些行为也会影响公众的参与，Niedziatkowski 等（2018）以波兰公众参与为例，总结出政府行政能力不足或者缺乏对当地人和本土知识的了解及兴趣，都会影响公众参与保护地管

理的态度和行为。

在综合因素层面，一方面就自身考虑的综合性而言，Dalton（2005）认识到公众的主动参与、完整的信息交流、公平决策、有效管理、积极参与者之间的互动以及包含这些因素的公众参与过程将更有利于产生得到公众支持的决策。而且，公众对环境问题的认识、与政府之间的互动程度、社区本身之间的差异也会对公众参与意愿产生影响，需要制定适合特定地方群体的战略和举措，以鼓励和激发公众的参与热情（Bärner，2014）。而在发展中国家，公众参与则存在更多的限制因素。Twichell 等（2018）通过对菲律宾民都洛岛（Mindoro）和巴坦加斯省（Batangas）中海洋保护地公众参与的研究发现，人口统计学因素、保护信念和科学正确的认知以及其他社会生态因素都会影响公众的参与；Vodouhê 等（2010）以贝宁的彭贾里国家公园为例进一步提出了制定包含当地社区参与的管理战略、公众的教育水平、保护的积极行为、公众效益认识 4 个方面影响因素；Ruizmallén 等（2014）以墨西哥社区为实证研究，揭示了管理方式、外部资源支持的程度以及社区的社会组织是影响公众参与的重要因素。

另一方面，就与其他学科理论结合的综合性而言，国外还有将心理学经典的理性行为理论、计划行为理论和传播学及营销学分析信息细化行为的理论、动机－机会－能力理论（MOA）运用到公众参与的影响因素研究中，深入分析参与者的参与信念、参与态度、参与意向、参与动机、参与机会以及参与行为。如 Ward 等（2017）基于计划行为理论，以马达加斯加保护地 3 个社区为案例，分析了谁参与以及参与的原因、参与的预期收益和成本、社区内部如何分配成本和收益，结果表明社区参与受到沟通不畅、缺乏有关谁可能参与以及如何参与的知识的限制。而Rasoolimanesh 等（2017）运用 MOA 模型调查了社区参与遗产保护地的影响因素，并得出各因素对 3 个社区参与程度的影响，调查结果显示，动机对低水平的社区参与具有最大的积极影响，机会对高水平的社区参与影响最大。在能力方面，即意识和知识方面，意识更强的居民对较低水平的社区参与程度更感兴趣，而知识较丰富的居民对较高水平的社区参与程度较感兴趣。

　　此外，国外还有研究表明公众对保护地及参与保护地事务的看法也是影响公众参与的重要因素。Alkan 等（2010）基于土耳其的实证研究验证了社区对保护地的看法会影响社区参与保护地的相关事务，研究表明，持有消极看法的居民一般不参与保护地的相关事务。Daim 等（2012）基于马来西亚保护地内和周边居民的实证研究，得出居民对参与国家公园管理的看法也是影响其参与的因素，对参与持积极态度的社区才有潜力启动社区参与倡议；Fischer 等（2007）通过焦点小组讨论法验证了公众对保护地生物多样性管理的态度和认知是影响其公众参与决策过程的障碍，所以提高公众对保护地生物多样性的积极认知对于制定公众支持的保护地生物多样性相关政策至关重要。Sirivongs 等（2012）针对老挝中部普考考艾国家保护地南部四周村的社区调查发现，社区居民的积极看法、态度和参与之间有着强烈的积极联系，所以为加强社区参与国家保护地管理和实现可持续生物多样性保护，提升社区居民对保护地的积极看法就具有十分重要的意义；Sladonja 等（2012）也进一步说明了解当地居民对保护地保护的看法，可以为实施参与式保护制定可行的长期战略。

2.2.1.5　公众参与保护地经验总结

　　自下而上的参与式保护地治理模式发展以来，各国学者和实践者结合自身国情逐步探索出了适合本国保护地公众参与的模式，包括美国学者（Webler et al.，2004；Tuler et al.，2000）、英国学者（Lange et al.，2011）、巴西学者（Mannigel，2008）、加拿大学者（Octeau，1999）、日本学者（Hiwasaki，2005）、尼泊尔学者（Nagendra et al.，2004）等（表 2-2-2）。从总体上看，不管是发达国家还是发展中国家，公众参与的内容都离不开保护地的设立、规划决策、管理计划、环境影响评估等，而公众参与的途径也非常多样。此外，各国也有一些典型做法值得推荐，如成立容纳各利益相关者群体的咨询委员会，以更好地提高公众参与的公正性和公平性。此外，也有通过建立合作伙伴关系即在保护地开展项目时寻找当地社区、NGO、信托基金或者志愿者等公众主体建立合作管理，增进彼此的交流与协商讨论，以进一步提高保护地的治理效果。

表 2-2-2　部分国家保护地公众参与模式

国家	参与内容	参与途径	典型做法
美国	保护地的确立和范围界定、规划决策、管理运营，环评草案、环评决策	政府信息公开、公众信息反馈、互动交流、公开听证会、研讨会、开放日	合作学习、适应性管理、伙伴关系、咨询委员会
英国	参与决策、舆论监督、规划方案制定	建立本地访问论坛	伙伴关系、信托机构、国家公园委员会
巴西	保护地的确立和管理计划、特许经营计划	公众协商、研讨会	理事会与 NGO 共同管理、咨询委员会、社区居民协会
澳大利亚	保护地设立、管理计划制订	咨询、协商	共同管理、合作、伙伴关系、公园之友
加拿大	保护地系统计划、计划目标制订、经营管理计划拟定	宣传会议、讲习班、意见听取会、研讨会	咨询委员会
日本	自然保护、保护地管理、环境影响评估、参与决策	召开信息发布会议、书面评论	合作伙伴
尼泊尔	特许经营	协商	共同管理

2.2.1.6　公众参与保护地评价研究

在过去的几十年中，公众参与对于保护地及国家公园的治理已经变得越来越重要，所以通过了解过去的情况进而评估保护地及国家公园公众参与的效果对提高未来的质量至关重要（Kovács 等，2017）。Apostolopoulou 等（2012）以希腊保护地为实证验证了评估的重要性，尽管希腊保护地提出将公众纳入保护地治理中，但是通过评估却发现，公众参与仍然存在于纸上，通过各级行政文件来规定的参与流于形式，所以迫切需要通过制定和实施促进、参与指导培训等方式，形成公平、合作的双向参与式政策举措。Bockstael 等（2016）进一步以巴西保护地为例，得出巴西现存的保护地参与式治理仅是参与的初始阶段，需要进行变革，才能实现自然资源管理的预期效果。此外，学者开始分析世界各国案例，以评估公众参与的有效性，并找寻可推广的做法。Brown 等（2015）以挪威和芬兰为例，分析得出有效的公众参与需要根据不同国家的背景采取不同的策略。Gaymer 等（2015）进一步以世界各

地的 5 个案例为研究对象，揭示了有效的参与需要持续时间的参与、透明参与以及
为社区带来福利，并且真正的参与需要授权参与，反过来要求加强教育和能力建设，
从而让社区居民更好地参与保护地规划。

　　有学者做了更深一步的研究，针对参与项目提出评估框架并进行评估。如
Sewell 等（1979）提出了公众参与项目评估框架和模型。Kovács 等（2017）通过制
订概念框架来评估参与式管理规划过程中的过程和结果，并指出该评估框架适用于
评估一整套与保护有关的管理规划过程。Santana-Medina 等（2013）制订了评估公
众参与有效性的指标，包括系统描述、可持续目标的确定、指标的选择及衡量可持
续目标的进展。Baskent 等（2008）通过地理信息系统（GIS）和遥感（RS）的运用，
得出只有在热心和熟练的利益相关者的参与下，参与的有效性才显而易见。Li 等
（2013）与满意度测评结合，通过衡量利益相关者的满意度，提供了一种系统评价公
众参与行为有效性的手段。Buono 等（2012）从社区居民的角度去评估公众参与保
护地的效果，通过调查居民对管理机构最新管理理论的看法，分析出最佳理论与实
践之间存在的差异，通过制订实用指南来指导公众参与过程。

2.2.2　国内研究进展

　　与国外研究相比，中国关于国家公园等保护地公众参与的研究起步较晚、时间
相对较短，目前还处于初步探索阶段，研究内容多集中于国外国家公园公众参与经
验借鉴、中国国家公园公众参与的必要性和制度探讨，以及公众主体参与国家公园
管理中的某一具体案例研究。

　　在国外经验借鉴方面，张振威等（2015）总结了美国国家公园管理规划中公众
参与的目标、原则与模式、参与主体及形式、参与的实施与运作相关经验，并提出
从 NPS 中 5 个关键阶段引入公众参与战略，根据每个阶段涉及的内容和议题制订参
与计划，确定参与目的、主体、信息交换与活动。王伟（2018）分析了美国国家公
园规划中公众参与的依据、公众参与的对象、方法，以及不同规划阶段公众参与的

设计经验。李丽娟等（2019）分析了美国国家公园规划和管理中公众参与的法律保障，并对不同利益相关者参与国家公园发展规划的阶段和方式进行了比较，通过总结美国国家公园公众参与的优秀经验为中国国家公园的发展提出启示及建议。张玉钧（2014）介绍了日本国家公园"地域制"管理模式，并总结了日本国家公园在管理中强调与当地居民理解合作等公众参与的相关经验。杜文武等（2018）从日本自然公园的社会协作体系、资金保障体系介绍了公众参与建设和发展的方式方法，并根据日本自然公园的发展历程，总结了其从排他性"保护"拓展为灵活、多方共赢的"环境共管"的探索经验，为中国国家公园顶层设计提供了一定的借鉴价值。赵凌冰（2019）通过分析日本国家公园利益相关者协调和自下而上决策模式，总结了日本国家公园管理体制中公众参与的做法，并为中国国家公园发展提供参考、借鉴。王应临等（2013）总结了英国国家公园在处理自然性与生产性、公共性与私有性两个矛盾中公众参与的突出经验，并为中国风景名胜区管理提供了借鉴启示。王丹彤等（2018）从新西兰国家公园管理体制、资源利用、资金机制、规划设计、社区参与机制等方面总结了所涉及的公众参与经验，并给出了中国国家公园体制建设的启示与建议。李丽娟等（2018）总结了新西兰国家公园管理中公众参与的特点，并从宏观和微观两个层面分析了公众全方位参与国家公园建设和管理的优秀经验，最后为中国国家公园的发展和公众参与机制的建立提出了参考性建议。曾以禹等（2019）探索并总结了澳大利亚国家公园原住居民共管模式、多元资金保障机制以及多举措解决当地社区协同发展问题、游客满意度提升问题等经验，为中国国家公园的建设和管理提供了借鉴思考。庄优波（2014）通过分析德国国家公园与公众的关系，提出应注重区域收益、加强与公众对话，减轻民众对国家公园的排斥感，要让公众知晓国家公园的积极影响，并给公众提供发表意见的机会。张婧雅等（2017）提炼了保护地管理中公众参与的起源、内涵及特征，在借鉴国外保护地管理公众参与实践经验的基础上，依照公众参与程度的高低，将国家公园建设管理的公众参与途径分为信息反馈、咨询、协议与合作4个层次，提出了中国国家公园的公众参与的蚂蚁（ANT）模型。

在公众参与的必要性和制度研究方面，陆倩茹（2012）以环境法公众参与原则为指导，通过剖析现行保护区立法及制度运行中的问题，提出完善中国自然保护区法律制度的过程中，首先要扩大参与主体的范围，充分调动公众、社会团体参与的积极性。法律应赋予公众充分的环境信息知情权，在此基础上保障公众参与到自然保护区环境立法、行政决策、行政执法和司法救济全过程。夏开放（2018）从生态文明视角对中国国家公园立法理念、立法定位、立法本位和价值追求进行了理论探讨，提出应从公众知情权、参与权、监督权、举报权和诉讼救济权方面完善公众参与制度和程序。王彦凯（2019）通过审视中国国家公园公众参与制度的不足，结合域外经验，提出在制度上应扩大国家公园信息公开的主体，引入立法旁听制度，加强对公众意见的回应，完善志愿者服务，构建专业培训制度，提高国家公园执法公众参与的广泛性，同时提出给予公众参与司法和救济制度方面的保障。路然然（2019）重点阐述了公众参与国家公园保护的必要性和功能，结合现状问题，在参考域外经验的基础上提出公众参与保护制度时应拓宽参与主体的范围、明确公众参与事项、规范参与的方式、建立包括知情权、财力、技能、法律救济在内的保障机制。王凯（2020）强调生态文明建设背景下的保护地治理，应当关注利益相关者需求层次的多元化。

在案例研究方面，针对社区主体参与，周睿等（2017）研究了社区居民对钱江源国家公园管理措施的感知，发现社区居民对共同管理政策感知最强，对功能分区政策感知最弱。钟林生等（2017）构建了国家公园社区旅游发展的空间适宜性评价框架和模型，并以钱江源国家公园为案例地，评估其社区旅游发展的空间适宜性，提出了社区旅游发展的分类引导途径。周正明（2013）分析了普达措国家公园的社区参与现状和社区参与国家公园旅游开发带来的影响，提出了建立合理的利益分配机制、建立社区共管协会、开展社区能力建设、开发当地旅游商品、开展社区生态旅游等社区参与措施。程绍文等（2018）利用因子分子法、聚类分析法分析神农架国家公园居民的旅游影响感知及旅游满意度，并采用结构方程模型检验居民影响感知对其旅游满意度和旅游参与意愿的影响。何思源等（2019）以武夷山国家公园为研究对象，结合"公共池塘资源""环境权利""社会－生态系统"等基础理论，从社区主体认知和研究者外部观察的知识合作入手，分析社区资源禀赋和环境权利的实现。李毅等（2015）以青海省国家公园建设的人才保障体系为视角，提出青海国家公园志愿者招聘体系应从国家公园志愿者规划、国家公园志愿者招募与选拔、国家公园志愿者培训和国家公园志愿者考核评估 4 个方面进行。

2.3 研究评述

从国内外保护地及国家公园中公众参与的研究历程来看，公众参与国家公园等保护地的研究主题在不断增加，从保护、管理，到治理、社区、环境等，与其他学科结合，研究领域也在逐渐扩充，其研究视角变得多元，从单纯的"保护中心主义"理念到逐渐重视各主体参与的治理理念。

①在研究内容上，国外关于国家公园等保护地公众参与研究已经比较成熟，涉及公众参与理论研究、作用与意义、存在的局限及适用条件、影响因素、经验总结及有效性评价等多个方面；而目前国内研究还处于起步阶段，研究内容以国外经验借鉴或针对某一公众主体进行具体案例研究为主，缺乏一个综合性的公众参与框架和理论提炼。公众参与作为一个复杂的社会问题，运用到保护地及国家公园，需要面对很多问题，如谁来参与、何时参与、参与什么、如何参与等一系列问题，这些单一问题又构成公众参与的整体性问题。但目前国内外关于该领域的研究都是针对某一具体专题或者案例的研究，缺乏对参与的整体性考虑。

②在研究区域上，国外关于保护地及国家公园公众参与研究主要集中在美国、英国、新西兰和日本等保护地及国家公园公众参与开始较早的国家，其研究结论具有一定的可借鉴性，但是对公众参与发展并不成熟的国家和地区的关注较少；目前国内的研究也主要是借鉴国外的经验，对于公众参与的特殊性研究、本土化发展方

面探讨不足。

③从研究基础理论上看，国外关于该领域已经引入一些如利益相关者理论、治理理论、审议民主理论、计划行为理论等多学科理论，但是相对较为零散，尚未实现在该领域的有效整合。此外，现有理论框架更多是根据公众参与实践所体现出来的理念进行概括和提炼，缺乏更多的实践案例进行理论验证。目前国内也主要以借鉴国外相关理论为主，缺乏对理论的创新及实践修正，推广性、普适性应用不足。

总之，虽然国外对国家公园等保护地管理中公众参与的研究取得一定的成果，实践探索也积累了丰富的经验，呈现理论研究与实践并行的局面。但是，因政治、社会文化习俗的差异以及保护地人口密度、土地权属及公众主体本身的角色和力量不同，国外的实践经验也并不完全适用于中国国家公园的管理。而且，国家公园在中国作为一种新型的保护地，兼具保护与发展两大目标，面临着新的问题和挑战，其研究仍处于起步阶段。如何借鉴已有的研究成果和实践经验，结合中国国家公园的特点，探索适用、可操作、可推广的公众参与机制，正是本书的研究目标。

第 **3** 章

国外国家公园公众参与案例借鉴

Chapter 3

自国家公园诞生以来，各国基于本国政策和保护地治理原则，进行了持续的保护地管理实践，其中，20 世纪 60 年代，在西方新公共管理改革中取得显著成效的公众参与被引入国家公园管理中。随着各类保护地管理领域不断扩大和公众参与的发展，一切与保护地有关的事务与活动，包括保护地的建立、规划、治理，以及与保护地相关的法律、法规、政策的制定与实施，都涉及公众参与。因此，公众参与已经成为实现保护地适应性管理的重要途径，也是国外保护地领域的一项重要的研究内容。

中国在建立国家公园的实践探索中，也逐渐明确社会力量参与自然资源管理和保护的重要价值。国内的 10 个国家公园试点区中，在规划管理方面已有一些公众参与的实践，但仍处于较为浅显的层次，仍需继续深化。鉴于此，对于国外国家公园中公众参与的案例研究尤为必要，进而提出中国国家公园公众参与的研究方向，为国内该领域的实践与发展提供借鉴。目前，世界上的国家公园大致可划分为 3 种类型：以美国、澳大利亚为代表的大体量荒野型国家公园，以英国、法国为代表的中等体量半乡村型国家公园和以日本、泰国为代表的中小体量自然人文复合型国家公园。基于此，本书选择了美国、英国、新西兰、日本 4 个典型国家进行了国家公园公众参与发展历程的深入剖析。

3.1　美国国家公园

3.1.1　美国国家公园公众参与概况

美国是世界上最早建立国家公园的国家，自 1872 年建立了第一个国家公园——黄石国家公园起，迄今已有 150 多年的历史，其在国家公园建设与管理实践中积累的成功经验已成为世界各国学习和借鉴的典范，尤其是在公众参与方面。NPS 定义的"公众"为了解国家公园管理局（NPS）管理的公园和项目，或对其感兴趣的个人、组织和其他实体,或者为 NPS 及其项目提供服务的个人、组织和其他实体。它们包括(但不限于)娱乐用户群体、旅游业从业人员、部落和原住居民、环保领袖、媒体成员、许可人、特许人、公园内的业主、门户社区成员和特殊利益集团,所有国内和国际游客,以及那些亲自获取国家公园信息的人。追溯公众参与美国国家公园政策和倡议的历史,在学术研究上,2001 年,具有国家公园内涵的公众参与概念正式在《21 世纪国家公园的再思考》中提出,NPS 系统咨询委员会建议,鼓励全国范围内的合作,以及通过加强员工多样性和培训来提高机构管理能力。在一系列的国家公园研讨会、美国东北地区研讨会、学者论坛和公众参与研讨会上,"国家公园与公众参与"成为持续研究的议题,就国家公园如何成为公民参与的中心,如何吸引新的受众和社区,如何促进员工的多样性,青年参与和公民参与在国家教育系统中的地位等议题进行探讨,并相继出版了公民参与的参考书目。在政策制定上,NPS 于 2003 年正式就"公民参与"内容签署第 75A 号局长令《公民共建与公众参与》(2007 年 8 月 30 日生效),承诺 NPS 所有单位和办公室都要将"公众参与"作为制订计划和发展的基本基础和框架,就此在《与美洲印第安部落的关系》和《美国国家公园管理政策》(2006 年)中新增加了"公众参与"的内容,衍生了针对管理计划、教育者和雇员不同对象的参与计划,并提供了广泛公开的政府网站和网络资源。在案例实践上,NPS 为了让公众可以更好地理解参与方式,展示了一系列案例研究,如凯恩河克里奥尔人国家历史公园中提供给公众的有关奴隶制的教育解说、谢伊峡谷中有关印第安人部落与联邦政府的合作领导机制的讲解、国家历史公园提供的慢跑散步休闲服务等,用于表现在不同地点、不同条件下通过解说、教育、资源保护和规划等多学科应用的场景。美国作为世界上第一个建立国家公园这类保护地的国家,在保护地公众参与方面积累了丰富的经验,可作为很多国家和地区借鉴和研究的重点。

3.1.2 美国国家公园公众参与发展历程经验总结

NPS 发布的第 75A 号局长令《公民共建与公众参与》(2007 年 8 月 30 日生效)

中承诺，NPS 将在各个层面上与公众进行持续、动态的对话，这一承诺既履行了
1916 年《国家公园管理局组织法》本身赋予的使命和管理职责，又成为之后美国
国家公园管理的准则和要求。该文件包括：①提供强有力的指导，欢迎和鼓励公
众来到国家公园，并使公众以适当的、可持续的方式参与项目；②将公众参与的
理念和愿景制度化；③提供一个使公众成功参与 NPS 工作和活动的框架，以便在
NPS 项目中提高公众的主人翁意识，并提供来自各种渠道的有价值的信息；④为实
施公众参与活动的 NPS 人员确认工作和职责；⑤建立评估程序，使 NPS 能够跟踪
和改进公众参与实践活动的方式。之后 NPS 关于公众参与的政策措施也围绕这几
个目标进行，本书也将从这几个方向探讨 NPS 在公众参与中的管理经验。

3.1.2.1　广泛而全面的公众参与法制建设

1969 年，美国首先在《国家环境政策法》（NEPA）中创设了环境影响评价制度
中的公众参与机制，这也决定了 NPS 在管理规划编制中的决策必须满足 NEPA 对
公众参与的要求，包括环境影响范围界定、环评草案和环评决案 3 个阶段，并将
所有过程和文件公开。2006 年出版的《美国国家公园管理政策》及其附件 D2、第
75A 号局长令《公民共建与公众参与》等文件对公众参与的目标、授权、框架、定
义、政策与标准、职能与义务、评估与审计做了全面的注解与技术规定（张振威等，
2015）。2011 年修改的第 12 号局长令《保护规划、环境影响分析和决策》就环境
影响评估方面，增加了社区咨询和审查的权利。

可见美国国家公园的规划和管理重视公众的广泛参与，根据严格的法律来保障
公民享有充分的知情、决策与监督的权利。美国的这种多层级、纵横交织的法律体
系相互间的协调性很强、互不冲突，而且执法效力很高，任何美国公民都可对国家
公园管理局的错误或不作为提起诉讼，对其执法起到了重要的监督作用（李丽娟
等，2019）。

3.1.2.2　多元细致的管理体制和职责划分

在美国，公众参与国家公园事务的第一责任人和执行者是 NPS 管理人员，不同
职责的管理人员需要协调和确认不同的公众参与内容，以确保制定和执行足够的公

众参与程序。如图 3-1-1 所示，NPS 为等级制的管理模式，自上而下的垂直领导构成职责分明、工作效率高的管理体制（王辉等，2015）。在 NPS 设立的各个部门中，具有以下特征：

第一，有专门从事公众参与相关业务的部门，包括合作与公众参与协理局和解说、教育与志愿者协理局。合作与公众参与协理局下设州和地方援助计划司、国家旅游计划、环境保护和户外游憩、合作关系与慈善管理等 5 个部门。这些部门的共同职责是，让 NPS 在全国各地的社区、公关伙伴关系和私人伙伴关系的有效支持下，或受援助地区在 NPS 的匹配赠款、联邦政府结余资金和技术资源支持下，提高地区资源保护能力，振兴和改善游憩空间，实现美国国家公园保护和户外休闲的双重目标，从而改善公众的生活质量，增强当代和子孙后代身体的健康水平和活力。解说、教育与志愿者管理局下设合作协会、哈珀斯费里规划中心（负责环境教育和解说项目的设计、规划和管理工作）、少年游骑兵、户外活动组织、教师和志愿者 6 个部门，分工明确、各司其职，为公园的解说系统和访客教育提供坚实的保障。

第二，在《美国信息自由法》（*Freedom of Information Act for the United States*）的要求下，几乎所有的 NPS 事务部门都涉及对公众的信息公开，因此每个部门都有对应的网站页面展示最近的新闻动态。另外每个部门有专门针对社区、合作伙伴、访客、青少年等群体设立的事务部门，例如，员工与内务部协理局下设的相关性—多样性—内务办公室和青少年项目部，可以帮助具有不同想法、经验、背景和年龄的公民建立起与国家公园之间的联系，并在其中找到自身的价值和意义；文化资源、合作伙伴关系与科学协理局下设的部落关系和美国文化等部门，通过对各种文化故事相关的研究、政策制定和宣传活动，向 NPS 员工、原住居民社区和公众提供支持；自然资源与科学协理局下设的研究学习中心，与学校、专业协会以及各种研究和教育团体合作，协助研究人员在国家公园开展工作，使研究成果成为国家公园管理经验的一部分；游客与资源保护协理局下设公共健康办公室及安全应急服务部门，保护国家公园资源和访客的人身安全，并为国家公园内开展的重大活动提供安

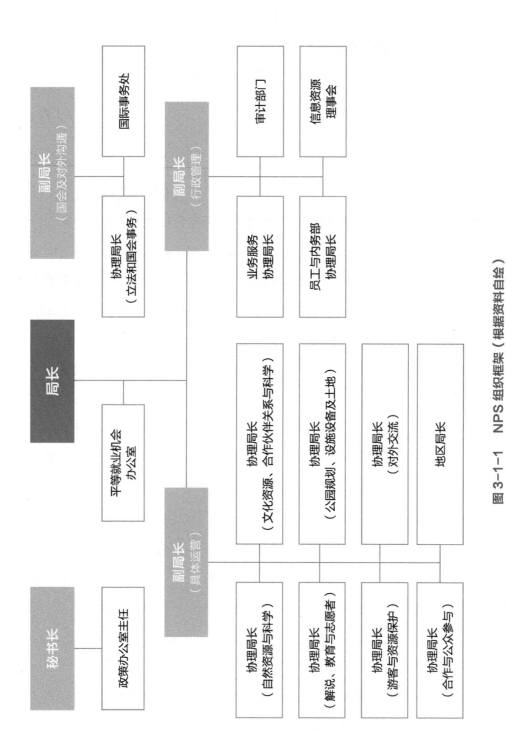

图 3-1-1 NPS 组织框架（根据资料自绘）

资料来源：https：//www.nps.gov/aboutus/organizational-structure.htm。

保服务。

　　NPS 多元细致的管理体制让事务的实施和权责的分配清晰而明确，另外 NGO、社会机构、志愿者等群体也加入了管理工作，形成以联邦政府为核心的公私联合管理体系，全面、有效地加强了 NPS 政策制定、会议决议、规划管理计划的合理性，提高了效率，充分践行了其服务全民的员工身份，体现了国家公园的公益性。此外值得一提的是，NPS 员工也是一个非常重要的群体，被视作"公众"的一部分。NPS 会通过与多方群体的沟通和职业培训，加强员工团体的专业性、使命感和荣誉感。面对员工，基于他们的专业性和知识储备，NPS 会给员工提供在工作场所参与决策的机会，并让员工了解决策背后的原因，另外，会通过培训提高其公众参与的能力。面对公众，NPS 通过赋予员工宣传 NPS 使命、向公众解释 NPS 所面临的职责，让公众充分认识到国家公园工作和服务的价值，由此增加管理的有效性。

3.1.2.3　多样包容的公众参与渠道

　　NPS 会事先计划并明确在哪些阶段邀请及如何邀请公众参与国家公园的规划管理过程。这项前置性的公众参与计划政策应用于决策的各个领域，例如，管理者纲要的制定、总体管理和场地规划流程、主要展品、主要的资源管理决策、教育和解说性程序设计、新的站点名称、费用变更、政策制定、策略计划，以及其他各种产品、服务、问题和活动（张振威等，2015），具体如表 3-1-1 所示。

表 3-1-1　美国国家公园公众参与情况统计

参与阶段	参与内容	参与渠道	参与主体	参与深度
总体管理规划	环境咨询	《联邦公报》发布公告；NPS 官网站信息公开；向原住民部落、州历史保护办公室（SHPO）和有参与意向的群体发送简讯和简报；利益相关者会晤	公众及利益相关者	参与认知 参与议题 参与评价 参与决策
	环境评价（EA/EIS）	公众调查；NPS 官网发布终稿；国家公园管理局向提意见的所有机构、组织和个人分发终稿	公众及利益相关者	参与认知 参与议题 参与评价 参与反馈

续表

参与阶段	参与内容	参与渠道	参与主体	参与深度
总体管理规划	方案构建	国家公园管理局分析资源与管理分区；评价方案；网站公示中发表意见；部落代表会晤；决策者会议（包括利益相关者）；召开公开会议	公众及利益相关者	参与认知 参与评价 参与决策 参与反馈
	管理规划编制	《联邦公报》发布公告；NPS 官网公示中发表意见；部落代表会晤；环评（估）讨论会	公众及利益相关者	参与认知 参与评价 参与决策 参与反馈
	补充修改规划	《联邦公报》发布公告；NPS 官网公示中发表意见；申请获取终稿；决策者会议（包括利益相关者）	公众及利益相关者	参与认知 参与评价 参与决策 参与反馈
	审批	《联邦公报》、NPS 官网和规划、环境、公众评议团（PEPC）发布；从 NPS 官网可申请获取批准的协议	公众	参与认知 参与评价 参与反馈
战略规划	建议内容清单	联系国家公园管理局	法律顾问或专家学者	参与决策
实施计划	土地保护	对于非联邦所有的土地进行合作管理；开发计划公示与沟通；社区规划；伙伴合作安排；NPS 教育项目；历史或传统活动，如农场、牧场或传统住宅再利用；公众捐赠等	部落；非营利组织；区域财团；财产所有人等	参与认知 参与决策 参与执行
	自然资源管理	NPS 与周边居民的共同合作及保护；NPS 与部落及组织制定合作协议；跨行政区边界的自然资源管理；协调研究；共享数据和专业知识；自然资源调查与研究；自然资源研究和审查公示；教育活动；法律允许的狩猎、诱捕、生计活动等	公共机构；专家学者；美洲印第安人部落；社区代表；周边私人土地所有者；访客等	参与认知 参与决策 参与执行 参与监督 参与反馈
	文化资源管理	公开交流、合作与咨询；文化资源研究，规划和管理；调研结果与管理策略部分公布；居民对群族文化资源的使用和传承；居民对考古资源的现场管理计划；历史产权租赁及合作协议；公众损失恢复和补偿；培训和公众教育计划；游客使用和游览等	与文化资源相关的人；合作研究人员和组织；志愿者；访客等	参与认知 参与决策 参与执行 参与监督 参与反馈
	荒野的保护与管理	《联邦公报》发布公告；参与荒野资格评估；合作与咨询；培训班；科学活动；不受限制的游憩体验；解说和教育计划；已授权的放牧、矿产经营活动等	公众；合作研究人员和组织；利益相关者；访客	参与认知 参与决策

续表

参与阶段	参与内容	参与渠道	参与主体	参与深度
实施计划	解说与教育	解说和教育计划咨询和合作；多方建立伙伴关系；解说设施提案；公共参与商品销售；伙伴培训班；出版物捐赠；网络等远程教育；基于课程的教育计划；青少年巡游者计划；现场演示；选美、周年纪念、节日等庆祝活动；游后体验调查；志愿者服务等	公众；利益相关者；特许经营者；非营利组织；专家学者；志愿者等	参与认知参与使用参与反馈
	国家公园使用	国家公园用途影响评估和发布；参观；标准管理娱乐活动；体育、选美、帆船赛等特殊活动；解释性和教育性计划；公共用途限制使用意见征询和协商；国家公园部分项目运营；旅游业合作和特许经营；授权的矿藏勘探与开发、狩猎、捕捞和采摘；研究活动；租赁等	公众；访客；传统原住民；NGO；旅游公司；其他私营部门等	参与认知参与决策参与执行参与使用参与反馈
	国家公园设施	国家公园设施的规划和设计；NPS 官网公示；国家公园游客；社区居民使用后调查；捐赠等	公众；访客；承包商；特许经营者	参与认知参与使用参与决策
	商业访客服务	特许权合同或商业使用授权；商业服务、设施或商品规划、制作、使用或购买；捐赠等	特许经营者；原住民；访客等	参与认知参与使用参与执行
年度工作计划和报告	战略重点	NPS 官网公示战略重点	公众	参与认知

资料来源：依据 NPS《国家公园局管理政策》（2006 年）整理而成。

由表 3-1-1 可知，美国国家公园公众参与程序复杂，几乎囊括 NPS 规划管理的全过程。参与渠道多样，从最基础的官网公示、游客访问与使用、利益相关者沟通，到进一步的志愿者、伙伴关系、特许经营等合作管理模式，再到深入的规划、管理、决策和评估。参与广度大，参与公众范围涵盖所有公众，并细致地将个别项目与利益相关者进行对应咨询，另外充分考虑了国家公园原住居民的生计管理和其传统文化资源的保护和协调。参与深度深，公众可在各项管理阶段实现参与认知、决策、使用、执行、监督和反馈等权利。全方位立体式的参与保证了美国国家公园管理系统的持续性与适用性，具体益处包括：①能共享信息和资源；②促进对 NPS 任务、授权和目标的理解；③允许 NPS 经理与其他项目机构建立联系，以

最大限度地提高效率；④尽量减少重复工作，最大限度地减少 NPS、其他机构和
合作伙伴之间存在矛盾或冲突的活动。所以有效的公众参与要求国家公园管理局
在早期就公众参与每个项目或决策过程的程度做出清晰的决定，此外公众角色参与
的范围可能因问题或参与的阶段的不同而不同，国家公园管理局必须对此做出细致
的判断。

3.1.2.4　保持持续、动态的公众参与活力

真正的公众参与不仅是一个让所有公众积极参与 NPS 规划管理的正式过程，更
是一个与公众在许多层面上的持续的、动态的对话。由前文分析可知，对于 NPS 来
说，公众参与需要一种制度上的保障，即通过公共规划过程、解说和教育计划，以
及直接保护重要资源等政策和参与渠道，让社区可以顺畅地参与国家公园的规划管
理。此外，保证公众参与的积极性同样是 NPS 固有业务的一部分。从美国国家公园
管理局保护研究所编写的《公众参与原则和实践手册》可以看到 NPS 在这方面所做
的努力，一方面是针对不同项目和受众制定的公众参与框架（表 3-1-2），另一方
面是搭建有效的 NPS 与公众联系网络（图 3-1-2），同时也制定了有效的公众参与
原则（表 3-1-3）。

表 3-1-2　美国国家公园公众参与项目框架

参与项目	参与形式	参与公众	参与内容	典型案例
解说与教育计划	1. 以相关和包容的方式与个人和组织建立双向信息交流； 2. 提供准确、真实、尊重故事中人物或文化群体的教育和解释材料	当地学校	课程户外教育	麦克亨利堡国家纪念地和历史圣地与巴尔的摩学校合作开展户外教育活动，将学生带到国家公园，以了解"星条旗"的含义
		教育工作者	教师学院 / 培训班	亚当斯国家历史公园和地区教育合作伙伴为教育工作者提供培训活动，使教师能够更好地在教学中利用公园资源
	3. 提供能引起公众共鸣的解说及教育材料	社区	参与解说设计、提供现场解说、导游培训	Marsh-Billings-Rockefeller 国家历史公园与附近的佛蒙特州伍德斯托克社区合作，开发了"内战伍德斯托克内陆徒步之旅"项目

续表

参与项目	参与形式	参与公众	参与内容	典型案例
解说与教育计划	3. 提供能引起公众共鸣的解说及教育材料	利益相关者	参与解说设计、参与项目管理	俄克拉何马州沃什塔战场国家历史遗址，利益相关者将部落和当地社区（部落和非部落）召集在一起，探讨了关于 Washita 历史的不同观点并合作开发了 420 英里长的夏安传统小径
规划过程	遵循鼓励聆听和尊重所有观点的指导原则，让所有公民知晓和参与	市民（包括利益相关者团体、社区领导人）	国家公园前期规划、管理规划、教育规划、解说规划	在非洲人墓地国家纪念碑前期规划中，NPS 开始与关键人物和利益相关团体进行的小型听证会以及大型的公开会议，在一年多的时间里，双方就纪念碑设计和解释性主题达成共识
资源管理	1. 监督资源保护计划的实行；2. 研究学习中心网络	志愿者	资源修复和管理	金门国家公园的"网站管理计划"，在过去 15 年中一直招募来自旧金山地区的志愿者，利用他们所学的知识，以恢复和管理公园的自然资源
		学生、教育工作者、社区	研究活动、研究方法培训	阿巴拉契亚高地科学学习中心帮助大烟山的学生、教师和社区参与制定"生物多样性清单"，学生大多数是中学生，已经在公园里发现了数百种新的物种记录
		社区	流域管理、文化资源管理、文化景观管理	加利福尼亚的雷耶斯角国家海岸协会由 20 多个组织、机构和当地居民组成，该协会自 2000 年以来一直在致力于"提高当地全面管理和保护分水岭的能力"

表 3-1-3　美国国家公园公众参与的原则、流程与具体内容

公众参与原则	流程	具体内容
建立良好的关系	识别并熟悉关键的个人和组织	列举并熟悉对公园很重要的利益相关者，了解他们的兴趣以及可能促使他们参与的动机，以便之后拜访这些人并解释国家公园的工作
	与关键的个人和组织建立联系	首先为会面做好准备，借助对国家公园的研究机会，为合作创造条件，在正式会面中进行对话，发现潜在合作机会
	培养持久的关系	建立关系后继续投入人力和资源，进行良好的沟通，保证坦诚相待，必要时签署合作协议

续表

公众参与原则	流程	具体内容
建立有效的参与程序	设计程序	在规划设计中尽早与利益相关者合作，传达会使所有关键利益相关者受益并共享控制权和决策权的意愿，以促进参与的个人和组织的投资意识和主人翁意识
	实施程序	创造性地思考如何利用参与人员和群体网络的各方资源来实现整体协作的利益。此外，营造一个尊重多元化的环境氛围，寻求机会表达不同观点，并分享经验和理解
提供相关的解说和教育的材料	开发项目和材料	解说和教育的内容与形式必须与访客的特性相符，能引起访客的兴趣，能促进个人与公园或历史遗址的自然和文化资源的连结。另外，如果解说和教育的内容具有历史性，应考虑包含不同的观点，确保内容的真实性
	交付项目和材料	利用先进的通信技术，创造性地考虑可供团体和个人使用的媒体和手段。此外，工作人员或志愿者都应接受相关培训
保持公众参与的持续性	制定综合策略	将公众参与融入国家公园计划中，为所有员工提供学习公民参与技巧的机会，并在需要时提供技能培训，促使每个员工把它当作工作的一部分。将不同的公民参与项目与活动联系起来，以此产生协同效应
	提供连续的支持	对员工和志愿者进行定期培训，并计划在一定时间内总结经验教训。在计划和规划流程中划分公众教育的不同阶段，以协助评估工作。建立并管理利益相关者网络，同时，认识到各方会不可避免地发生变化，制订一个应对这种变化的计划，以确保利益相关者网络的连续性，并分享日益更新的知识和学习
	预见障碍	预估潜在障碍并制订克服这些障碍的计划

　　NPS 制定公众参与框架和流程的成功之处在于与公众建立了良好有序和利益相关的双向互动关系。这种关系需要建立在信任、尊重和互惠的基础上，也需要花费时间和精力来维护，这是与公众建立持续的、动态的对话的必要保证，如图 3-1-2 所示。《公众参与原则和实践手册》指出 NPS 主要在以下 3 个方面提高公众对于持续参与国家公园事务的积极性：一是通过探索公众全阶段参与管理方案制订的方式，让公众表达自我价值观和关注点的同时，可享受到最终计划的所有权；二是通过联系社区参与国家公园项目实施，让社区能够和 NPS 充分达成相互支持的关系和促成共同发展的愿景；三是通过建立研究学习中心和伙伴关系等关系网络，让研究人员、

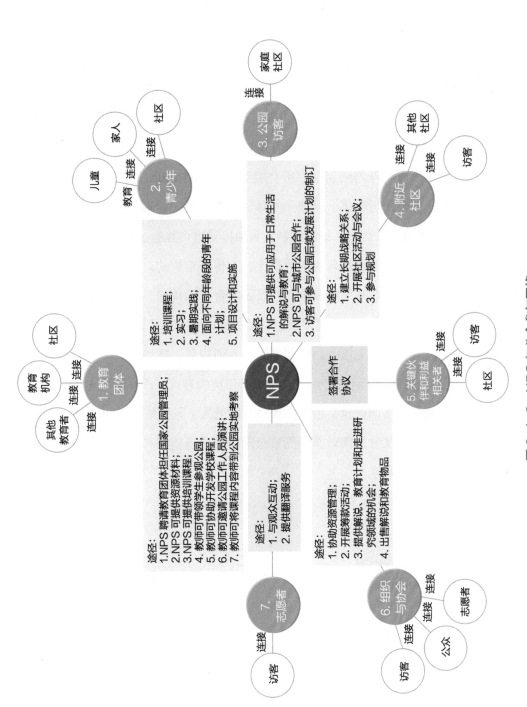

图 3-1-2　NPS 与公众参与网络

教育工作者和志愿者等各个年龄段的学者参与到国家公园教学和研究，同时借此进一步了解青年需求、加强与当地学校的联系，进而借教育资源提供者的角色帮助公众建立更深层次的主人翁意识和保护意识。

3.1.2.5　高效的信息跟踪手段

NPS 于 2005 年建成了最主要的信息基础设施——规划、环境和公众评议网（PEPC）。PEPC 旨在实现 NPS 管理局对所有规划项目的管理、内外交流和数据统筹，包括内网和外网，管理中以内网为主。所有规划都必须将 PEPC 作为与公众沟通的网络工具，它集信息公开与收集、反馈于一体。所有与公园管理规划和 NEPA 要求相关的文档，都会放在 PEPC 上。规划编制人员须接受培训并通过 PEPC 内网来管理规划项目的全过程，包括了解规划的主要事件，上传待审查的对外公开及对内传阅文件，收集、分析并回复内外部的评论，开展团队合作与沟通，访问国家公园系统所有级别和地区的规划信息。公众可以通过访问 PEPC 外网来了解项目概况、NEPA 进程、规划并能获取 NEPA 文档（如管理规划、专项规划、环境评估、环境影响报告书等相关信息）。PEPC 外网为公众评议设定了便捷的方式，即在网页上直接留言评论。另外 NPS 也接受书面评论，由工作人员扫描录入（张振威等，2015）。因此，公众通过 NPS 官网和 PECP 外网对美国国家公园事务进行监督和评论，有效实现了 NPS 与公众之间的信息沟通。

3.2　英国国家公园

3.2.1　英国国家公园概况

英国是由英格兰、北爱尔兰、威尔士、苏格兰组成的联合王国，当前已建立了 15 个国家公园（其中英格兰 10 个、威尔士 3 个、苏格兰 2 个），总面积为

22 660 km²。国家公园总体建设目标：保护自然美景、野生动物和文化遗产；促进公众对国家公园特殊品质的理解和享受。除此之外，国家公园管理部门还必须积极促进当地社区的经济和社会福祉发展。资金来源主要包括政府拨款、社会捐赠、企业投资经营、访客捐赠等途径。

总体来说，环境、食品和农村事务部（DEFRA）对英国所有的国家公园进行宏观管理，英格兰自然署、苏格兰自然遗产部、威尔士乡村委员会则分别负责其所辖范围内的国家公园事务。每个国家公园均设立管理局，提供交流平台和协作；地方议会、社团及社区居民可依法参与国家公园规划制定与实施（蔚东英，2017）。英国绝大部分土地是私人拥有，土地所有者为当地农户、城镇居民、国家信托及林业委员会等机构，复杂的土地所有情况决定了其在管理过程中特别强调多方共同参与。

3.2.2　英国国家公园公众参与发展历程经验总结

3.2.2.1　统一连贯的法律支持体系

相关法律、法规的出台对英国国家公园公众参与的实现具有重要的保障和推动作用（图 3-2-1）。最初，1949 年通过的《国家公园与乡村进入法》，明确了建立国家公园的要求（张立，2016），赋予公众进入私人土地的权利；随后，1968 年的《城镇和乡村规划法》、1972 年的《地方政府法》都将公众（尤其是社区）参与规划纳入法律要求（Eckart et al.，2011；王应临等，2013）。1977 年英国成立了国家公园委员会，第一次从国家层面对国家公园进行统一管理，系统制定了一系列涉及国家公园的法律、法规，从不同侧面对各参与主体的权责进行了界定和细化（韦悦爽，2018）。1995 年通过的《环境法》，规定国家公园管理局在制定管理计划书时，应涵盖管理局的职责以及相关机构、法定代理、利益相关者和当地社区等相关管理主体的参与情况（*UK Public General Acts*，1995；王江等，2016）。政府在 2011 年的《地方主义法》中引入了邻里计划（NDP），主要处理需要规划许可的土地使用问题（罗超等，2017）。邻里计划草案由当地社区在当地政府的帮助下撰写，通常需要社区进行协商，然后进行独立审查和公民投票。如果该计划得到大多数投票者的同意，那么地方当局可以正式"采用"邻里计划，使其成为法定发展计划（地方规划）的一部分。这一系列连续、不断细化的法律实施，使得公众参与国家公园事务的权利得到了有效保障。

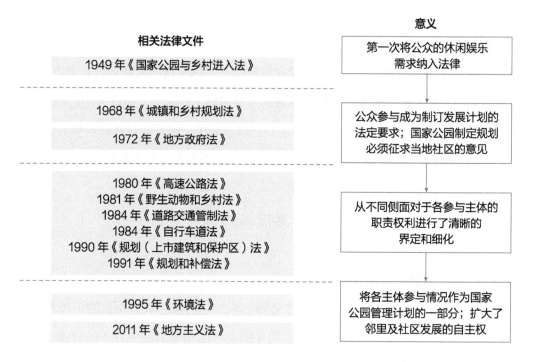

图 3-2-1 英国国家公园公众参与相关法律图解

3.2.2.2 特定的管理机构及制度

英国的国家公园设有专门的管理局（National Park Authority），该机构与英国政府有密切联系（图 3-2-2）。其中，委员会成员由国务大臣、地方议会和教区委员会选出，负责领导、审查及指导管理局的运行，并制定了《成员行为准则》等规章制度（*The Lake District National Park Authority*，2012）。一些国家公园管理局下设类似公园战略和愿景委员会的机构，专门负责与地方当局、公共机构和其他方面合作，审查和监督与伙伴关系有关的所有报告、会议记录等，确保实现管理局的法定目标和职责。工作人员则是领薪员工，负责实施国家公园管理的各种具体工作，包含护林员、生态学家、规划人员和教育团队等。而公众通过参加管理局及委员会会议，参与国家公园相关事务的管理。会议议程和会议文件在会议召开前 5 个工作日向公众开放，公众可以依照公开演讲程序在会议上发言。

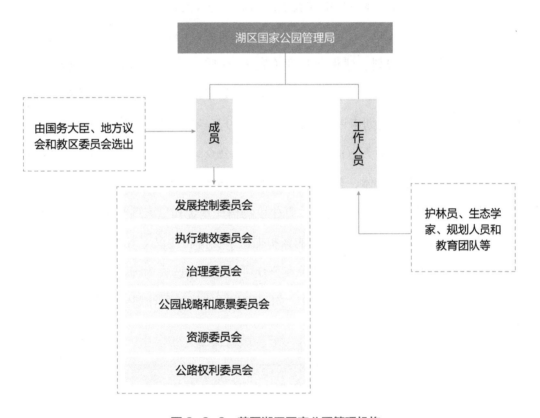

图 3-2-2　英国湖区国家公园管理机构

公众参与相关管理机构及制度的实现经历了漫长的发展过程。1977 年英国成立国家公园委员会后，首次从国家层面对国家公园进行统一管理和保护。委员会主要是由当地政府成员构成，相当于当地政府的衍生机构（徐菲菲，2015）。《环境法》（1995）颁布后，国家公园委员会成为独立于政府之外的机构，其成员通过推选产生，包括当地政府、社区和业界代表，有利于广泛代表不同利益相关者做出决策。另外，在初期国家公园委员会会议的所有决定过程都是不公开的，申请人和反对者不仅无法在委员会上发言，甚至无法听取会议的审议情况。而现在公众不仅可以参加会议听取意见，申请人和反对者还可以向委员会提出有关特定申请的问题。相关事务机构和制度的建立使得国家公园公众参与的工作得到了系统开展和实质推进。

3.2.2.3 多元的管理主体协作体系

英国国家公园的管理体系是由分散多元的主体构成的，由国家公园管理局主导，组织其他政府部门、NGO、社区、企业和土地所有者共同管理。管理事务主要分为三大方面：国家公园规划、建设及管理（表3-2-1）。在参与国家公园规划方面，公众（主要是社区和当地企业）可以进行地方规划咨询、帮助制定规划政策、制订自己的社区计划、参与规划申请（Robinson，2019）；在参与国家公园建设方面，主要涉及保护和利用运营两大方面事务，具体包括公众环境教育、特许经营、社会捐赠等。其中，一些志愿团体、慈善团体、NGO为国家公园提供了重要的帮助，如自然的声音、森林信托、英国生态协会、野生生物信托基金和皇家鸟类保护协会等相关慈善保护机构为国家公园内相应资源的保护提供了支持和建议（韦悦爽，2018）。在国家公园管理方面，公众参与主要体现在公众可以通过推选成为国家公园管理局的成员，有一系列保障公众参与的制度设计，如国家公园伙伴关系计划、代表团制度等。

表 3-2-1 英国国家公园公众参与事务

参与方面		参与事项列举	参与主体
规划	—	地方规划咨询、帮助制定规划政策、制订社区自己的计划、参与规划申请	社区、企业
建设	保护	垃圾清理问题，安全维护（巡逻、防火）、保护动物等	志愿者（吸收当地居民）、NGO
	合理利用与运营	协助组织展览、给游客提供帮助和建议、监管野营、农村发展活动（交通、文化、社区重建，农业等）、经营娱乐项目、环境教育项目、游客捐赠计划	志愿者（吸收当地居民）、社区、企业、游客
管理	管理机构	专门负责机构	—
	管理人员	成员通过推选产生，包括当地政府、社区和业界的代表	社区、企业
	管理制度	国家公园合作伙伴关系计划、代表团制度等	科研机构、企业、NGO

3.2.2.4　不同规划阶段公众参与的程序

在国家公园规划过程引入公众参与是积极履行国家公园"公民共建"理念的重要体现，当前许多国家已经为规划编制者建立了一套明晰、精准、具体的公众参与技术标准（张振威等，2015）。在英国，每个国家公园管理局都是当地独立的地方规划机构，负责组织编制国家公园范围内的地方发展规划文件并进行规划审批。每个国家公园都被要求制定地方发展规划（Local Plan），当地规划机构会定期审查，以评估部分或全部计划是否需要更新，通常每 5 年审查一次。在每次审查期间，都会进行公众咨询（图 3-2-3），在此期间，当地公众可以针对地方规划提供反馈意见。根据集中的反馈意见，形成报告再制定新政策。随后进入发布阶段，在网站上和公

图 3-2-3　英国国家公园公众参与规划咨询流程

共图书馆、信息中心公开修改的内容，采取多种途径宣传并重新征求意见进行修改，最终提交审查。规划监察局对规划进行审查，确定其是否"合理"并符合所有法律要求。社区在规划过程中至关重要，他们帮助制定规划，也可以制订社区自己的计划（邻里计划），并参与规划申请。另外，英国在规划援助方面的做法同样值得借鉴。英国成立了全国规划援助计划组织（Planning Aid），为人们提供规划方面的知识和工具，他们向社区团体和个人免费提供有关城镇和国家规划问题的咨询服务，给予专业的建议。

3.2.2.5 平台与反馈机制

英国国家公园为公众参与提供各种平台，主要包括：①公开会议：定期召开委员会会议，提前公开会议议程和会议文件，公众可以出席委员会会议并根据程序在委员会会议上发言。②各类组织：成立国家公园伙伴关系和志愿者论坛。以湖区国家公园为例，湖区国家公园伙伴关系（LDNPP）成立于2006年，目前有25个组织参与其中，由来自公共、私营、社区和志愿团体的代表组成（如坎布里亚大学、坎布里亚郡议会、坎布里亚郡当地企业伙伴关系等）。伙伴关系共同制定为期5年的管理计划和行动，并每年更新《公园使用状况报告》，制定各种指标总结国家公园的状况，包括伙伴关系计划取得成功的21项指标，监督伙伴关系目标的进展情况。③本地论坛：在英格兰有超过80个本地论坛，是根据《2000年乡村和道路权法》设立的独立咨询机构。成员由地方公路当局和国家公园当局委任，代表地方利益，具有极大的公开共享性，各种相关文件都会在网上公开以方便公众下载查看。公众可以参加本地论坛会议和咨询。

英国国家公园公众参与的反馈机制建设主要体现在以下3个方面：①规划决策咨询中对各类意见建议的反馈。②对各项制订公众参与管理计划和行动的反馈，例如，湖区国家公园伙伴关系每季度举行一次会议，在每次会议上都会收到关于伙伴关系计划中突破行动的监控报告，介绍所有行动的最新进展，并进行年度审查。③对公众捐赠的反馈，如湖区国家公园捐赠计划由湖区基金会管理，公众可以自主选择赞助的地点、项目及人员，并将捐赠金额对应具体实物（如10英镑可以购买一副耐磨工作手套、80 英镑可以给护林员购买防护服等），使其具体化，给予公众可选择的弹性空间。选择赞助特殊建设项目的，在该笔资金使用完后会向捐赠者发送邮件说明实施情况。

3.3　新西兰国家公园

3.3.1　新西兰国家公园概况

新西兰国土面积为 26.87 万 km²，山地和丘陵占其总面积的 75% 以上，属温带海洋性气候，森林覆盖率高且生态环境质量好。其生态系统是在远离其他几个大陆板块的孤立生境中独立演化而来，因而较为脆弱，对外界影响也十分敏感（杨桂华等，2007；马建忠等，2009）。自有人类居住的 1 000 多年时间里，当地毛利人的生产活动以及大规模欧洲移民带来的畜牧业和外来物种都对其脆弱的生态系统造成了严重的威胁，导致森林覆盖率降低，许多原有物种灭绝。生态环境的恶化使得新西兰人民的生态保护意识增强，开始考虑通过建立国家公园和保护区来保护其脆弱的生态环境。新西兰是世界上最早建立保护地的国家之一，其保护地系统相对完整，类型多样，包括国家公园、保护公园、荒野地、生态区域、水资源区域、各类保护区等多种类型。其中国家公园是保护地系列的重要组成部分，自 1887 年新西兰第一个国家公园汤加里罗（Tongariro）建成后，累计建立 14 个国家公园（表 3-3-1）（杨桂华等，2007；郭宇航，2013）。

表 3-3-1 新西兰 14 个国家公园概况

国家公园名称	成立年份	位置	面积 /km²	景观特色
汤加里罗（Tongariro）	1887（最早）	北岛中央	796	世界自然和文化双遗产，以壮观的火山群和毛利人文化闻名
埃格蒙特（Egmout）	1990	北岛南部	335	一座"休眠"中的活火山，具有典型的垂直带谱景观：从低地森林到亚高山灌木林、高山草地、岩砾石表面、终年积雪的山顶
亚瑟隘口（Arthur's Pass）	1929	南岛中部	1 145	河川和险峻峡谷，有很多海拔超过2 000 m 的山峰
阿贝尔·塔斯曼（Abel·Tasman）	1942	南岛陆北	225（最小）	主要景观为灌木、草原和少部分雨林，野生动物和鸟类资源丰富
峡湾（Fiordland）	1952	南岛西南端	12 519（最大）	蒂瓦希普纳姆世界自然遗产的一部分，气候湿润，以沿海众多峡湾为主要景观，有原始的山毛榉和罗汉松森林
奥拉基 / 库克山（Aoraki / Mount Cook）	1953	南岛中西部	707	蒂瓦希普纳姆世界自然遗产的一部分，主要景观为山峰、冰川和湖泊
尤瑞瓦拉（Te Urewera）	1954	北岛东部	2 127	主要景观为原始雨林和珍贵动植物种群
尼尔森湖（Nelson Lakes）	1956	南岛北部	1 018	主要景观为山峦、湖泊、森林和江湖
西部泰普提尼（Westland Tai Poutini）	1960	南岛西海岸	1 175	垂直带谱明显：从海拔 3 000 m 以上的高山（冰川）、低处的热带雨林到塔斯曼海岸
艾斯派林山（Mount Aspiring）	1964	南岛西部	3 555	蒂瓦希普纳姆世界自然遗产的一部分，园内有高山、冰川、河谷、高山湖泊等景观
旺格努伊（Whanganui）	1986	北岛西南	742	以几处栖息有珍稀动植物种群的原始森林、风光秀丽的农庄和牧场以及毛利人文化为特色
帕帕罗瓦（Paparoa）	1987	南岛西海岸	306	公园从海岸附近一直延伸到帕帕罗瓦山脉，以喀斯特地貌著称
卡胡朗吉（Kahurangi）	1996	南岛西	4 520	地形复杂，有大量的洞穴系统和许多珍稀的动植物
雷奇欧拉（Rakiura）	2002（最年轻）	斯图尔特岛	1 570	岛屿风光，公园内有几维鸟、黄眼企鹅等多种珍稀鸟类

3.3.2　新西兰国家公园公众参与发展历程经验总结

3.3.2.1　严格有效的管理机制

新西兰国家公园采用政府和非政府双列垂直领导的管理体系（杨桂华等，2007；郭宇航，2013）（表 3-3-2），各管理机构设置合理规范，职能划分清晰明确。由保护部统领下的政府管理系列，其中央管理部门主要负责制定政策、编制计划、审计、配置资源、维护和服务等工作；而地方管理部门主要职责是协同地方政府进行管理。保护部是唯一的、综合性的保护和管理部门，上对议会、下对公众负责。中央和地方保护委员会指导非政府管理，中央保护委员会代表公众利益负责立法和监督工作；地方保护委员会具有保护和监督的职能。

表 3-3-2　新西兰所实行的政府和公众双列垂直领导的国家公园管理体系

新西兰议会（最高权力机构）					
政府管理系列			非政府管理系列		
保护部			委员会		
	下属部门构成	主要功能	下属组织构成		主要功能
中央管理（5 类 12 个部门）	政府部门、维护部门、行政服务部门、毛利人相关部门、法律服务部门	负责制定政策、编制计划、审计、配置资源、维护和服务等工作	中央保护委员会（13 个代表组织）	自然保护权威组织、自然保护区组织、自然保护区管理组织	代表公众利益，负责立法和监督
地方管理（2 类 14 个部门）	地方管理办公室野外监测站	协同地方政府进行管理	地方保护委员会	由各利益相关者团体代表组成	具有保护和监督的功能

3.3.2.2　具有人文情怀的规划体系

新西兰国家公园规划标准统一，非常重视保护与利用相协调以及毛利人文化的融入。他们通过全面系统的资源本底调查，建立了统一的资源调查数据库，制定了统一的旅游规划工具包，同时引入了澳大利亚绿色环球 21 标准体系。新西兰保护部发行了专题工作手册指导实际工作，并绘制了分区域的游憩机会谱和旅游设施图谱，对公园内外不同区域可开展的游憩活动和允许建设的游憩设施都有严格而详尽的说明和规定，成为公园合理化和持续性游憩利用的有效指导。此外，在规划时重视融入毛利人文化，使优美的自然景观和独特的当地文化有机融合，并鼓励和指导毛利人社区充分参与规划的讨论和监督，有效促进了传统毛利文化的保存、继承和发扬；同时注重产学研结合，将新西兰林肯大学环境、社会和设计学院作为其技术支撑单位，鼓励科研成果及时转化，为国家公园的科学管理和规划提供有力的技术支持和理论指导。

3.3.2.3　严格的特许经营制度

新西兰国家公园特许经营制度本着公平、公正和公开的原则，由新西兰保护部严格按照有关规定进行特许项目的审批，同时兼顾保护和休闲游憩利用两种功能。审批时主要考虑经营项目是否符合国家公园保护计划和地区保护管理策略以及其环境影响评估结果是否符合要求（王月，2009；David Thom，1991）。保护部采用分散式（分别授权给不同的经营者以避免独家垄断）和短期式（根据环境影响程度给予从 3 个月到 5 年的特许时间）进行授权，同时将一些重大的、涉及当地社区居民利益的特许经营项目进行公示，以接受社会的监督（杨桂华等，2007）。

3.3.2.4　广泛全面的公众参与制度

新西兰国家公园管理中的公众参与具有整体性和广泛性的特点（杨桂华等，2007；郭宇航，2013），公众可以全方位参与国家公园建设和管理的各个环节。一般通过宏观和微观两个层面参与国家公园的管理：从宏观层面，中央和地方保护委员会成员代表公众参与国家公园的立法、保护和监督工作；从微观层面，私人土地被划归到国家公园里的社区居民通过与政府共管或联合保护经营的方式直接参与国家公园的建设和管理，其他社区民众则通过参与日常工作而进行间接的管理（郭宇航，2013）。公众可以与政府及规划人员进行有效沟通，进而决定拟建设项目的可行性和必要性，其决策权甚至会高于政府，充分体现了"居民当家作主"。同时，公众可以全程监督国家公园的经营和管理过程以及使用者的行为，发现问题及时举报，充分发挥了民众的监督权。

3.4　日本国家公园

3.4.1　日本国家公园概况

日本的公园体系主要分为城市公园体系和自然公园体系两种，国家公园属于自然公园体系下的重要一类。自然公园由国立公园、国定公园以及都道府县立自然公园构成，截至 2017 年，日本的自然公园共计有 401 个，共占地 55 668 km²，占日本国土总面积的 14.73%，其中国立公园 34 个，共占地 21 898 km²，占日本国土总面积的 5.79%；国定公园 56 个，共占地 14 097 km²，占日本国土总面积的 3.73%；都道府县立自然公园 311 个，共占地 19 673 km²，占日本国土面积的 5.21%（郑文娟等，2018）。根据日本《自然公园法》，国立公园代表的是日本具有世界意义的典型自然风景地，与国际标准最符合，被视为严格意义上的国家公园。国立公园由环境大臣指定，为中央政府（环境省）直接管理。而国定公园是自然景观优美，但稍次于国立公园的自然风景地，有时也称为"准国家公园"（日本国家公园体系）。虽然国定公园也是由环境大臣指定，但在管理上都道府县地方政府却发挥着重要作用。本书的主要研究对象为严格意义上的国家公园，即日本国立公园。

3.4.2　日本国家公园公众参与发展历程经验总结

3.4.2.1　公众参与法制化

1999 年日本政府通过了《为制定、修改和废除法规征求公众意见的程序》，使公众从以往只能参与审议一些行政事务到可以对制定的法规规章提出意见（王洪宇，2012），2001 年日本《信息公开法》正式实施（潘迪，2008），逐步拓展了公众参与的途径和可参与的内容。在这样的大背景下，国立公园的公众参与也逐步走向法制化。2002 年，为了更好地协调公园内多方利益团体，加强公园的保护和管理，政府修订了《自然公园法》，并在此基础上设立了公园管理团体制度，允许那些纯粹出于自然保护管理和可持续利用目的的非营利组织、市民自发组织或财团法人申请成为公园管理团体（蒋新等，2016）。国立公园的公园管理团体由环境大臣指定，指定后会对公园管理团体管理的具体范围、指定时间、事务所名称地址以及职员等内容进行公示，让其他非营利组织或民众进行监督。而一个完整的公园管理团体一般由理事长、评议员或者理事会组成，其中理事长一般由该公园所在地的都、道、府、县知事或者市长等担任，评议员和理事会是由当地的专家、学者、自然观光保护团体等担任，而公园管理团体的普通职员则一般由当地原住居民构成（蒋新等，2016），这使得多方公众群体都能参与其中。除公园管理团体制度外，国立公园还设立了协议会制度，即在制订管理计划时让当地居民、专家学者、非营利组织（NPO）法人、NGO、地方政府以及环境省等利益相关者共同参与审查现有计划，然后对计划进行调整修改来提高公园管理和保护措施的实际可操作性（许浩，2013）。

可见，法律法规具有重要的支撑作用。一方面，日本国家公园从最开始确保公众的知情权到保障公众的监督与管理权，再到最后形成了制度化的公众参与社会协作新形式，表明从法律上支撑了公众参与国家公园的事务内容能逐步扩宽；另一方面，日本也通过法律逐步规范了信息公开制度与公众参与程序，使得公众更明白如何去参与，保障公众参与逐步系统化和法制化。

3.4.2.2　民间组织和能人志士具有"中介"作用

最初设置公园的申请来自 19 世纪末 20 世纪初日本先进知识分子的"上书"（许浩，2013），随后于 1873 年在民间力量压力下日本太政官发布《原来为民众所喜爱之社、寺、名胜古迹等上等土地划为官有免租之公园》的公告，日本公园制度由此诞生（任海等，2020）。之后 20 世纪 20—30 年代，在中央政府尚未意识到公园于日本环境、于公民的意义时，一些有识之士就自发成立了日本历史上第一个与国家公园有关的专门机构——国立公园协会（苏雁，2009），促使政府和日本民众关注，一些民间协会游说立法，助推《国立公园法》的颁布（许浩，2013）。20世纪70年代，面对日益严重的环境问题，公众的环境意识和危机感日益高涨，涌现出了大批自然保护团体，如一些财团法人组成的自然保护协会等。民众对环境事件的广泛关注促进了1971年自然公园管理权的再次变革，即从厚生省移交到环境厅自然保护局（杜文武等，2018），并于1972年颁布了《自然环境保护法》。到21世纪，在《公园管理团体制度》颁布后，那些纯粹进行自然保护管理和可持续利用的非营利组织、市民自发组织或财团法人可正式成为公园管理团队（蒋新等，2016），参与公园的建设。

可见，无论是最开始由一些知识分子或有识之士构成的民间组织，还是后来由更为广泛的群体构成的民间组织，他们都从不同程度上通过了解民意与政府进行博弈，也通过其他方式，如督促政府制定政策、组织一些社会活动等，来提高日本公众对国家公园的参与意识。

3.4.2.3　政府角色和态度具有重要的引导作用

日本国家公园相关政府部门一直发挥领导作用，在承担管理国家公园资源的同时，与民众保持良性互动，如第一次世界大战后，在日本经济迅速发展，社会需求转变的背景下，为满足民间游憩需求，内务省开始了为期10年的国立公园候选地调查（郑文娟等，2018）；在社会缺乏对国家公园了解的情况下，响应民间团体建议，出台《国立公园法》；第二次世界大战后，在恢复生态环境和满足游客游憩需求的管理压力下，单独设立了国立公园部负责国立公园的管理（郑文娟等，2018），创建了国定公园制度以及特别保护区制度 [①]，来缓解国立公园的压力和保护国立公园中最核心的景观资源；在管理人员质量参差不齐使得游客满意度降低并产生抱怨时，政府正式确立了国立公园管理员制度和志愿者制度；当公园与当地居民就土地权属产生利益冲突时，国立公园管理者通过与土地所有者签订风景地保护协定的方式给

---

① 日本将自然公园划分为国立公园、国定公园和都道府县立自然公园3个层级。

予他们政策上的优惠，从而获得土地的管理权，如 1966 年政府对特别保护地区内土地上的固定资产税实行减免（杜文武等，2018），于 1972 年确立了特定私有地购买制度。

可见，日本国家公园相关政府部门对公众参与的态度经历了转变的过程，从被迫采纳公众意见到主动采纳，最后到放权，让一些纯粹出于环境保护目的的非营利组织进行管理，这个过程因公众参与的效能逐步增加，也进一步提高了公众参与的积极性，推动了更广泛的公众参与。

3.4.2.4 丰富的环保教育活动具有重要的推动作用

日本国家公园在制度上保障了广泛的公众参与，并制定了公园管理团体制度。为了强化全方位的社会协作机制，推出了许多能让公众参与的环保节日活动和自然教育活动，如"自然公园清扫日""少年公园巡游"，以及一些与当地居民和 NPO 合作的项目，如"绿色工作者项目"，让更多的公众参与到国立公园的保护和管理中，而国立公园本身的保护目标也进一步扩大到对生物多样性的保护。

3.5 小结

3.5.1 国外案例总结

自公众逐步参与保护地治理以来，各国依据自身国情探索出了适合本国保护地公众参与的多种参与方式（表 3-5-1）。由前文各国国家公园公众参与案例分析可知，各国国家公园公众参与管理的共同理念对国家公园系统的保护与发展至关重要，共同目标都是谋求各方利益相关者的诉求和资源保护之间的平衡和发展。有效的公众参与一方面可以让国家公园规划和管理者了解公众的想法和关注点，从而提高规划管理的有效性和适应性，完善国家公园实施的一些发展计划和项目；另一方面，公众参与提高了参与者的积极性，明确了公民责任，增强了主人翁意识，建立起公园与各利益相关主体之间的长期联系，减少了国家公园管理中可能出现的矛盾。

然而，各国又有其重点和特点，美国通过建立国家公园管理局与公众之间的协同联系网络，无论是从纵向的规划到实施的管理程序，还是在横向的项目和活动策划方面，都实现了各利益相关主体的全面参与，充分体现了 NPS 在联系公众方面的中心指导地位。英国由于其国家公园内社区人口密度大，土地所有情况复杂，由此制定了一系列紧密联系各方利益相关者的举措，各个国家公园管理局扮演着提供交流平台和中间协作的角色。新西兰的公众参与更多采取了与政府共建共管的形式，但参与主体限定于社区，参与内容需要与政府协商。日本国家公园的公众参与主体主要为公益团体和环保人士，甚至将其纳入管理团队中，相比之下原住居民参与内容较少，参与层次较低。

表 3-5-1　美国、英国、新西兰、日本 4 国国家公园公众参与方式

国家	参与内容	参与途径	参与主体	特色做法
美国	规划决策，管理运营，环境评价，实施计划，监督诉讼	公开意见征询、互动交流、公开听证会、研讨会、开放日、公园资源调查、解说和教育项目兴趣小组会议等	公民、部落、社区、访客、专家学者、教育团体、组织协会、志愿者	政府信息公开，成立保护研究所、国家公园伙伴关系和咨询委员会，相关性、多样性和包容性办公室，利益相关者会晤，合作协议，特许经营，授权使用等
英国	规划决策制定，管理运营，监督审查，环境保护	公开意见征询、国家公园委员会会议、社区活动、公众捐赠等	社区、志愿者、NGO、企业、科研机构	会议和计划的信息和渠道公开，建立国家公园伙伴关系和志愿者论坛，邻里计划，规划援助计划，本地访问论坛（网站）等
新西兰	规划建设，联合管理经营，保护监督	与政府及规划人员进行沟通、参与公园日常工作、联合管理经营等	私人土地被划归到公园里的社区居民、大学学院	政府和社区民众双向平行参与"双列统一管理体系"，重视土著文化，分散式、短期性和公开式的特许经营，政府共管经营等
日本	规划决策，管理监督，建议反馈	发起运动、会议讨论、书面评论、自然教育活动等	民间组织、环保人士、原住居民	会议信息公开，建立伙伴关系，协议会制度，国立公园规划复议制度，审查会，管理员制度，志愿者制度和私有地购买制度等

以上国家公园公众参与经验显示了一些典型的公众参与方式，包括信息公开、信息反馈、听证会、研讨会、讲习班等，这些方式也在越来越多的国家得到实践运用。从总体上看，保护地事务中公众参与的内容离不开保护地的确立、规划决策、管理计划、环境影响评估等。基于这些参与内容选择的参与方式及参与途径也呈现多样化。此外，各国依据不同对象和目标也有一些典型做法值得推荐，如成立咨询委员会，囊括各利益相关者群体，促进公众的参与及公正性；通过合作伙伴关系，在保护地开展项目时，寻找当地社区、NGO、信托基金或者志愿者等公众主体合作，提升保护地的治理效果。通过对部分国家和地区公众参与方式的比较以及整合，可将国家公园事务中的公众参与层次及方式总结为表 3-5-2。

表 3-5-2　保护地事务中的公众参与方式

公众参与层次	公众参与方式
告知	政府信息公开，发布简报，举办研讨会，举办展览，解说项目，发布新闻专题，建设信息库，技术报告邮件，召开新闻发布会，发放新闻稿，宣传资料发放，投放公益广告，向特定群体演示文稿
咨询	参加公开听证会，参加研讨会、培训会、讲习班、意见听取会，成立咨询委员会，拨打电话热线，参与访谈，举办公众开放日活动
协作	合作学习，建立伙伴关系，设立信托机构，咨询委员会，发送电子邮件，开展民意调查，建立网站
公众自主	发起运动，成立社区居民委员会/协会，发起兴趣组讨论会议

3.5.2　对中国国家公园公众参与的启示

2017 年，中国在《建立国家公园体制总体方案》中明确提出了构建统一规范高效的中国特色国家公园管理体制（苏杨，2017；何聪等，2018），又将建立以国家公园为主体的自然保护地体系写入党的十九大报告，充分证明了中国非常重视国家公园的体制创新和优化管理（朱春全，2017）。然而中国国家公园具有较强的独特性和复杂性，如保护对象多样、规模大、跨多个省域、各利益相关群体关系复杂等。因此，为了更好地实现国家公园所设立的目标，需要借鉴他山之石，逐步健全管理体制，创新运营机制。

中国国家公园公众参与还存在以下问题：

第一，公众参与的意识较低。虽然近年来国民生态环保意识不断增强，但客观上讲，由于人文环境、社会背景等多方面的差异，公众的自主参与意识相对薄弱。中国国家公园由国家批准设立并主导管理，大都认为保护和建设管理只是政府的责任和义务，在实地调研中发现周边社区居民、工作职工普遍存在"等靠要"的思想，自主能动意识不强。

第二，公众参与主体范围小。在中国，国家公园的公众参与主体大致分为两类，包括涉及国家公园保护与利用的各方利益相关者，以及对国家公园建设感兴趣的个体及社会组织。但就目前来看，中国国家公园的公众参与主体较为单一，主要集中于当地居民和企事业单位，参与的积极性也有限。

第三，公众参与的内容和方式较单一。国内的公众参与多由政府主导，大多采用信息公开、意见咨询等途径，参与方式被动，且存在一定的进入门槛。例如，政府对各方进行信息公开、聘请机构及联合工作小组、进行信息搜集等，且多为大面积覆盖，缺少对某类具体利益相关者进行的针对性咨询。从国家层面立法来看，中国在国家立法层面未对此设立专门的法规，而地方性法规又较为零散，导致了信息公开制度不够系统，在公众参与完整性方面存在缺陷。

通过上述分析，得到以下六点启示：

1）逐步完善国家公园公众参与的法律、法规和制度建设

当前中国国家公园建设处于全面改革阶段，迫切需要国家层面统一制定相应法律、法规以规范体制建设，明确各级单位职责，对公众参与权利进行界定，在此过程中尤其要注重法律体系设计的连续性。各个国家公园管理局则根据基本法，制定各自的《国家公园公众参与计划书》，根据公园实际情况细化公众参与的规定要求，根据参与主体进一步明确公众参与的事务范围、参与渠道，如社区参与计划、志愿者条例等。在机构方面，各个国家公园管理局应成立专门部门统筹公众参与相关事务，实行伙伴关系计划，定期召开伙伴关系会议，逐步保障推动国家公园公众参与进程。

2）构建国家公园由政府主导管理，社会广泛协作的管理模式

中国大部分试点国家公园在试点期间成立了由省级政府垂直管理的国家公园管理局。例如，2017年8月成立了首个由中央直管的东北虎豹国家公园管理局，试点期间具体委托给国家林业局代为执行，成为中央直接管理国家公园的重要起点，在一定程度上解决了以往保护地部门分割、多头管理、碎片化的问题（苏杨，2017；何聪等，2018）。在体制机制建设方面，中国已相继发布《生态文明体制改革总体方案》《建立国家公园体制总体方案》《深化党和国家机构改革方案》《关于建立以国家公园为主体的自然保护地体系指导意见》等多个重要的政策指导文件。然而，依然会存在跨省域或跨部门的协调与管理、保护与生态补偿等诸多难题，因此亟须成立国家层面的统一管理部门。2018年3月，重组国家林业和草原局并加挂国家公园管理局牌子，这是中国将自然保护地纳入统一管理的关键一步，极大地推动了各部门的高效协调以及国家公园的统一管理和严格保护。中国国家公园建设仍需要社会力量的参与，应该由各国家公园管理局发挥组织功能，扮演好协调者的角色，为各方提供交流的平台，通过圆桌会谈、焦点小组等方式展开调研，在充分了解各主体诉求的基础上，根据国家公园事务性质判断公众参与层次，识别重要参与主体。建立利益相关主体的代表或代议组织，使其矛盾内部协调化，提高各主体间的协作效率，避免无序参与，从而整合各方力量，发挥效益最大化。

3）逐步有序地建立全方位的公众参与机制

中国已经注重建立国家公园社区利益共享和协调发展机制，如优先聘用社区居民到国家公园工作、转移安置保护地范围内的居民、扶持发展他们的替代生计等（国家发展和改革委员会社会发展司，2017；吴健等，2017），但公众参与的广泛性和深度还远远不够。在国家公园发展规划中都提到了要逐步有序扩大社会参与的机会，充分说明中国已经开始重视公众的参与。今后，中国应逐步建立更为广泛的公众参与和监督以及协同共管的长效机制（马克平，2017；魏钰等，2017），通过成立中央和地方保护委员会，鼓励其成员积极参与国家公园的宏观政策制定、总体发展规划、运营和管理等方面的讨论、决策和监督执行等工作，代表公众行使管理和监督权，确保社会参与的长效机制落到实处。

4）重视发挥国家公园自然教育功能，培育国家公园潜在参与人群

国家公园既是自然资源或生态系统管理的一种形式，也是游憩机会供给的一种途径，自然教育是其中的重要内容。人们的生态保护意识与自然教育的推进有着密切联系。英国国家公园非常注重和中小学、高校合作开展自然教育项目，其目的是最大限度地提高学校和青年团体参观国家公园的教育价值，这些群体未来可能会成为国家公园的志愿者。中国应该把国家公园理念引入学校教材，培育学生的国家公园认知与保护参与意识，并鼓励国家公园面向公众开放各类自然教育项目和自然体验机会，增进公众对国家公园的理解和自觉保护。

5）畅通参与渠道，扩大公众参与度

注重互联网平台的建设使用，打造国家公园网络公众参与新形式。对于更广泛的公众，可以将重要项目的信息发布在国家公园管理局、本地政府的网站上，征求公众意见，并及时给予反馈。设立网络捐赠渠道，分季度公开捐赠款项金额、项目投入及实施情况。通过网络公开国家公园相关信息，为公众提供参与平台，同时制定规则，规范网络公众参与，减少各方信息的不对称性，扩大公众参与途径。

6）构建灵活动态的监测和反馈体系

加强国家公园公众参与行动的监测反馈和效果评估。英国国家公园非常注重监测体系的建立。例如，湖区国家公园在伙伴关系计划中就建立了全面的指标监测框架，涵盖文化遗产、地质地貌、森林动物、农业景观、旅游等各个方面，来评估各项行动的影响，并发布年度报告。中国国家公园在实施公众参与管理行动时，也应该加强对公园环境和行动效果的监测和评估，以检验公众参与国家公园事务的有效性，将管理计划设定为一个动态过程，针对各项管理目标构建全面清晰的监测框架，并对管理计划、行动进行评估反馈，定期举行总结会议，发布相应监测评估报告，辅助决策方及时有效地做出回应并调整相关决策，从而更新管理计划。

中国国家公园公众参与机制构建

Chapter 4

4.1 中国国家公园体制建设特征

中国自 1956 年建立第一个保护地——广东鼎湖山自然保护区后，便开启了保护地体系的探索历程，先后建立了自然保护区、风景名胜区、森林公园、湿地公园、地质公园等多种类型的保护地（蒋志刚，2018）。截至 2018 年年底，中国不同类型的自然保护地共 1.18 万处，占国土总面积的 18% 以上（唐小平等，2019），如此庞大数量的保护地为中国自然保护事业奠定了坚实的基础。但各类保护地按资源要素分属于不同的管理部门，导致多头管理、不易协调以及保护空缺等问题，极大地阻碍了中国自然保护事业的发展进程。基于此，党的十八届三中全会将国家公园作为中国生态文明建设的重要载体以及解决中国自然保护地多头管理的重要空间工具提上建设日程。虽然国家公园试点建设已取得一定的成果，但也暴露出一些问题，与西方国家前期的保护地管理相似，很多问题都是因为没有形成科学规范的公众参与机制（张婧雅等，2017）。因此，充分了解中国国家公园建设的本土特征以及中国国家公园公众参与的独特性，构建科学规范且适宜于中国国家公园实际情况的公众参与机制至关重要。

关于中国国家公园体制建设特征，杨锐（2019）从时代背景、地理环境、动力机制、基本目标、地位规模以及管理难度 6 个方面进行过归纳。从全球地理区位来看，中国是北半球生物多样性最为丰富的国家（马克平等，1995）。中国国家公园建设在生物多样性保护方面面临的问题更为突出，管理难度更大。同时从国家公园建设基本目标、地位及规模方面，中国国家公园强调"生态保护第一"，换句话说，中国所建设的国家公园与 IUCN 自然保护地体系中所列的第二类国家公园具有相似性，但不完全相同，中国国家公园实施的是"最严格的保护"，国家公园建设任务更为艰巨。但从管理动力上看，中国是世界第一个和目前唯一一个将生态文明作为国家战略系统部署和落实的国家，自 2013 年起，国家公园相关政策便自上而下、高层级、高密度、高力度地推进（表 4-1-1），使得中国国家公园体制建设取得了重要进展。同时中国国家公园体制建设提出的时代背景，生态学理论体系已较成熟和系统，也有许多可供参考的国际国家公园建设经验，这为中国国家公园建设提供了很高的起点和后发优势；而且中国拥有的博大精深的中华文化以及丰富多彩的自然文化遗产，也是中国国家公园建设中所需彰显的特色与优势。

中国国家公园公众参与的独特性由国家公园体制建设的现实因素与传统管理模式的历史因素叠加形成，可从机遇和挑战两个方面概括。机遇方面，第一，自 2013 年起，中国颁布的有关国家公园方面的重要文件中都不同程度地强调了公众参与的重要性（表 4-1-1），2017 年发布的《建立国家公园体制总体方案》更是明确指出国家公园建设应坚持国家主导、共同参与原则，强调完善社会参与机制，在国家公园设立、建设、运行、管理、监督等各个环节，以及生态保护、自然教育、科学研究等各个领域引导公众参与；第二，随着信息时代的到来，互联网、新媒体的普及，公众也越来越善用互联网维护权利，这也为国家公园公众参与新型渠道的构建提供了技术支持。在具有上述优势的同时，也存在一定挑战，一是由于公众普遍缺乏参与主动性，因而培育公众参与意识，调动公众参与国家公园事务的积极性成为一项重要挑战；二是虽然众多政策文件鼓励公众参与，但在实际操作中，对公众能参与什么、如何参与并未做详细规定，致使公众不清楚自己所能参与的方式和渠道；三是如何用公众参与去解决复杂的土地利用和社区管理难题。上述都是实现中国国家公园公众参与的挑战。另外国外类似流程、工具 [（如公众参与地理信息系统（Public Participation GIS，PPGIS）] 已有大量应用，国内能否借鉴、是否适用、如何搭建等，同样是值得思考的问题。

表 4-1-1　国家公园相关法律文件

文件名称	有关国家公园的重点核心内容	有关公众参与的内容
《中共中央关于全面深化改革若干重大问题的决定》（2013 年 11 月）	建立国家公园体制	在生态环境保护管理体制改革方面强调"及时公布环境信息，健全举报制度，加强社会监督"，注重信息发布和社会监督和举报
《关于开展生态文明先行示范区建设的通知》（2014 年 6 月）	建议青海省、安徽省黄山市等 7 个生态文明先行示范区"探索建立国家公园体制"	提出将"探索完善公众参与监督机制""探索建立公众参与制度"列入部分生态文明先行示范区的制度创新重点
《建立国家公园体制试点方案》（2015 年 1 月） 《国家公园体制试点区试点实施方案大纲》（2015 年 3 月）	确定 9 个国家公园体制试点区，提出"生态保护、统一规范管理、明晰资源归属、创新经营管理和促进社区发展"五项试点内容。 提出了包括管理单位体制、资源管理体制、资金机制和规划机制 4 个方面的管理体制建构方案和包括日常管理机制、社会发展机制、经营机制和社会参与机制 4 个方面的运行机制建构方案	在国家公园试点的特许经营、资金支持内容方面有鼓励公众参与，"经营项目要实施特许经营，进行公开招标竞价""吸引民间团体、企业、个人等社会资金支持试点"
《中共中央国务院关于加快推进生态文明建设的意见》（2015 年 4 月）	建立国家公园体制，实行分级、统一管理，保护自然生态和自然文化遗产原真性、完整性	在总的生态文明建设方面提出要"提高全民生态文明意识，广泛动员全民参与生态文明建设，完善公众参与制度，及时准确披露各类环境信息，扩大公开范围，保障公众知情权，维护公众环境权益。健全举报、听证、舆论和公众监督等制度，构建全民参与的社会行动体系"
《发展改革委关于 2015 年深化经济体制改革重点工作意见》（2015 年 5 月）	在 9 个省市开展国家公园体制试点	—
《生态文明体制改革总体方案》（2015 年 9 月）	建立国家公园体制。加强对重要生态系统的保护和永续利用……对保护地进行功能重组，合理界定国家公园范围。国家公园实行更严格保护，除不损害生态系统的原住民生活生产设施改造和自然观光科研教育旅游外，禁止其他开发建设，保护自然生态和自然文化遗产原真性、完整性	在总的生态文明建设方面提出要"健全环境信息公开制度……引导人民群众树立环保意识，完善公众参与制度，保障人民群众依法有序行使环境监督权。建立环境保护网络举报平台和举报制度，健全举报、听证、舆论监督等制度"

文件名称	有关国家公园的重点核心内容	有关公众参与的内容
《中国三江源国家公园体制试点方案》（2015年12月）	在青海三江源地区开展国家公园体制试点……要坚持保护优先、自然修复为主，突出保护修复生态，创新生态保护管理体制机制，建立资金保障长效机制、有序扩大社会参与	方案中强调"国家公园建立合理的补偿机制，试点区的规划、保护、管理、运行等要积极吸收周边社区居民和社会公众参与，接受社会监督"
《中华人民共和国国民经济和社会发展第十三个五年规划纲要》（2016年3月）	建立国家公园体制，整合设立一批国家公园	—
《关于设立统一规范的国家生态文明试验区的意见》及《国家生态文明试验区（福建）实施方案》（2016年8月）	设立由福建省政府垂直管理的武夷山国家公园管理局，对区内自然生态空间进行统一确权登记、保护和管理。到2017年，形成突出生态保护、统一规划管理、明晰资源权属、创新经营方式的国家公园保护管理模式	在总的生态文明建设方面提出"要完善环境信息公开制度……完善建设项目环境影响评价信息公开制度，通过公开听证、网络征集等形式，充分听取公众对重大决策和建设项目的意见""建立吸引社会资本投入生态环境保护的市场机制，推广政府和社会资本合作模式"
《大熊猫国家公园体制试点方案》及《东北虎豹国家公园体制试点方案》（2016年12月）	开展大熊猫和东北虎豹国家公园体制试点……要统筹生态保护和经济社会发展、国家公园建设和保护地体系完善，在统一规范管理、建立财政保障、明确产权归属、完善法律制度等方面取得实质性突破	—
《祁连山国家公园体制试点方案》（2017年6月）	开展祁连山国家公园体制试点，要抓住体制机制这个重点……以探索解决跨地区、跨部门体制性问题为着力点……在系统保护和综合治理、生态保护和民生改善协调发展、健全资源开发管控和有序退出等方面积极作为，依法实行更加严格的保护。要抓紧清理关停违法违规项目，强化对开发利用活动的监管	—
《建立国家公园体制总体方案》（2017年9月）	建立国家公园体制，坚持生态保护第一、国家所有、全民共享的国家公园理念，明确国家公园定位，确定国家公园空间布局，优化完善自然保护地体系，建立统一事权、分级管理体制，建立资金保障制度，完善自然生态系统保护制度，构建社区协调发展制度、实施保障，强化监督管理，构建以国家公园为代表的自然保护体系	1. 明确提出国家公园应坚持"国家主导、共同参与"的基本原则，"建立健全政府、企业、社会组织和公众共同参与国家公园保护管理的长效机制，探索社会力量参与自然资源管理和生态保护的新模式。加大财政支持力度，广泛引导社会资金多渠道投入"。

续表

文件名称	有关国家公园的重点核心内容	有关公众参与的内容
《建立国家公园体制总体方案》（2017 年 9 月）		2. 提出"国家公园坚持全民共享……为公众提供亲近自然、体验自然、了解自然以及作为国民福利的游憩机会。鼓励公众参与，调动全民积极性，激发自然保护意识，增强民族自豪感"。 3. "健全生态保护补偿制度……鼓励设立生态管护公益岗位，吸收当地居民参与国家公园保护管理和自然环境教育等。" 4. "完善社会参与机制。在国家公园设立、建设、运行、管理、监督等各环节，以及生态保护、自然教育、科学研究等各领域，引导当地居民、专家学者、企业、社会组织等积极参与。鼓励当地居民或其举办的企业参与国家公园内特许经营项目。建立健全志愿服务机制和社会监督机制。依托高等学校和企事业单位等建立一批国家公园人才教育培训基地"
《决胜全面建成小康社会 夺取新时代中国特色社会主义伟大胜利——在党第十九次全国代表大会上的报告》（2017 年 10 月）	国家公园体制试点积极推进，建立以国家公园为主体的自然保护地体系	—
《国务院机构改革方案》（2018 年 3 月）	组建自然资源部和国家林业和草原局，由自然资源部对国土空间的自然资源实行统一管理，其下属国家林业和草原局对自然保护地统一管理，并加挂国家公园管理局牌子	—
《关于建立以国家公园为主体的自然保护地体系的指导意见》（2019 年 6 月）	明确了建成中国特色的以国家公园为主体的自然保护地体系的总体目标，并分阶段对 2020 年、2025 年、2035 年提出了国家公园建设目标任务。对国家公园、自然保护区、自然公园 3 种自然保护地类型进行定义且归类整合，提出建立自然保护地统一设置、分级管理、分区管控新体制	1. 明确提出国家公园应坚持"政府主导、多方参与"的基本原则，突出自然保护地体系建设的社会公益性，建立健全政府、企业、社会组织和公众参与自然保护的长效机制。 2. 探索全民共享机制……推行参与式社区管理，按照生态保护需求设立生态管护岗位并优先安排原住居民。建立志愿者服务体系，健全自然保护地社会捐赠制度，激励企业、社会组织和个人参与自然保护地生态保护、建设与发展

从中国国家公园公众参与机理的研究角度来看，构建以国家公园为主体的自然保护地体系自身的特性决定了其属于公共资源，应发挥其公共生态功能，但目前中国许多保护地的公益性并未能充分体现，存在的问题包括旅游开发无序、管理与经营权混乱等。随着国家公园体制建设的不断深入，全民公益性成为一个重要的理念。以全民共享为目标是国家公园公益性的实质体现。为了更好地实现这一重要理念，国家公园的公众参与成为必不可少的一环，通过对公众参与的各利益相关主体进行引导、激励、鼓励，推动其参与公共事务的管理。

自上而下与自下而上的双重需求能够通过公众参与得到整合，无论是帮助公众取得话语权，还是政府对公众取得国家公园公共事务管理的资源支持，都能让公众和政府双方的价值得到实现，而公众参与能够有效实现各方利益相关者的共同价值。然而，我们还应该考虑到国家公园的管理具有复杂性，在采用公众参与机制的时候需要对相应的领域和项目进行判断，如是否存在具有多维度、价值冲突与不确定性、公众对管理部门的信任缺失等情况，在这样的条件下，公众参与才会更加适用。

4.2 国家公园公众参与主体界定

参与主体是指国家公园治理中参与活动的承担者和行动者。国家公园公众参与主体的界定就是明确哪些公众应该参与国家公园的规划、建设、管理和运营的各阶段。参与主体也可分为两个层次，客观层面是需要参与的公众，主观层面则是有诉求表达意愿的主体，其中需要参与的主体通常以利益相关性界定，有诉求的参与主体通过主观意愿来界定。公众参与意愿是多种因素综合作用的结果，其既源于公众自身的参与意识、参与能力，又会受到自身利益、政府态度等直接影响。借鉴学者们目前在旅游学科不同应用领域对公众参与主体的研究（表 4-2-1），将参与保护地建设管理的公众分为两类，一类是保护地资源保护或利用相关的各类利益相关者（包括社区、企业、游客等），另一类是对保护地建设管理感兴趣的公民及社会组织。如澳大利亚保护地建设管理的参与公众包括公民个人、保护地管理机构、游客、与保护地管理相关的私营企业或个人、与保护地资源保护利用相关的社会或国际组织（张婧雅等，2017）。

表 4-2-1　不同应用领域的主要公众参与主体

应用领域	作者	公众参与主体
旅游规划	李永文等（2011）	社区居民、积极团体（如环保组织、发展组织）、旅游者、当地旅游企业、媒体和中介组织、学术专家以及其他社会公众等
	Sautter 等（1999）	以规划者为中心的居民、积极团体、企业、员工等
	Gallardo 等（2007）	当地居民是重要的参与主体
政策制定	Crouch 等（1999）	通过圆桌会议，圆桌会议最终由私营部门、原住居民等相关利益部门组成，每个部门拥有数名负责人、数个工作委员会及大量的支持者
	Vernon 等（2005）	企业、居民、政府参与 Caradon 可持续旅游发展战略制定过程中，其角色是动态的，政府在推动制定过程中担任了重要角色
	Wang 等（2013）	居民、消费者、环保人士影响旅游政策的实施
目的地营销	熊元斌等（2011）	政府为核心，整合行业组织、企业、社区及居民、媒介等群体和个体组织体系
	朱孔山等（2010）	旅游主管部门为主导，旅游企业、旅游行业协会、国际组织、区域组织及社区居民等共同参与的旅游公共营销专业委员会
	Rehmet 等（2013）	公民、NGO、私营部门都应是积极参与目的地品牌化的利益相关者

续表

应用领域	作者	公众参与主体
目的地营销	d'Angella 等（2009）	目的地营销中均有目的地管理组织、旅游企业以及市民之间的协作，并提出社会包容性是协作的重要前提条件
	Choo 等（2011）	居民在目的地品牌化中起到多元化的作用（提高游客满意度与体验、传播积极口碑等），应将居民纳入品牌化战略中
环境保护	俞海滨（2011）	公众参与环境保护充分利用群众组织、社区组织（如居委会、村委会）、各类 NGO（尤其是环保 NGO）社会力量加以有效组织
	龙良富等（2010）	环境人权是人的基本权利，公众特别是当地居民应该拥有环境决策权、知情权、监督权和赔偿权
	孟华等（2009）	部分居民拥有参与目的地环境志愿服务的意愿，但由于缺少有效的组织机构导致志愿性参与较为零散
文化保护	陈庚（2009）	以居民为核心的多利益主体参与的古村落保护体系
	王艳丽（2011）	对于马拉松活动，居民参加的意愿较强，但实际参与度较低
	陈方英等（2009）	对于庙会活动，62% 的市民愿意成为志愿者
	Misener 等（2006）	居民和志愿者参与体育赛事组织和管理，对旅游形象塑造起到积极作用
	Todd（2010）	通过对英国爱丁堡艺穗节的利益相关者的识别将东道主社区、媒体、观众等界定为主要行动者
可持续发展	Getz 等（1994）	要实现可持续的旅游发展，需认识到公共与私营部门、东道主社区等均是在复杂的旅游业环境中相互依赖的利益相关者
	Beesley（2005）	通过对一个为期 3 年的由政府、企业、学校共同参与的协作性旅游项目的研究发现，沟通、个人知识、社会突发事件、情感和价值观共 5 个因素会对协作研究的最终成果产生影响
	Tosun（2006）	参与性发展模式能够通过使当地人更平衡地取得旅游业发展的利益以促进可持续旅游发展原则的实施
旅游基础设施管理	Wood（1998）	NGO 在发展国家中的作用越来越重要，但其参与基础设施建设（特别是在其享受免税优惠政策时）会导致不公平竞争
	Fallon 等（2003）	游客中心的规划、设计和运营要考虑经营者、当地人、社区的需要

根据中国国家公园建设的目的和意义，对客观要求和主观意愿层面的公众主体进行筛选、整合（图4-2-1），最终可将国家公园公众参与主体归纳为8类，即社区居民、特许经营者（企业）、NGO、游客、志愿者、专家学者（科研机构）、媒体、其他公众。

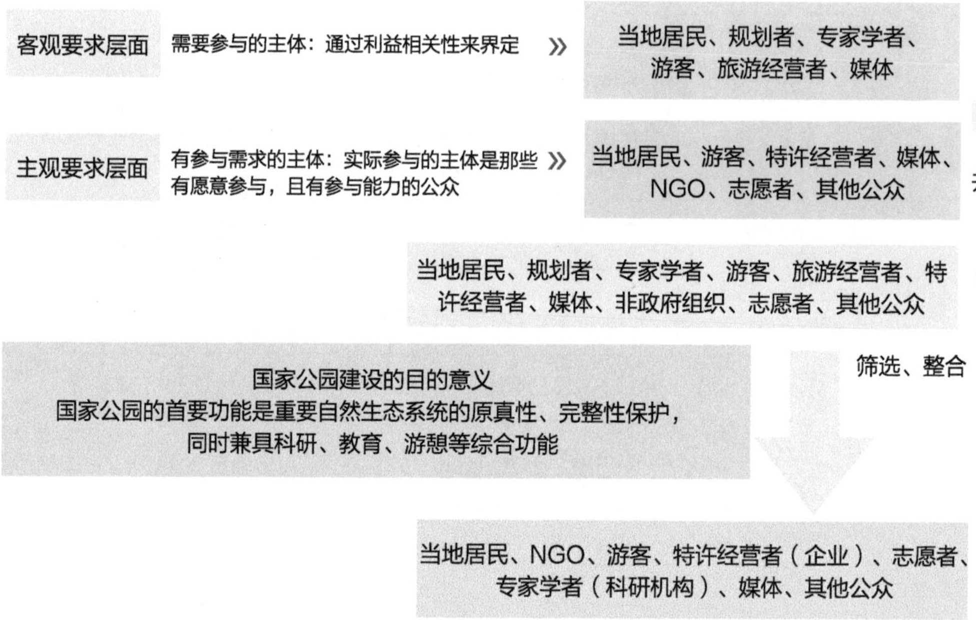

图 4-2-1　中国国家公园公众参与主体的界定

不同的公众主体在国家公园事务参与中有不同的角色定位和诉求（表4-2-2）。公众诉求可从经济利益、社会效益以及生态保护3个方面进行归纳，其中社区居民、游客、特许经营者主要是基于自身利益参与到国家公园事务中，所以大多将经济利益放在首要诉求上；而专家学者、NGO、志愿者主要基于利他心理或理想愿景参与其中，因此他们主要是以生态保护或社会效益为主要诉求，而媒体与其他公众由于他们往往表达的是大多数人的利益，因此他们常以社会效益为重（罗丹丹，2018；张玉钧等，2017）。但从另一个角度而言，经济利益、社会效益和生态保护也并非完全独立、非此即彼的，例如，生态保护是为了更长远的经济利益和社会效益，社会效益的实现能够为经济利益的增长提供条件。因此，不同群体之间的利益游说和调节就成为公众参与过程的重要内容，也成为实现公众参与良性循环的必要环节。

表 4-2-2　国家公园公众参与主体的角色定位及诉求

公众参与主体	角色定位	诉求
社区居民	核心参与主体	**经济利益≥社会效益≥生态保护** 解决生计问题，提高居民收入，增加就业岗位；增强荣誉感和幸福感，风俗文化得到尊重；生活环境不受破坏
特许经营者（企业）	经营活动执行者	**经济利益≥社会效益≥生态保护** 获得高额的利润回报，能够长期稳定经营，有优惠政策；丰富、独特的资源禀赋以吸引更多的访客；期望行业竞争规范，获得当地居民的支持，提升企业形象和知名度
游客	受益者	**经济利益≥社会效益≥生态保护** 物有所值甚至物超所值；体验原真生态自然景观，获得环境教育；交通便利，配套设施齐全，居民友好，感受当地风土人情
NGO	协助主体	**生态保护≥社会效益＞经济利益** 生态系统和生物多样性受到严格保护，实现人与自然和谐共生；消除社区贫困，维护居民利益，希望全社会共同参与，形成良好的保护氛围；公益性质，希望得到更多的援助和支持
专家学者（科研机构）	理论指导者	**生态保护≥社会效益＞经济利益** 科研实践与国家公园的资源和环境保护相结合；科研结果得到社会认可，实现社会效益，获得政策性支持、信任和尊重；获得经费支持
媒体	舆论监督者	**社会效益≥生态保护＞经济利益** 提高宣传报道的社会关注度获得额外收益；通过宣教，提高公民保护意识，营造全社会保护的氛围；生态系统和生物多样性得到严格保护
志愿者	协助主体	**社会效益≥生态保护＞经济利益** 自我价值的实现，获得志愿经历和体验；生态系统和生物多样性的严格保护，实现人与自然和谐共生；帮扶社区居民，服务访客，提高人们的环保意识
其他公众	公众监督者	**社会效益≥生态保护＞经济利益** 社会稳定，文化风俗得到保护；社会性价比高；保护生态系统的完整性和优质的生态景观

4.3　国家公园公众参与内容研究

公众参与内容，即在国家公园保护和利用过程中各类公众参与活动的行为对象，也就是公众参与的领域及范围，其解决的是公众在国家公园中参与什么的问题，即国家公园建设、保护和管理的具体内容。对于这些具体的事务，不同公众参与主体的诉求具有差异性，在多样化的参与事务、多元化的利益诉求下，如何根据需要进行理性的公众参与内容设定是保证国家公园公众参与质量的关键（王辉，2017）。保护地公众参与具有整体性和广泛性特点。在美国，公众可参与保护地的确立、规划决策、管理运营、保护地范围界定、环评草案和环评决策；在巴西，公众不仅可参与保护地的确立，还可参与保护地管理计划和特许经营计划（Mannigel，2008）；在新西兰，中央或地方保护委员会成员可代表公众参与国家公园立法、保护和监督工作中，私人土地被划到公园里的社区居民可通过共管或联合保护经营方式直接参与公园建设与管理，普通社区居民则可通过日常工作间接参与公园管理（李丽娟等，2019）。概言之，国家公园公众参与内容涉及顶层的立法、政策制定、保护规划方案的编制、国家公园公共事务的管理等各项事务，具体见表4-3-1。同时，国家公园公众参与内容也应根据事务所涉及的主体对象，有甄别地划分可参与的程度，如普通公众可旁听、密切相关公众可表决等，从而保障参与内容的广泛性、科学性和高效性兼顾。

表4-3-1　国家公园公众参与内容

项目	具体构成内容
立法与执法	国家公园保护和利用相关的法律、行政法规、地方性法规、自治条例
政策制定、实施、评估	国家公园保护、建设和管理相关规章、规则、办法、意见、通知、要求等

续表

项目	具体构成内容
规划编制、实施、评估	总体规划、详细规划、专项规划、保护规划等
国家公园营销	营销规划制定、营销计划方案制定、营销活动实施、营销绩效评估
公共服务供给	①信息类服务供给：信息导视系统、电子政务网站、咨询服务中心、游憩体验标识系统建设； ②基础设施供给：交通设施建设、服务设施建设、游憩设施建设； ③公共安全服务供给：应急救援服务、保险服务、旅游安全基础设施
环境保护	包括自然环境（影响人类生存和发展的各种天然的和经过人工改造的自然因素的总体，包括大气、水、海洋、土地、矿藏、森林、草原、野生生物、自然遗迹等）保护；社会环境（社会关系、社会治安、社会氛围、生活方式）保护；文化环境（风俗习惯等文化传统、文化氛围）保护； 自然、文化资源的保护方案制订和实施、日常维护、监测和管理，文化资源特别是非物质文化的传承与发展
项目建设与维护	交通、邮政通信、供水供电等设施的建设与维护，以及商业服务、环境教育、园林绿化等
教育与培训	学历教育、继续教育、专业知识和技能培训、居民教育、游客环境教育
区域交流与合作	不同地区的具体化合作等（联合执法、监管、营销、市场互惠等）

4.4　国家公园公众参与途径选择

公众参与途径即公众实现国家公园事务参与所依托的方式，其决定了公众参与的层次与深度。公众参与包括自上而下和自下而上两种途径，前者是政府所启动和主导，公众作为表达意见者和提供相应资源的主体（王京传，2013），后者更强调公众参与的主动性。其中，自上而下途径又可分为强制性参与和诱导性参与两类（Tosun，2006），强制性参与是 Arnstein（1969）参与阶梯模型中非（假）参与类别，不在本书讨论之列。

关于国家公园公众参与途径选择，许多国家根据自身国情探索出了适宜本国的参与方式，一些典型的公众参与方式包括信息公开与反馈、听证会、研讨会、讲习班等。虽然各国保护地公众参与途径多样，但多是针对某一具体事务的参与方式，缺乏整体综合视角的概括，且并未进行层级、体系化归类。基于此，参考张婧雅等（2017）关于国家公园公众参与途径所划分的信息反馈、咨询、协议、合作4个层级，依据Arnstein参与阶梯模型，进一步增加公众自主性参与途径，取代单一从政府目的（政策普及、从公众方获取信息等）导向性出发的常规做法，可将国家公园公众参与途径分为告知、咨询、安抚、伙伴关系（合作/协商）、授权、公众自主6个层次，不同层次对应不同的参与形式，如表4-4-1所示。需要说明的是，在实际参与中，这6个参与层次之间的界限并不非常明确，在某一具体的国家公园保护和管理项目中，可能会同时采取多个层次的参与途径。而且，由于中国信息技术的发达和普及，还应当充分考虑和研究互联网这一实现公众参与的新途径。

表4-4-1　国家公园公众参与途径

参与层次		参与途径
自上而下	告知	政府信息公开、重大事项公示、大众媒体宣传（电视新闻、宣传品、广播、宣传片、网站公示）、公告、广告、公开展示、报告、宣传手册、信息公报、说明会或新闻发布会
	咨询	公众调查、德尔菲法、咨询委员会、关键公众接触、特别小组、公众意见征集、公共论坛、公众座谈会、专家论证会、热线；民意测试与访谈；开放咨询日
	安抚	热线、斡旋调解（调解、仲裁）、质询/投诉平台、公众评估（满意度调查、绩效评级）、社区洽谈
自下而上	伙伴关系（合作/协商）	合作协议、公众协商会议、邻里计划、合作学习、联合工作小组、社区规划伙伴关系、共同生产、共同提供、交互式研讨会、社区居民培训、技术援助
	授权	公众投票（现场、邮件、网络等方式）、公众决策委员会、项目授权/委托、特许经营、政府购买服务、公众监督
	公众自主	志愿行动、社区或村民自治、社区共管、公众捐赠资源、兴趣群体会议、自发成立协会或组织承担公共事务

4.5　国家公园公众参与机制总体框架

　　不同参与者承担不同责任，其之间也在相互作用。2019 年，中共中央办公厅、国务院办公厅印发了《关于建立以国家公园为主体的自然保护地体系的指导意见》，作为自然保护地体系的公共资源是公众参与公共事务管理的主要对象。而任何公众参与主体间的行为都会给资源管理带来影响，因此对公众参与中的哪部分人参与国家公园哪个部分、哪个阶段的建设，以及通过什么样的方式参与，应当有全局性的考虑。例如，在国家公园建设初期，应当由政府牵头把控顶层设计，以进一步规范其他参与主体的行为，如涉及某类参与主体的切身利益，则在政策制定时必须保证该类群体的诉求途径。

　　公众参与是一个动态的过程，具体可以分为参与前、参与中、参与后 3 个阶段。中国国家公园公众参与在明确了"谁来参与"（参与主体界定）、"参与什么"（参与基本内容）、"怎么参与"（参与途径选择）3 个核心问题后，实际上只解决了参与中阶段的一部分问题。由于中国公众参与的独特性，公众受传统观念的影响，欠缺参与主动性，因此参与的成功实现还需要管理机构加强宣传，在参与前充分引导、在参与中理性带动。而参与后的结果也是至关重要的因素，不能单单"量化"公众参与，而忽视参与的质量和效果。按照公众参与阶段，可从引导体系、组织实现体系、保障体系、评估体系 4 个方面构建中国国家公园公众参与行动框架，如图 4-5-1 所示。引导体系主要针对参与前阶段，重点是基于动机和目的，挖掘公众为什么参与、国家公园为什么需要公众参与，需从公众、国家公园管理部门两方着手引导，引导的基础是充分的科学研究及之后的适当宣传。组织实现体系主要针对参与中阶段，是为了确保公众的有序和有效参与，首先需明确参与框架的基本组成（参与主体、参与客体、参与方式），其次才是如何运作，具体运作可能涉及组织执行者。保障体

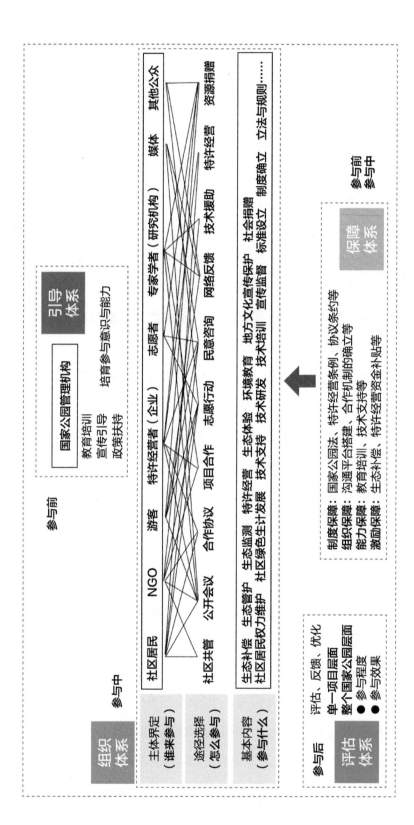

图 4-5-1　中国国家公园公众参与机制框架

系即分析保障国家公园公众参与有效实施的主要条件，包括制度、能力、激励等因素，主要针对参与中阶段，也应从管理机构和公众的双重视角进行构建。评估体系主要针对参与后阶段，需从整体公众参与行动结果和单项事务公众参与结果两个方面进行评估，从而促进国家公园公众参与机制的不断完善。

4.6　小结

公众参与机制的完善是中国建设以国家公园为主体的自然保护地体系得以顺利进行的重要内容。中国国家公园保护对象类型多样、规模大、各利益相关群体关系复杂，使得中国国家公园公众参与具有鲜明的独特性，这些特征也促使国家公园在采用公众参与机制时需要对相应的领域和项目进行判断，使公众切实有效地参与进来，以破除国家公园建设管理过程中出现的诸多制度困境。

当前，参与国家公园建设管理的公众主体可分为两大类，一是与国家公园资源保护或利用相关的各类利益相关者（包括社区、特许经营者、游客等），二是对国家公园建设管理感兴趣的专家学者、媒体及社会组织。不同的公众主体在国家公园事务参与中有不同的角色定位和诉求，其中社区居民、游客、特许经营者大多将经济利益放在首要诉求上，专家学者、NGO、志愿者主要以生态保护或社会效益为主要诉求，而媒体与其他公众由于他们往往表达的是大多数人的利益，常以社会效益为重。

从参与内容上看，国家公园公众参与的内容涉及国家公园规划、建设和管理多个方面，具体包括顶层的立法、政策制定、规划方案编制、环境保护、国家公园公共事务管理、国家公园营销、项目建设与维护等。同时，根据国家公园事务所涉及的不同主体对象，公众的参与程度应有所区别，如国家公园保护规划方案在编制过程中，普通公众可旁听，关系密切的社区居民可表决，专家学者可提建议等，这样进一步保障了公众参与内容的广泛性、科学性和高效性。

从参与途径来看，目前国家公园公众参与包括自上而下和自下而上两种参与途径。自上而下的参与途径包括告知、咨询、安抚3个参与层次，自下而上的参与途径则包括伙伴关系（合作/协商）、授权、公众自主3个层次，不同层次对应不同的参与形式，如政府信息公开、公众调查、公众座谈会、专家论证会、社区洽谈、合作协议、特许经营、志愿行动等。在实际参与中，对于某个具体的国家公园保护和管理项目，也可能会同时采取多个层次的参与途径。

总体来看，中国国家公园公众参与机制的完善需要公园管理机构和公众的共同努力。一方面，相关部门不仅应将公众的有效参与放在首位，更要为公众建立切实有效的常态化国家公园参与机制，根据国家公园公众参与前、中、后不同的事务重点，动态、全过程地进行引导、带动和评估公众参与，给予公众在制度、组织、能力、激励等多方面保障。另一方面，公众也应转变参与意识，化被动为主动，进一步提高自身参与能力，利用多种渠道参与到国家公园事务中，从而推动中国国家公园建设得到高质量发展。

第 **5** 章

实证研究——三江源国家公园公众参与机制构建

Chapter 5

本书选取三江源国家公园作为实证研究的案例地，主要基于以下原因：

第一，开展国家公园体制建设时间最长，且全面完成了试点任务。2015 年 12 月，党中央审议通过了《三江源国家公园体制试点方案》，三江源国家公园成为中国第一个真正意义上的国家公园体制试点区，经历了长达 6 年的体制建设全面完成了试点任务，直至 2021 年 10 月 12 日被正式设立为中国首批 5 个国家公园之一。

第二，探索形成了一系列卓有成效的原创性举措，特色鲜明。2016 年，三江源国家公园体制试点作为全国第一个国家公园体制试点正式启动，成为"摸着石头过河"的国家公园先行者，在创新体制机制、健全政策制度体系等方面开展了一系列原创性改革，尤其在公众参与制度方面，三江源国家公园采取了"一户一岗"生态管护员制度、举办了三江源生态班、开设了澜沧江源园区昂赛大峡谷特许经营项目、开展了"4+1"生态保护示范村站项目等，在社区发展方面取得了良好成效。

第三，广受社会关注，参与主体多样。三江源国家公园由于其特殊而神秘的地理环境和极为重要的保护价值，且作为中国首个国家公园试点广受社会关注，已有大量 NGO、科研机构、企业、媒体等活跃在这里，社会参与主体多样，形成了良好的公众参与基础和共建氛围，对于其他国家公园公众参与机制的建设具有先行示范作用。

由此可见，在研究国家公园公众参与机制问题方面，三江源国家公园具有极强的代表性和典型性。研究团队在前期资料准备充分基础上分别于 2018 年、2019 年暑期两次前往三江源国家公园开展实地调研，2018 年以"社区居民""志愿者"为重点调查对象，2019 年以"NGO"为重点调查对象，具体调研安排如下：

第一次调查时间：2018 年 7 月 11—28 日。调查地点：三江源国家公园试点区。

调研具体分为 3 个阶段：第一阶段是调研前针对研究问题对志愿者和社区参与情况进行前期了解；第二阶段是前往三江源国家公园进行实地访谈调研；第三阶段是问卷调查和补充调研，于 2018 年下半年进行。

第二次调查时间：2019 年 7 月 15 — 22 日。调查地点：三江源国家公园试点区。

重点对社区与 NGO 合作参与三江源国家公园管理和保护事宜方面进行调研，主要包括 NGO 开展社区项目的经验、存在的问题，社区居民对 NGO 态度等。

通过两次实地调研及后续补充调研，最终获取了包括二手文本资料及数据、一手访谈记录、一手调研问卷等大量研究素材（详见附录 1）。

5.1　案例地概况

5.1.1　国家公园建设历程

三江源地区是中国淡水资源的重要补给地，是高原生物多样性最集中的地区，有着丰富的自然资源和重要的生态功能。为了保护这片土地及其生态环境，在 1995 年建立了可可西里省级自然保护区，1997 年该自然保护区晋升为国家级自然保护区，为了进一步保护大面积的生态系统，2000 年成立三江源自然保护区，并在 2003 年升级为国家级自然保护区。自此，由这两大自然保护区守护及保护着三江源地区的野生动物及生态环境。

在新时代生态文明建设过程中，中国高度重视三江源地区的生态保护工作，并在十二届全国人大四次会议青海代表团审议时指出在三江源地区开展全新体制的国家公园试点。三江源国家公园自此拉开国家公园试点建设的帷幕，并于 2015 年 12 月审议通过《三江源国家公园体制试点方案》，成为中国第一个真正意义上的国家公园体制试点区。2016 年，中共中央办公厅、国务院办公厅印发《三江源国家公园体制试点方案》，正式拉开建设序幕，并于同年在青海省挂牌成立三江源国家公园管理局及各园区管委会、管理处。2017 年，通过并颁布《三江源国家公园条例（试行）》。三江源国家公园虽经历了体制改革及深化的发展阶段，但总体而言仍处于建设阶段[①]。

5.1.2　区域范围及资源禀赋

三江源国家公园体制试点区位于青海省西南部，跨越玉树藏族自治州和果洛藏族自治州，涉及治多、曲麻莱、玛多、杂多 4 县和可可西里自然保护区管辖范围。地处青藏高原腹地，是长江、黄河和澜沧江的发源地，素有"中华水塔"和"亚洲水塔"之称。范围包括可可西里国家级自然保护区、三江源国家级自然保护区的索加－曲麻河保护分区、扎陵湖－鄂陵湖保护分区、星星海保护分区、果宗木查保护分区和昂赛保护分区，总面积达 12.31 万 km²，平均海超过在 4 500 m，是中国面积最大的国家公园，也是世界上海拔最高的国家公园[②]。自然禀赋得天独厚，拥有昆仑、巴颜喀拉、阿尼玛卿、唐古拉等极地之山；雪峰、冰川、湖泊、湿地、峡谷、河流遍布，有着独特的高原高寒复合生态系统，形成了独特多样的生态位，孕育了特有的、丰富的生物种群，是中国乃至东南亚的重要产水区和生态安全屏障、亚洲乃至北半球气候变化的启动区、世界高寒生物资源宝库。此外，三江源国家公园体制试点区保存着丰富的传统文化，如藏文化、草原文化及昆仑文化等，敬畏自然、敬畏生命的朴素生态理念也在世代相传。

三江源国家公园在规划中以三大江河源头的典型代表区域为主构架，整合区域内各类保护地，最终形成了长江源、黄河源、澜沧江源 3 个园区（表 5-1-1），呈现"一园三区"的格局。

---

① 根据《三江源国家公园总体规划》整理。
② 根据三江源国家公园官方网站资料整理，相关数据是体制试点阶段的数据。

表 5-1-1　三江源国家公园试点区分区情况

园区	面积	包含的自然保护地类型
长江源园区	9.03 万 km²	可可西里国家级自然保护区（可可西里世界自然遗产/三江源国家级自然保护区索加－曲麻河保护分区）
黄河源园区	1.91 万 km²	三江源国家级自然保护区的扎陵湖－鄂陵湖、星星海保护分区
澜沧江源园区	1.37 万 km²	青海三江源国家级自然保护区果宗木查、昂赛保护分区

5.1.3　管理现状

三江源国家公园实行集中统一垂直管理，建立了以三江源国家公园管理局为主体、管理委员会为支撑、保护管理站为基点、辐射到村的管理体系，详见图 5-1-1。按照"一园三区"的布局，下设长江源、黄河源和澜沧江源 3 个管委会，其中长江源管委会又下设 3 个管理处，分别是曲麻莱、治多和可可西里管理处。同时，在国家公园范围内的 12 个乡镇设置保护管理站增加了乡镇行使管理国家公园的职责。

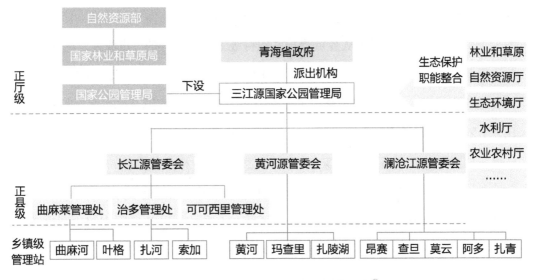

图 5-1-1　三江源国家公园管理机构现状 [①]

---

① 根据《三江源国家公园总体规划》及三江源官方网站资料整理（处于体制试点阶段）。

三江源国家公园自然资源所有权由中央政府直接行使，试点期间委托青海省政府代行，在青海省会西宁挂牌成立三江源国家公园管理局，为正厅级单位。管理局为青海省政府派出机构，整合了林业和草原局、自然资源厅、生态环境厅、水利厅、农业农村厅等部门的生态保护管理职责，承担三江源国家公园试点区以及青海省三江源国家级自然保护区范围内各类国有自然资源资产所有者管理职责。

5.2 三江源国家公园公众参与现状及存在的问题

5.2.1 公众参与现状

5.2.1.1 政府逐步推进社区居民参与

禁牧减畜政策使得以畜牧业为主要生计来源的牧民收入有所减少（赵翔等，2018）。政府管理部门采取多种措施让牧民参与国家公园的保护和建设工作，如通过"一户一岗"的方式组建起从乡镇管护站到村级管护队这样的"点成线、网成面"的生态管护员体系（吴静，2017），同时鼓励其参与到"生态体验户、畜牧合作社"等特许经营方式中，这样较好地解决了国家公园生态保护与牧民基本生活保障的问题。

5.2.1.2 加强产学研融合

三江源国家公园积极与专家学者、高校科研院所和企业合作，充分利用其特长和优势，使其共同参与公园保护和建设工作。高校研究院所和专家学者利用其专业知识和技能，积极参与国家公园的技术研发、人员培训以及发展规划、制度确立、标准设立等工作，成为公园发展的专业智库；部分社会企业纷纷通过捐款捐物、提供技术等方式支持三江源国家公园的建设，如广汽传祺、太平洋保险公司、航天集团和国家电网公司提供了巡护用车、意外伤害保险及利用技术优势协助智慧公园建设，形成了良好的企业共建氛围。

5.2.1.3　社会力量协同合作

在三江源国家公园的建设过程中，已经有越来越多的社会力量（包括 NGO、志愿者和媒体等）积极参与公园的保护、管理和宣传工作（表 5-2-1）。已有多个 NGO，如世界自然基金会（WWF）、山水自然保护中心、三江源生态保护基金会，以及当地居民自发组成的"环保人网络"等，通过组织志愿服务活动吸引了更多的社会力量参与公园生物样本采集、生物多样性保护、社区服务、牧民培训、环境保护和宣教等工作，提高了三江源国家公园的社会关注度和影响力。而且，已有多家新闻媒体、杂志社（如《中国国家地理》）与三江源国家公园建立合作关系，协助出版发行多种类型的宣传印刷品和组织公益活动，加大对三江源国家公园的宣传，让更多的人了解并参与三江源国家公园的生态保护和建设工作。

表 5-2-1　三江源国家公园公众参与事项

参与主体	参与内容	参与途径
社区居民	生态补偿、生态管护、生态监测、特许经营	公开会议、合作协议
NGO	生态保护、科研监测、社区绿色生计发展、环境教育、地方文化宣传保护、社区居民权利维护及能力建设	合作协议、项目合作、协商会议
志愿者	资源环境保护、社区文化保护、解说和游客服务、公园管理	组织方式（NGO、社团）
企业	捐款捐物、技术支持	项目合作
游客	生态体验、环境教育	网络平台反馈意见
专家学者/科研机构	技术研发、培训以及发展规划、制度确立、标准设立	科研项目合作、会议咨询
媒体	宣传监督	网络平台反馈意见
普通公众	社会捐赠、舆论监督	网络平台反馈意见

5.2.2　存在的问题

5.2.2.1　各级管理部门之间的关系尚未完全理顺

目前三江源国家公园的管理体制尚未完全理顺，依然存在各部门职责不够清晰、工作运行不够顺畅等问题，如公园管理局同时管理三江源自然保护区中未纳入国家公园的地区，但两类保护地的管理依据不同，既有重合又有相矛盾的地方，因而加大了实际管理和统筹工作的难度（田俊量，2018）。此外，从管委会层面上看，3个园区管委会与县政府的管理职责不统一，管委会主要负责公园生态保护和管理工作，而政府管理部门要同时兼顾生态保护和国民经济及社会发展工作，因而存在着管理目标和管控措施不同而导致协调不当进而产生矛盾、冲突的问题。鉴于此，国家公园纵向和横向事权亟须理顺，各管理部门之间亟须磨合，这使得国家公园公众参与事项难免会被滞后。

5.2.2.2 当地牧民利益诉求的渠道还不够畅通

三江源国家公园园区内的部分牧民（尤其是贫困户）虽然通过参与生态管护工作、再就业转岗等已经获得了较为稳定的收入，但依然存在一些尚未解决的问题，如部分参与管护工作的牧民定期巡护工作的路程远，耗时耗力，十分不方便，因而会有畏难情绪（赵翔等，2018），而未被安排工作的牧民的就业、子女教育、住房等问题以及新安置的居住地基础设施和环境状况不完善等问题依然存在（张文兰等，2017），同时又缺少向政府及国家公园相关管理部门反映诉求的畅通渠道，也缺少与其商量对策的协商机制，因而牧民们所面临的实际问题不能被管理部门全面了解和有效解决（马芳，2018）。

5.2.2.3 公众参与赋权不足

在三江源国家公园发展规划和政策制定、管理及公园建设等方面，政府依然占据主导地位，公众的知情、参与、决策和监督、举报等权利依然较弱，其参与的深度和广度都不够充分且成效不够显著（李嵘，2018）。虽然已有少数公众能够参与少量工作，但大部分公众对国家公园事务依然了解不多且参与度不足，更是缺少足够的参与决策讨论和监督举报的权利，因而并没有真正实现国家公园的全民共建和共管，也没有真正建立全民监督的机制，达成有效监督公园管理工作中违法违规现象的目标。

5.2.2.4　缺乏法律保障和详尽明确的规则规定

目前三江源国家公园制定了较为详细的管理条例，对公园的管理体制、规划建设、资源保护、利用管理、社区参与和法律责任等方面进行了明确的规定[①]。但是，尚缺乏对于各公众主体参与权责和对国家公园管理部门与各公众主体相互协同合作、共建共管的详细规定，如政府各管理部门之间协调合作的具体规章规定尚未形成，对于牧民、特许经营者和访客的行为缺乏有效的约束力，对于促进 NGO、专家学者、社会企业、媒体和公众各自优势发挥的规范标准亦尚未完善。这样就导致了国家公园各部门之间、国家公园管理部门与各公众主体之间的沟通不畅，各自的利益没有得到有效满足，最终也会影响国家公园的生态保护和管理工作的具体落实。

5.2.3　研究主体选择

目前三江源国家公园的公众参与主体有社区、企业、专家学者（科研机构）、NGO、访客、媒体、志愿者以及普通公众八大类。根据公众参与主体和国家公园相关事宜利益的紧密程度，按照核心层、紧密层、外围层将其进行了划分（宋瑞，2005）其中，社区居民、特许经营者（企业）处在核心层，NGO、志愿者、科研机构、游客处在紧密层，媒体、普通公众处在外围层。由于当前三江源国家公园特许经营和生态体验都处于起步阶段，企业和访客参与较少，相较而言，NGO 则在三江源地区有较长时间的活动历史，在生态环境保护中发挥着巨大作用，对接国家公园管理部门、深入社区开展项目、招募志愿者，起到了黏合剂的作用。由于受时间、精力和研究条件限制，本书选择了三江源国家公园目前参与最多且关系比较复杂的 3 个主体——NGO、社区居民、志愿者进行深入研究，如图 5-2-1 所示。

其中，社区居民作为核心利益主体，在自然保护中扮演着重要角色，但存在缺乏专业知识、积极性不高等问题。而自然保护类 NGO 则在提供环保服务，号召促

---

① 资料来源：青海省人民代表大会常务委员会，三江源国家公园条例（试行）。

进社区居民参与公共事务，推动政府与社会民众良性互动方面具有得天独厚的优势，起到了黏合剂的作用（高英策，2016）。志愿者作为重要的社会人力资源，可服务于国家公园，缓解工作人员紧张，参与国家公园生态环境以及提供良好的游憩和环境教育服务的工作中。这是本书选取 NGO、社区居民、志愿者作为重要研究主体的原因。

图 5-2-1　三江源国家公园公众参与主体分类

5.3　三江源国家公园社区参与机制研究

5.3.1　社区概况

5.3.1.1　社区发展脉络

三江源地区很早就有牧民生产生活，在草场上逐水草而居，人与自然保持着和谐相处的状态。随着社会的变迁，在生活环境、思想意识、政府政策等因素的影响下，经历了从游牧到定居的生产生活方式的演变，详见表 5-3-1。

表 5-3-1　三江源国家公园社区发展脉络

阶段	发展特点
游牧阶段	逐水草而居，通过移动放牧的方式获取生存资料，保持草场的可持续利用
定居阶段	居住场所固定，分季节转场，在离家较近、交通便利的冬季牧场和离家较远、水草丰美的夏季牧场开展季节性放牧

注：表中内容为笔者根据文献和实地调研资料整理。

5.3.1.2　社区人口及其分布情况

三江源国家公园体制试点区涉及玛多县、杂多县、曲麻莱县、治多县 4 县和可可西里自然保护区，包含 12 个乡镇、53 个行政村，是以畜牧业为主的少数民族生产生活区域，社区居民以藏族为主，共有牧户 19 109 户，人口 4.06 万人，贫困人口 2.6 万人 [①]（截至 2018 年 7 月）。三江源生态移民工程实施以来，基本实现了搬迁牧民的定居，牧民的聚集程度越来越高，以行政村为基础，沿道路和集镇定居。但总体上，三江源国家公园仍处于地广人稀的状态，牧民居住仍较为分散，聚居程度较低，呈大散居小聚居分布。

5.3.1.3　社区经济发展现状

三江源国家公园是以畜牧业为主的少数民族生产生活区域。长江源和黄河源园区社区居民主要收入来源为畜牧业收入和国家补助，澜沧江园区除畜牧业收入和国家补助外，虫草收入也为主要来源之一，占总收入的 60%～70%，社区概况如表 5-3-2 所示。

[①]　根据《三江源国家公园社区发展和基础设施建设专项规划》《三江源国家公园产业发展和特许经营专项规划》（征集意见稿）资料整理。

表 5-3-2　三江源国家公园社区概况①

园区	区域面积/万 km²	乡镇	总户数/户	总人口/人	劳动力/人	人均纯收入/元	主要收入来源
长江源	9.03	索加乡	2 172	6 656	3 131	2 380	畜牧业 + 补助
		扎河乡	1 958	6 872	3 502	4 063	畜牧业 + 补助
		曲麻河乡	2 252	7 448	1 893	8 380	畜牧业 + 补助
		叶格乡	2 049	6 380	3 715	4 214	畜牧业 + 补助
		小计	8 431	27 356	12 241	—	—
黄河源	1.91	黄河乡	787	2 422	1 357	5 351	畜牧业 + 补助
		玛查理镇	570	1 591	1 310	5 351	畜牧业 + 补助
		扎陵湖乡	766	2 252	1 252	16 743	畜牧业 + 补助
		小计	2 123	6 265	3 919	—	—
澜沧江源	1.37	昂赛乡	1 630	8 501	2 115	6 705	虫草 + 畜牧业 + 补助
		查旦乡	1 366	5 525	3 008	5 502	虫草 + 畜牧业 + 补助
		莫云乡	1 625	6 323	2 130	4 592	虫草 + 畜牧业 + 补助
		扎青乡	2 095	9 183	4 592	6 792	虫草 + 畜牧业 + 补助
		阿多乡	1 839	8 921	2 215	5 850	虫草 + 畜牧业 + 补助
		小计	8 555	38 453	14 060	—	—

5.3.1.4　社区生态文化

三江源国家公园属于青藏高原文化区，这里孕育传承着悠久灿烂的昆仑文化和

---

① 根据《三江源国家公园社区发展和基础设施建设专项规划》《三江源国家公园产业发展和特许经营专项规划》（征集意见稿）资料整理。

藏传佛教文化，在时间的洪流中，各种文化相互影响，最终形成了独具特色的藏族文化。藏族文化中存在许多自然的印记，世代生活在这里的藏族居民对自身所处的自然环境极为敬重，并对其有着独特的认知，用他们对自然的信仰和敬畏，保护着三江源地区的生态环境。藏族传统生态文化的思想基础是整体性，其核心内容：一是人与环境的同生共存，人在一定自然环境中生存，必须保护自然环境，让其永久不受损害；二是人与其他生物共同发展，人要生存，动植物也要生存，人的作用是保护其他生物的生存，而不是支配其他生物（卓玛措，2017）。藏族人有种种禁忌，许多森林、湖泊被定位为"神山""圣湖"等，严禁人们过度利用。几千年来，牧民保护了草原，使草原生态系统维持在较好的状态。

5.3.1.5　社区特点小结

社区呈现下述特征：①藏族牧民聚居区。藏族观念中的"保护"是一直都存在的，"自然圣境"的信仰也有效地保护了园区的生态系统，牧民逐水草而居，一直以来过着独特的游牧生活，保留有相对完好的传统文化、民族和风俗习惯，是国家公园不可或缺的文化景观，受藏族传统生活观念影响，牧民商品意识淡薄，发展诉求低，大多牧民祖辈以放牧为主。②生态敏感脆弱，地广人稀。三江源是世界高海拔地区生物多样性最集中、生态最敏感、最脆弱的地区，冷季长达 7 个月，空气含氧量低，气候条件恶劣，人口分散、稀疏，导致产业规模小，且布局分散，资源消耗相对较大，对环境的破坏较大，公共服务设施的建设和运行难度也大。③产业经济欠发达。以生态畜牧业为主体的第一产业增加值约达到地区生产总值的一半以上，经济结构单一，增收难度大。

5.3.2　国家公园与社区的关系

国家公园与社区之间存在着互动关系，如图 5-3-1 所示。两者之间的互动主要表现在牧民的生产生活空间与国家公园在空间上毗邻、交叠甚至重合。牧民利用国家公园内的自然资源，是自然资源的利用者，同时，牧民参与生态保护，也是国家公园的保护者。在管理上，国家公园管理局通过功能分区、资源限制等社区管理措施管控资源利用，也通过生态补偿、生态公益管护岗位来促进牧民收入增加、社区可持续发展。在此过程中，地方政府也发挥着重要的作用，地方政府拥有社区的行政管辖权，负责社区脱贫、产业发展、公共服务设施建设等工作，即负责国家公园内"人"的发展，而国家公园管理局主要负责国家公园"山水林湖草"等自然资源资产的保护。

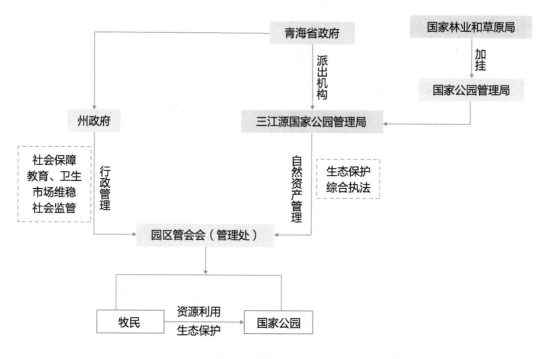

图 5-3-1　国家公园与社区在治理结构上的关系

5.3.3　研究方案设计与实施

5.3.3.1　调研方案设计

本书为三江源国家公园社区参与机制研究，所以在研究对象上除普通牧民外，还包括管理者即管理机构，与社区保护、经济发展相关的组织机构即在当地活跃的

NGO、合作社等。上述 3 个层次的主体均属于直接的利益相关者，其对问题的看法较为主观，因此增加专家学者的问卷调查，针对不同的相关主体，采用不同的调研方法，具体如图 5-3-2 所示。

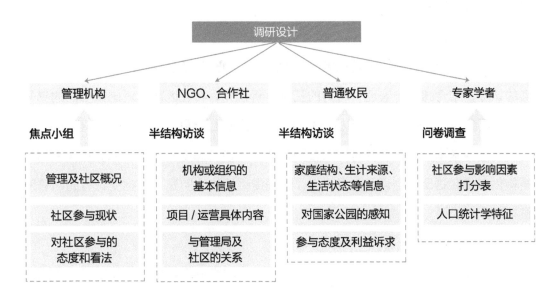

图 5-3-2　调研设计

1）针对管理机构

焦点小组。作为政策的制定者和执行者，管理机构的态度对社区参与机制的研究有直接的影响。采用焦点小组的形式与这部分相关人员交流，了解社区参与现状的具体情况、管理机构对社区参与的认知。访谈内容包括 3 部分：①基本信息（管理机构的职责、参会主要人员信息、社区概况等）；②社区参与现状；③对社区参与的态度和看法，包括对社区角色、参与内容的定位等，详见附录 2-1。在访谈中由访谈团队提出问题，相关人员回答，并在适当的时候集中讨论相关的问题。

2）针对 NGO、合作社

半结构访谈。NGO、合作社与国家公园管理机构和牧民都是"合作"关系，在实践中，与双方接触较多，对彼此有较为清晰的了解。对活跃在三江源国家公园的 NGO 进行访谈，该部分的访谈内容包括机构或组织的基本信息、与国家公园管理局及社区的关系，开展的与社区相关项目的具体内容等，详见附录2-2。对运营较为成熟的合作社进行访谈，访谈内容包括合作社的基本信息、与国家公园管理局的关系及社区的关系、具体运营流程及内容等，详见附录2-3。在访谈过程中根据受访者的回答随机拓展。

3）针对普通牧民

半结构访谈。普通牧民是社区参与的主体，为充分了解牧民对参与国家公园管理的认知，结合感知—态度—行为的三维分析视角，将社区居民对国家公园的感知作为社区参与的影响因素。在访谈设计中主要了解社区居民的家庭结构、生计来源、生活状态等基本信息，以及对国家公园的感知、参与态度和利益诉求。访谈采用半结构化方式，访谈提纲详见附录2-4，围绕提纲的核心问题，根据受访者的回答随机拓展。

4）针对专家学者

问卷调查。根据实地调研和文献综述总结出的影响因素体系，编制三江源国家公园管理中的社区参与影响因素专家意见调查表，请研究国家公园、保护地管理、自然保护、社区共管、生态旅游等相关领域的专家学者对各影响因素进行赋值。问卷采用李克特五级量表形式进行定量测度，人口统计学相关问题采用半开放形式，详见附录2-5。

5.3.3.2 调研实施

1）调研实施阶段

本次研究共包括3个调研阶段，如图5-3-3所示。

第一阶段甄选调研地点。2018年7月1—18日，在去三江源国家公园实地调研之前，通过多种渠道了解国家公园社区的相关信息，旨在选取符合研究目的并能为研究问题提供最大信息量的研究地点。从3个园区所涉4县分别选取1个行政村进行调研，最终选择黄河源园区扎陵湖乡擦泽村、澜沧江源园区昂赛乡年都村、长江源园区扎河乡玛赛村、叶格乡红旗村4个村子为主要调研地点，在实际调研过程中依据实际情况进行调整。

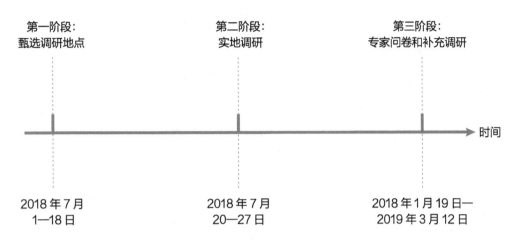

图 5-3-3　调研实施阶段

第二阶段进行实地调研。2018 年 7 月 20 — 27 日，在三江源国家公园进行实地调研，调研团队共 9 人，调研过程中增加黄河源园区玛查理镇、长江源园区多秀村等地。主要开展的工作包括 5 部分：①与三江源国家公园管理局、园区管委会（管理处）、乡级保护站等各层级管理机构开展焦点小组访谈。在国家公园管理局的帮助下，采用提前预约的方式。焦点小组访谈在管理机构办公室进行，时长多为 2 ～ 3 小时。②与活跃在三江源区域的 NGO 进行半结构访谈。③与合作社管理人员进行半结构访谈。④与牧民进行访谈，一般在牧民家中进行，时长为 0.5 ～ 1 小时，过程中邀请会说藏语和汉语的牧民帮助翻译。访谈采用访谈团队多对一的形式，在征得受访者同意后，对访谈内容进行录音。⑤搜集与国家公园社区及社区参与相关的资料。

第三阶段进行专家问卷和补充调研。2018 年 1 月 19 日—2019 年 3 月 12 日，通过微信、面对面访谈、网络问卷对牧民、NGO 和专家学者进行调研。主要内容包括 4 部分：①与普通牧民通过微信联络，对其进行访谈。②与 NGO 相关人员通过微信或面对面的形式进行访谈。③ 2019 年 2 月 28 日—3 月 5 日，通过问卷星向专家学者进行问卷发放，主要包括两种方式，即定向发放和非定向发放。定向发放是直接向研究三江源国家公园或其他类型国家公园的专家学者发放。非定向发放是通过国家公园学术会议微信群发放。④搜集三江源国家公园管理局 2015 — 2018 年公布的与社区相关的文件，包括条例公告、规划计划等文件。

2）调研实施效果

通过 3 个阶段的调研实施，最终获取的一手资料和二手资料如下：

一手资料：国家公园管理机构访谈记录 6 份，NGO 访谈记录 4 份，合作社访谈记录 1 份，普通牧民访谈记录 20 份，共发放专家问卷 58 份，回收 58 份，有效率100%。

二手资料：搜集到规划、条例、公告等共 7 个文件，其中相关规划文本 5 个，相关条例 2 个以及实地调研时管理机构提供的文字材料、合作社分红情况，以及NGO 发布的相关信息等作为二手资料。

调研成果处理：针对不同的资料，采用不同的数据处理方法，具体如表 5-3-3 所示。

①对搜集到的访谈资料与二手资料进行反复比对，归纳出三江源国家公园管理中的社区参与现状。

②将国家公园管理机构、NGO、合作社、普通牧民的访谈录音和资料分别转译为 Word 文本，供话语分析使用和扎根理论分析使用。为了减少研究设计和结果阐释的个人主观性，话语分析以软件 ROST Content Mining 6（ROST CM 6）作为辅助，扎根理论分析以软件 NVivo 11.0 作为辅助。

③将专家问卷结果输入 Excel 表中，供下一步描述性分析使用。

表 5-3-3　主要数据处理方法汇总

对象	调查方法	分析方法
管理机构	焦点小组	开放式编码、话语分析
NGO、合作社	半结构访谈	开放式编码、话语分析
普通牧民	半结构访谈	话语分析
专家学者	问卷调查	描述性分析

5.3.4　结果分析

5.3.4.1　受访者基本特征

1）管理机构受访人员

参与焦点小组访谈的管理机构人员的基本信息详见表 5-3-4，受访者涵盖国家公园管理局、园区管委会、管理处、乡级保护站等多层级的管理机构工作人员，参与焦点小组访谈的共 22 人，对访谈对象进行编号，依次为 G1 ～ G6。

表 5-3-4　受访人员基本信息

编号	访谈对象	受访人数	简介	访谈日期
G1	三江源国家公园管理局	2	自然资源资产管理处与生态保护处处长	2018 年 7 月 19 日 / 2018 年 7 月 20 日
G2	黄河源园区管委会	3	生态保护站站长、负责生态管护员及生态补偿项目的工作人员	2018 年 7 月 21 日 / 2018 年 7 月 22 日
G3	澜沧江园区管委会	5	管委会规划部人员和杂多县县政府工作人员	2018 年 7 月 23 日
G4	长江源园区管委会	2	管委会专职副书记、副主任	2018 年 7 月 24 日
G5	长江源曲麻莱管理处	2	生态环境与自然资源管理局局长以及工作人员	2018 年 7 月 25 日 / 2018 年 7 月 26 日
G6	长江源治多管理处和扎河乡保护站	8	保护站站长、管理处主任、负责生态管护员岗位配置和薪资发放的工作人员以及参与合作社扶持的工作人员等	2018 年 7 月 24 日

2）NGO、合作社受访人员

受访的 NGO、合作社工作人员基本信息详见表 5-3-5，其中包括较为成熟的红旗村生态畜牧业合作社的理事长以及三江源长期驻扎的山水自然组织的研修生、当地环保组织三江源生态环境保护协会以及绿色江河工作人员，对访谈对象进行编号，依次为 Z1 ～ Z4。

表 5-3-5 受访人员基本信息

编号	访谈对象	受访人数	简介	访谈日期
Z1	山水自然	1	昂赛保护站研修生	2018 年 7 月 23 日
Z2	红旗村生态畜牧业合作社	1	合作社理事长	2018 年 7 月 25 日
Z3	三江源生态环境保护协会	1	协会会长，熟悉协会各项业务，参与项目实践	2019 年 3 月 1 日
Z4	绿色江河	1	在绿色江河最初建立时即是志愿者，在藏区做环保工作 20 多年，与牧民有较多的接触	2019 年 3 月 12 日

3）普通牧民

此次调查的三江源国家公园牧民共 20 户，基本信息详见表 5-3-6。对所有受访牧民均进行匿名编号，在文中表示为 ###-*，### 表示所在园区的首字母，* 表示访谈对象的序号，如 HHY-1，即在黄河源园区访谈的第一位牧民。受访者人口统计特征：男性 13 人，女性 7 人；20 岁以下 2 人，20～30 岁 6 人，30～40 岁 3 人，40～50 岁 5 人，年龄 60 岁以上 4 人。受访者包括专职生态管护员、生态管护员兼职放牧、村主任、合作社成员、牧民（仅放牧）、学生等不同年龄层次、不同生活状态的牧民，除仍在接受教育的学生外，其他基本未接受过教育。

表 5-3-6 受访牧民基本信息

称谓	性别	年龄	生活状态	人口	家庭生计来源
HHY-1	男	60	专职生态管护员	4	国家补助、管护员工资
HHY-2	女	18	学生	12	散工收入、管护员工资
HHY-3	男	25	商店工作人员	3	生态管护员工资、散工收入
HHY-4	男	35	生态管护站职工	3	工资性收入
HHY-5	男	18	学生	5	管护员工资、打工收入
LCJY-1	男	63	放牧	9	虫草、畜牧业、国家补助、管护员工资

续表

称谓	性别	年龄	生活状态	人口	家庭生计来源
LCJY-2	男	50	村主任	5	国家补助、畜牧业、管护员工资
CJY-1	男	24	生态管护员兼职放牧	9	国家补助、畜牧业、管护员工资、畜产品收入
CJY-2	男	25	生态管护员兼职放牧	3	国家补助、畜牧业、管护员工资
CJY-3	男	28	生态管护员兼职放牧	4	国家补助、畜牧业、管护员工资
CJY-4	女	30	无业	3	国家补助、畜牧业、管护员工资、合作社分红
CJY-5	女	40	无业	5	国家补助、畜牧业、管护员工资
CJY-6	女	45	无业	6	国家补助、畜牧业、管护员工资
CJY-7	女	45	无业	4	国家补助、畜牧业、管护员工资
CJY-8	女	50	无业	4	国家补助、畜牧业、管护员工资
CJY-9	男	82	合作社成员	3	合作社分红、养老金
CJY-10	男	65	合作社管理层成员	3	合作社分红
CJY-11	男	38	放牧	6	畜牧业收入
CJY-12	男	49	生态管护员	4	国家补助、管护员工资、散工收入
CJY-13	女	24	学生（移居格尔木）	4	国家补助、管护员工资、散工收入

5.3.4.2　社区参与现状分析

在国家公园建立之前即三江源自然保护区时期就有牧民以及自发成立起来的民间组织，参与捡垃圾、生态监测等生态保护工作，同时，该区域也开展了生态补偿的试点工作。在国家公园成立之后，《三江源国家公园条例》《三江源国家公园总体规划》等法规对社区居民在国家公园管理中的重要角色予以肯定。"一户一岗""生态管护公益岗位"等政策的出台，部分牧民成为生态管护员，牧民开始有组织地参与国家公园的日常管理。生态监测、生态体验和特许经营项目也逐渐开展。当前，社区居民在国家公园管理中除了作为传统牧民参与生态补偿之外，也参与生态管护员、特许经营等，且在不同的参与活动中探索了不同的参与模式。

1）参与生态补偿

2010 年，青海省先后印发了《关于探索建立三江源生态补偿机制的若干意见》和《三江源生态补偿机制试行办法》，确定了生态补偿政策 11 项，并由省级各部门主导制定政策。由省财政厅负责补偿标准的制定，其中玉树藏族自治州、果洛藏族自治州、黄南藏族自治州、海南藏族自治州每人每月 1 400 元，由各省局确定草畜平衡、生态功能区管护等补偿政策，资金来源以中央财政为主、地方财政为辅（赵鹏飞，2018）。2017 年，《三江源国家公园草原生态保护补助奖励政策实施方案》出台，确定国家公园范围内牧户的禁牧补助：玛多县为 4.4 元 / 亩、曲麻莱县为 3.8 元 / 亩、治多县为 4.3 元 / 亩、杂多县为 5.3 元 / 亩，同时制定了"封顶""保底"等保障措施；对于履行草畜平衡义务的牧民，统一按每年2.5 元/亩的测算标准给予奖励[①]，如图 5-3-4 所示。生态补偿工作的开展为社区居民的生产生活提供了一定的保障，以草定畜、草畜平衡等政策的实施使得牧民逐渐被引导参与生态保护工作。以受访者 HHY-1 为例，其家有 4 口人，每年的生态补偿收入有 4 万多元，人均 1 万元 / 年。

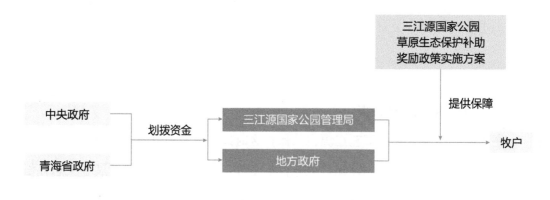

图 5-3-4　社区参与生态补偿

① 资料来源：三江源国家公园官（http：//www.qhsjy.gov.cn/government/detail/59）。

受访者 CJY-12 为汉族，但其妻子是藏族，现在移居格尔木，每年的生态补偿收入在 4 000 元 / 年以上。

　　2）参与生态管护

　　早在国家公园建立前，三江源地区已设置了湿地、林地和草原各自独立的管护员制度，自 2012 年起，已设置草原管护员岗位 10 996 个，湿地管护员岗位 963 个（赵翔，2018）。国家公园建立后，将生态管护与精准脱贫相结合，按照《三江源国家公园生态管护员公益岗位管理办法（试行）》，以"一户一岗"的标准，由牧户推选一位满足所需知识技能、年龄要求、身体素质等的牧民申请担任生态管护员，经国家公园管理机构岗前培训后入岗，随管护分队、管护大队、乡级管理站等组织共同完成生态管护工作，经国家公园管理机构考核合格后，按照每月 1 800 元、每年 21 600 元的标准发放到牧民手中。截至 2018 年 10 月，国家公园已有 17 211 位牧民成为生态管护员，他们身兼数职，负责野生动植物巡护、垃圾清理、水质监测、制止非法采伐和盗猎等任务，牧民从草原利用者转变为生态管护者。受访牧户家里均有管护员，受访者 HHY-1 从牧区移居到镇上后，成为专职管护员，"做了 3 年管护员，感觉越来越快乐，需要定期去巡护，偶尔在街上打扫，有时候去牧区捡垃圾"。受访者 CJY-3 为兼职管护员，边放牧边从事生态管护工作，自学了藏语、汉语，在访谈中查看受访者的管护日记，上面写有"巡护中发现草场上有好多老鼠，见到了野牦牛和岩羊"。受访者 CJY-12 反映："县、乡领导给我们提供培训，培训内容主要是管护的培训，保护三江源生态、动物、一草一木和水源，巡护的时候最害怕下雪或者结冰，写管护日志有困难，多数人不识字，我也不太会写日志"。经国家公园管理机构工作人员了解得知，生态管护员实行生态管护网格化管理，运用管护站、牧委会、组等社区组织，使管护结构网格化、管理效果有效化，如图 5-3-5 所示。目前，国家公园内以牧户为单位，参与率为 100%，以牧民个体为单位，参与率（生态管护员数量 / 劳动力总数）为 56.95%，参与面较广。

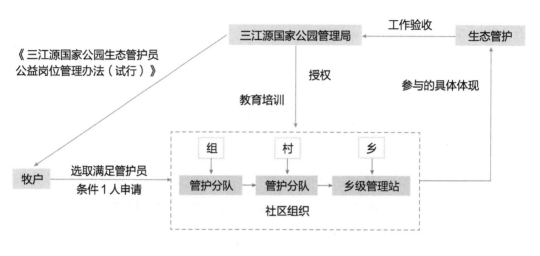

图 5-3-5　社区参与生态管护

3）参与生态监测

在国家公园成立前，从 2005 年开始，地方政府（县、乡）与 NGO（山水自然 ① ）开展生态监测的合作，遵循自愿的原则选取牧民作为社区监测员志愿者，参与红外相机的架设、野生动物救护、水样监测等活动，由山水自然负责培训。国家公园生态管护员公益岗位落实后，这些社区监测员就身兼多职，除了完成日常巡护工作外，还继续从事红外相机架设、野生动物救护等工作，每名监测员管理一台红外摄像机，搜集当地的野生动物数据。据此，受访者 Z1 提道："社区监测通过放红外摄像机拍摄野生动物，来搜集当地的野生动物数据，在昂赛乡总共有 80 台红外摄像机，每台红外摄像机在 1 个 5 km×5 km 的网格里，由 1 个牧民监测员管，所以有 80 个人在管理 80 台红外摄像机，这样能够很全面地了解这里有什么动物，

---

① 保护国际（国际性非营利环保组织）于 2005 年进入三江源地区，开展社区监测项目。自 2009 年开始，该项目由保护国际的合作伙伴——山水自然保护中心（简称山水自然）接手。山水自然在三江源开展长期的生态保护工作，通过与政府以及社区紧密合作，基于科学研究，从保护实践、能力建设等角度，推动以农牧民为主体的保护模式，提高保护政策的有效性。

这些动物喜欢什么样的环境，以及这些动物之间的相互关系。现在的社区监测员都是生态管护员。社区监测员是从 2005 年开始的，生态管护员是从 2017 年开始的，所以没有生态管护员的时候，这些人就只是监测员。现在这个区域有 415 名生态管护员，原本是贫困户，到最近才变成一户一岗的，所以之前有的人只是监测员，2017 年之后新选的一拨监测员都是管护员，到现在一户一岗实行后，之前不是监测员的也变成管护员了。监测员都是社区自己选的，我们从来不干涉，社区有自己的平衡，谁做得好或者不好都是知道的，如果我们按照自己的标准选，选出来的不一定能得到社区的认可，会让社区不团结。这个地方的社区很完整，我们不想破坏社区本身的平衡，如果这边有问题，会第一时间跟社区反映。跟社区对接的是政府，直接对接的是乡级政府，关系好的都是乡干部们。落到具体的项目上，会跟村领导对接，村书记或者村主任都行。"

在长江源园区核心区的措池村，有 1 位绿色江河 [1] 的生态监测员，帮助绿色江河管理监测设备，还是受访者 **Z4**，他反映："我们跟曲麻莱的措池村有固定的合作关系，他们帮助我们管理和维护我们安装在野外的考察设施、红外摄像机等设备。我们安装后，离那个地方 200 多公里，我们也不可能常去，所以与他们是合作的关系。"

当前，牧民参与生态监测活动的方式主要是经三江源国家公园管理局同意、授权 NGO 开展生态监测活动，并与其合作。牧民自愿并向社区组织提出申请，经社区组织遴选成为社区监测员，由 NGO 提供教育培训和设备支持，从而保证该参与过程得以有效实现，如图 5-3-6 所示。当前牧民参与生态监测活动的较少，以昂赛乡为例，目前有 80 名生态检测员，占该乡劳动力（2 115 人）的 3.78%。

---

① 四川省绿色江河环境保护促进会，简称绿色江河，成立于 1995 年，长期关注长江源的生态环境保护，在长江上游地区建立自然生态环境保护站，探索解决本地生活垃圾污染、野生动植物保护的有效途径，为长江源的生态保护贡献了力量。

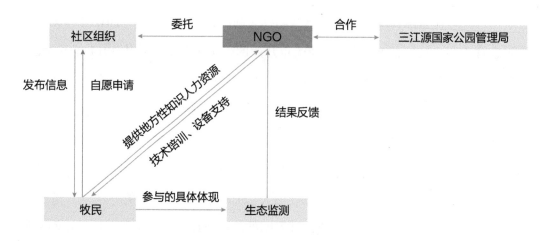

图 5-3-6　社区参与生态监测

4）参与特许经营

青海省自 2008 年启动实施生态畜牧业建设以来，按照"试点先行、稳步推进"的原则，组建起了生态畜牧业专业合作社。国家公园建立后，将部分原有的合作社转为特许经营，社区参与特许经营的具体方式如图 5-3-7 所示。据国家公园管理机构工作人员介绍，当前合作社在国家公园产业发展中起着重要的作用。解决经济问题的还主要是畜牧业合作社。合作社能够解决搬迁至城区的后续产业问题，如入股、产业分红等。

以长江源园区曲麻莱县叶格乡红旗村畜牧业合作社为例对当前合作社的运营模式进行深入分析。该合作社于 2011 年成立，在地方政府（县畜牧局，目前已转入国家公园管理委员会）的资金和技术扶持下，整合草场，建立厂房，完善运营管理制度。国家公园成立后，该合作社转为特许经营，现有 16 户牧户入股，共有 475 头牛、530 只羊，118 158 亩草场。牧民将草场、牛羊入股，成为合作社成员，没有草场或者牛羊的牧户，可以以劳力入股，参与分红，合作社成员所需的粮食、日常用品等物资由合作社统一购买、发放，每年年底对效益进行分红。根据合作社提供的近 3 年的分红情况，入股牧户平均每户每年可以分到 1 万多元。以下是部分访谈内容。

提问：现在合作社与国家公园是什么关系？

理事长： 特许经营。国家公园有个专门的政策就是特许经营，我们合作社就是特许经营。我没有上过学，一直放牧，但汉语说得好。建立合作社，第一，就是减少劳动力，比如一户有 10 头羊还要安排 1 个放牧员，必须跟着牛羊走；第二，减轻草场压力，草场轮休；第三，提高收入，牧民依赖草山，依赖牛羊，没文化，对进入市场做生意做不动，明明这个东西 10 元，他要牧民出 5 元，有这种情况。理事长带队，一年吃的粮食、日常用品合作社进行统一购买、发放、供应、保障。富人家生活条件的方方面面都是好的，穷人家为啥变穷，因为他的思想，他不爱劳动，我们就是富人带动穷人，共同致富。建立合作社既能解放劳动力还能解放思想，缩小了贫富差距。

提问：合作社在运营过程中有哪些难题？

理事长： 合作社刚建起来的时候特别难，分产到户的时候，富人的家里有很多牛羊，有的家里把牛羊都卖了，现在合作社是各方面都是有收益，各方面好得很，草场压力减小，劳力减轻，搭帐篷特别方便，人更团结。合作社的建立最初是畜牧局支持，后来由政府支持，主要的困难是思想、设施等问题。2011 年正式成立，成立之后基础设施也没有。建立厂房的时候是县畜牧局出了 10 万元，自己出了 5 万元建立起来的。合作社的产品主要是风干肉，产品渠道已经打通了，北京人吃得较多，目前是供不应求的状态。夏天也有酸奶等产品在交通沿线上售卖，此外就是卖到格尔木，那边有生态移民户。

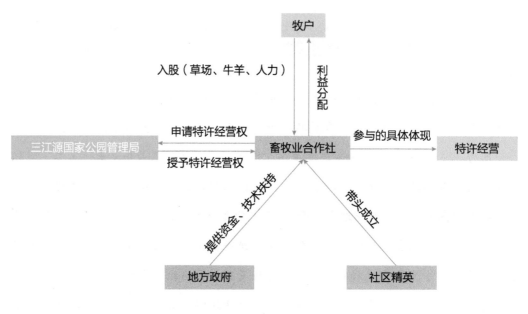

图 5-3-7　社区参与特许经营

在该合作社的建立和运营过程中，地方政府的财政支持和社区精英在其中发挥着重要的作用，经过几年的发展，牧民拿到比较好的收益，目前红旗村已有90%的牧户加入合作社。而且据现场观察可以发现，合作社管理的草场草地质量更好。值得注意的是，社区精英在其中发挥着重要作用。目前，三江源国家公园内已组建48个生态畜牧业专业合作社，其中，入社户数6 245户，占园区内总户数的37.19%（刘峥延等，2019）。

5）参与生态体验项目

生态体验项目在各个园区开展的情况并不相同。目前长江源园区虽为对外开放的状态，但是尚未有牧民直接参与生态体验项目。目前黄河源园区禁止对外开放，在"禁游令"实施前，该区域的旅游业主要由政府统一管理，过去几年平均每年旅游人数为5万～6万人，牧民并未参与。

受访者G2反映："景区关闭之后，对牧民没有一点影响，也没有牧家乐，牧民从旅游中获得不到什么利益，主要是政府统一管理，本身这个旅游的收入也不高，我们近几年统计了数字，旅游人数为 5 万~ 6 万人，所以实施这个'禁游令'，老百姓是很欢迎的，因为他们的生活环境得到了保护。"

澜沧江源园区每年的访客量不超过 1 万人，旅游发展尚处于起步阶段。在杂多县政府、山水自然等组织机构的引导、支持下，澜沧江源园区于 2016—2018 年连续 3 年举办"自然观察节"，引导牧民参与其中。2016 年，15 名经过培训的牧民成为自然向导，每天获得 500 元的个人收益。2017 年，18 位经过培训的牧民成为自然向导，在自然观察节中每位牧民获得 2 000 元的收入。2018 年，山水自然、阿拉善 SEE 基金会与国家公园管理局共同举办的"自然观察节"共设置 15 支参赛队，其中 5 支是邀请队，10 支是公众队，公众须提交报名表，经承办单位同意后，方可参与，所有参赛队伍都可获得"国家公园推广大使"的称号。与前 2 年不同的是，2018 年采用了新的收益分配方式，即把收益分为 3 部分，一部分归接待户，一部分归集体所有，用于为牧民购买保险或者用于基础设施建设等社区发展项目，需要经过牧民开会协商通过方可使用，还有一部分用于生态保护，如图 5-3-8 所示。

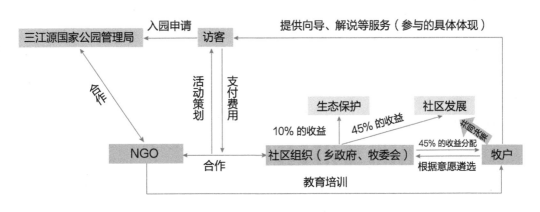

图 5-3-8 社区居民参与生态体验项目

据此，受访者 Z1 提道："自然体验项目，实际上是在当地选择 22 个接待家庭，培养接待自然体验者，所有钱都归社区所有，45% 是归家庭，45% 是归村所有的，可以把这个钱用于给大家买保险，或者干其他的事情，但是需要经过村委会开会通过，还有 10% 用于保护生态环境。现在正在举办的'自然观察节'是这个项目的一部分。把世界各地的人吸引过来，一是可以迅速在 5 天内做一个生物多样性调查，二是来的人都是底子特别好的人，牧民会给他们当向导和司机，能给项目提出很多建议，与此同时，这次活动的收入就是按照上面的比例进行分配，能让社区直接从保护中受益。只有保护好了，别人才愿意来，如果来的人破坏环境，会第一时间把他赶出去。之前会不断地和牧民开会，强调这个项目是为了保护不是为了赚钱。"

6）小结

根据上述分析，对当前国家公园社区参与现状进行总结，详见表 5-3-7。

表 5-3-7　国家公园社区参与现状

社区参与内容	社区参与方式	参与情况
生态补偿	直接参与	—
生态管护员	通过社区组织参与	以牧户为单位，参与率为 100%，以牧民个体为单位，参与率（生态管护员数量/劳动力总数）为 56.95%
生态监测	通过 NGO 参与	以昂赛乡为例，目前有 80 名社区监测员，占该乡劳动力（2 115 人）的 3.78%。
特许经营	通过合作社参与	以红旗村为例，90% 的牧户入股合作社
生态体验项目	通过 NGO 参与	昂赛乡有 23 户生态体验接待户

（1）社区参与现状的总结

① 牧民参与人数较多，参与面较广

从社区参与情况来看，因实行"一户一岗"制度，参与生态管护员这一内容的牧民较多，已基本实现了牧户 100% 的参与，牧民一半以上的参与度，参与面较广，为国家公园生态保护打下了坚实的基础，而且生态管护员制度的实行，使牧民知道国家公园是与其自身的生产生活息息相关的，尝到了保护生态环境的甜头，激发了参与国家公园管理的内生动力。此外，在国家公园产业引导政策的扶持下，多数村落成立了合作社，牧民的参与程度较高。

② 以组织为依托进行参与，便于管理

从世界范围内的社区发展经验来看，以分散的原子式的个体参与相对收效低、成本高（张艳，2014）。以一定的组织为依托而进行的社区参与则更有成效，也会更加便捷。当前除了牧民直接参与生态补偿外，在其他参与内容中均是以 NGO、合作社、社区组织为主导或依托，引导牧民参与管理、保护等工作，在当地产生了较好的影响。

③ 社区参与机制的框架已初具雏形

由前文可知，国家公园管理局、地方政府、NGO、社区组织、合作社在此过程中扮演着不同的角色。国家公园管理局主要负责制定相应的政策、条例以及授权，为"规则的制定者"，但它同时也与地方政府为牧民参与提供政策扶持、教育培训，培养牧民的参与意识和能力，为社区参与的"引导者"。NGO、合作者在这个过程中是"组织者"，社区组织主要为"协调者"，通过管理局或地方政府授权或者与其合作，组织牧民参与某个指定的项目或者内容。牧民在这个过程中主要是"参与者和受益者"。这几个相关主体在此过程中各司其职，已基本搭建了社区参与机制框架的雏形，如图 5-3-9 所示。

对比该社区参与机制框架与本书在 5.3.5 构建的国家公园管理中社区参与机制的概念模型可以发现，第三方力量在三江源国家公园中主要是 NGO 和合作社。三江源国家公园的社区参与机制较为水平化，中间力量发挥的作用更大。此外，该机制缺少评估体系。

（2）社区参与的问题

① 整体的参与层次不高，参与程度存在地区差异

从整个国家公园来看，牧民当前的参与内容主要包括生态补偿、生态管护员、生态监测、特许经营、生态体验 5 个方面，尚未参与到高层次的内容中，且牧民与国家公园管理局之间缺少直接的交流对话平台。而且，除参与生态管护员和特许经营的居民较多外，参与生态监测项目和生态体验项目的牧民较少。在 NGO 活跃的地区，牧民参与程度较高，主要表现在牧民参与生态监测项目和生态体验项目均集中

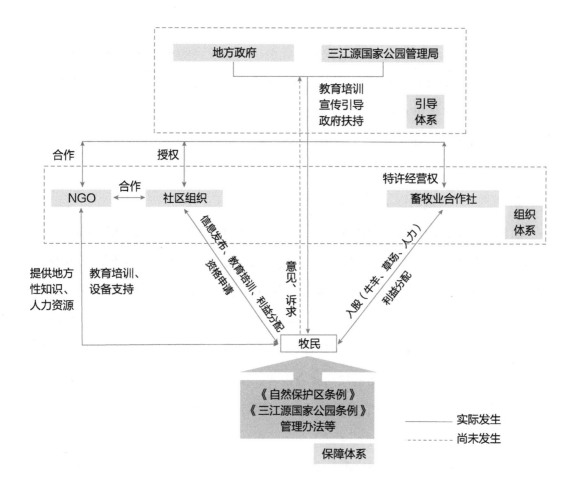

图 5-3-9　社区参与机制框架雏形

于澜沧江园区昂赛乡，在长江源园区和黄河源园区较少，在合作社发展较好的地区，牧民参与特许经营获得的收益也较好。

②牧民的自主参与能力较弱，多为被动参与

受限于思想意识及社会发展程度，当前牧民对国家公园的认知有限，尚未明确国家公园的内涵，因此目前所参与的生态保护与监测工作，都是在国家公园管理局和地方政府的组织下的一种被动参与形式。而以个体或以牧户为单位直接参与国家公园管理的几乎没有，主动参与的也较少，自主参与能力较弱。在访谈中，能感受到牧民"不自信""安于现状"的心理状态，这也可能是限制其参与意识的因素。

5.3.4.3　不同"角色"主体对于社区参与的认知结果分析

对国家公园管理机构工作人员、NGO 和合作社以及普通牧民等访谈资料进行初步处理。将对牧民的访谈录音转译为 1 万字的 Word 文本，将对国家公园管理机构的访谈转换成 1.2 万字的 Word 文本以及将对 NGO、合作社的访谈转换成 0.5 万字的 Word 文本。随后将同义词进行替换，如将"保护员"替换为"管护员"；将"村民""老百姓"替换为"牧民"；将"环保""环境保护"替换为"生态保护"。然后将初步处理过的 Word 文本分别转换为 .txt 格式，导入软件 ROST CM 6 中。将"国家公园""生态管护""三江源""特许经营""管护员""生态体验""一户一岗"等三江源国家公园特有词汇添加到自定义分词词汇表，然后对文本资料进行分词，提取高频词，过滤掉无意义的高频词，提取行特征，生成语义网络图。

1）引导者——管理机构的认知

这部分访谈资料生成的语义网络图如图 5-3-10 所示。"国家公园"比"牧民"更接近话语中心，可见国家公园才是这类群体关注的重要问题，高频词簇集中于国家公园管理，如"保护""管理""参与""发展"。在该部分受访者的话语中，与社区参与内容相关的高频词簇包括"生态管护""畜牧业""生态体验""保护"，与社区参与影响因素相关的高频词簇包括"资金""文化""培训""技能""政策"。

（1）认可牧民在国家公园管理中的重要角色

在问到"牧民在国家公园中的角色"时，受访者普遍认为其在国家公园的生态保护中发挥着重要作用，受传统文化、传统观念、宗教信仰等因素的影响，牧民有着根深蒂固的生态保护思想和意识。例如，受访者 G1 认为："牧民是草原使用者，宗教、传统文化对生态保护非常有利，宗教有一个社会功能，要爱护当地的草地、森林、深山、深水、河流，牧民的生态保护思想是根深蒂固的。"受访者 G4 提道："玉树是群众性信教的地区，是中国 30 多个少数民族自治州中，主体民族比例最高的，藏族人口已经占到 97%。以传统的观念来说，我们藏族的信仰、文化与宗教源远流长密不可分。藏族宗教有朴素的生态文化，敬爱大自然、热爱山水在我们藏族文化中是根深蒂固的。"受访者 G6 认为："没有人使用就没有人保护，没有人生活不

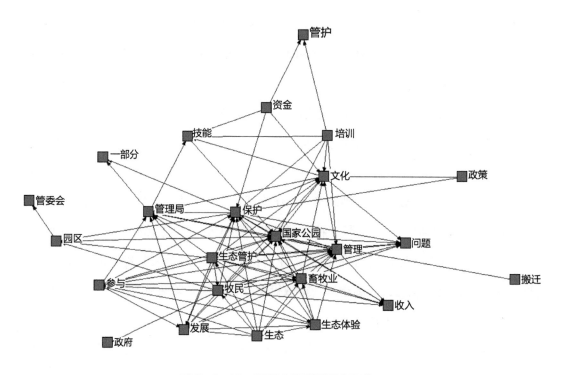

图 5-3-10　管理人员话语语义网络

一定能保护好，有人使用，同时也会去保护。"

　　管理人员也意识到了传统文化、传统观念对生态保护和社区发展的积极作用，可对其积极利用。受访者 G2 认为："传统观念其实是生态保护的基础，尊重自然和生活习惯，这个是基础，以后我们在保护国家公园生态环境方面，实际上还是继续用的这个传统的生态保护理念，我们在源头地区，牧民也有自觉，没有过度放牧，也没有在源头地区发展任何的工业，即便是有些矿产极为丰富的神山里面，目前的矿产也是处在禁止开发的状态。"也有受访者提到牧民在国家公园文化传播、环境教育等项目中的重要作用。受访者 G6 反映："有些人认为应聘请专业的管护员，但是没有人愿意来这海拔高的地方，管护员需要有知识，但受地理条件限制由外来人员做管护员不现实，还是当地人合适，同时可以增加当地人的自豪感。"

　　（2）对牧民参与内容定位层次较低

　　当问到"当前牧民的参与情况时"，受访者普遍提到国家公园的生态管护员制度。例如，受访者 G2 反映："在我们这里最基础的还是生态管护员，发挥的职能较大，国家公园生态管护模式是国家公园体制建设的组成部分，现在已经发展得比较常态化。"受访者 G4 提道："在我们园区里面，牧民参与重点是公益性岗位'一户一岗'的设置，不仅将百姓的力量凝聚到生态保护事业上，也将他们的工作热情凝聚到生态保护事业上。"国家公园的生态管护制度，不仅让牧民直接参与生态保护，而且与精准扶贫联系起来。对此，受访者 G4 认为："国家公园社区建设方面取得的成绩就是'一户一岗'制度，突出于其他国家公园，三江源国家公园从州的层面，从试点到现在经过 2 年多的时间，已与精准扶贫紧密联系起来。"

目前园区 5 口以下的家庭已经稳定脱贫，实现了园区生态保护、精准脱贫、牧民转产的三重目标。将牧民参与作为实现目标的有效途径，在访谈过程中，可以感受到国家公园管理人员对牧民参与内容主要定位于"能够带来经济收入"和"保护生态环境"的层面，而对于高层次的内容，则提及较少。

（3）认为"管理体制""法律法规""牧民自身能力"是影响社区参与的主要因素

"管理体制"方面的问题是受访人员提到最多的一个问题，对社区参与的影响主要体现在地方政府与国家公园管理局均为"引导者"，法律法规的不健全也是其中隐含的问题。社区不归国家公园管理局管理。据此，受访者 G1 提道："国家公园不管居民，居民由县政府管理。"园区管委会与县政府进行机构整合后，县政府行使辖区经济社会发展综合协调、公共服务等行政管理职能，管委会（管理处）同时行使自然资产管理权。虽说机构进行了整合，但职能尚未完全整合和细化，在具体实践中存在目的一致但方法不一致的现象，具体体现在搬迁、基础设施建设、公共服务设施建设等社区发展问题中。据此，受访者 G2 反映："我们要综合执法，而政府又要发展，还要搞精准扶贫，尤其是精准扶贫上的旅游动机，这个我们卡得比较严。管理机构刚进行整合、搭建，很多事情还要继续完善，工作方面好衔接。但随后问题就出现了，政府和管委会都是为牧民着想，目的是一致的，但方法不一致。当地政府要发展，经济要上去，所以《自然保护区管理条例》《国家公园管理条例》与当地的矛盾问题就出来了。一个是搬迁，百姓希望医疗条件等公共服务业好点，但管委会限制基础设施建设。现在是这个样子，由于国家公园管理局还在申请方案，对于部门的职责还没定下来，所以我们的工作确实存在问题。"

此外，管委会（管理处）受管理局和所在州政府双重管理，各项工作难以对接，协调成本加大，以民生发展项目为例，存在权责不清，无人审批的问题。例如，受访者 G6 提道："原来的畜牧局有注射栏、羊圈、牛圈等项目，国家公园成立后，就没有了，牧民享受不到这样的实惠了，说让向国家公园管理局申请。此外，异地搬迁、工程等项目，权责不清，不知道找谁审批。"

"牧民自身能力"也是影响社区参与的一个重要因素。当问到"牧民在国家公园管理中可能有高层次的参与吗？"受访者 G1 提道："牧民文化素质较低，难以有高层次的参与，开个座谈会，都很困难，参政议政意识不高。"国家公园一直致力于为牧民提供教育培训，但并没有取得较好的效果。受访者 G3 提道："牧民培训啊、转岗培训啊每年都弄，但这个效果不大。一部分跟习惯有关系，还有就是这里太远了，交通不便。"受访者 G6 提道："有些政策即使翻译成藏语，牧民也难以理解。"受制于牧民的文化程度、参与意识以及思想观念等自身能力，管理人员将其参与内容主要定位在了较低层次。

综上所述，管理机构作为"引导者"，其理念难以转变，依然是自上而下的政府型管理者，虽然认同牧民在国家公园管理中的重要角色，但对牧民参与内容定位层次较低，停留于"能够带来经济收入"和"保护生态环境"的层面。虽然三江源国家公园体制试点的目的之一就是消除保护地多头管理的弊病，但从当前的实践来看，这一问题依然存在。因管理机制自身存在弊端，当前虽然国家公园管理局与地方政府均为引导者，但在实践过程中二者有自己的管理理念和考核指标，导致很多项目出现要么都引导，要么都不引导的局面，社区参与缺少独立的责任人。法律法规的缺陷、牧民自身能力的不足与管理体制的缺失共同构成了可能影响社区参与的因素。

2）组织者——NGO、合作社的认知

社区组织在该过程中为"协调者"，主要是作为国家公园管理局和地方政府政策和任务的执行者，没有独立的立场，故在分析中忽略这一主体，仅分析 NGO 与合作社工作人员的访谈内容，生成的语义网络如图 5-3-11 所示。在该部分受访者的话语中，以"牧民"为核心词，与其联系较为紧密的词包括"建立""关系""项目""设施""环境"，可以看出 NGO 或合作社与牧民的关系是相对平等的，通过"项目""设施""环境"等联系在一起。

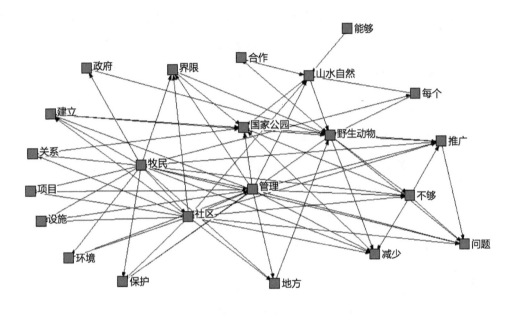

图 5-3-11　NGO、合作社受访人员话语语义网络

（1）认可牧民的主体地位

该部分受访者普遍认同牧民在该区域的主体地位，认为他们才是这个地方的主人。受访者 Z4 提道："我们在与牧民的合作中，坚定地执行本地化原则，我们始终认为我们都是过客，即使我们在这个地方工作了很久，但我们依旧是这个地方的过客，谁是这个地方永久的环境责任人呢？本地人。我们坚定地认为本地人才是主力。"国家公园的生态管护员政策对牧民的态度和感知起到了比较积极的作用。受访者 Z1 认为："对于牧民来说不知道国家公园也没有问题，因为这本来就是他们的地方，只要知道这个地方是自己的家，知道这个地方应该好好保护好就行。像国家公园建设，牧民最担心的一个问题就是会不会被赶走。所以，牧民一开始听到国

家公园是害怕的，但后来的管护员工作让他们觉得不仅可以继续住在这里，好好工作还可以发钱，这对于他们来说是一件比较积极的事情。"

2）对牧民的教育培养是项目中比较重要的内容之一

国家公园或者科学的环境保护对于牧民来说都是新事物，因为牧区信息较为封闭，牧民的思想意识稍显滞后，生存技能也亟待提高。据此，受访者 Z4 提道："我们会特别注重招募藏族员工，培训他们。"受访者 Z2 认为，"建立合作社既能解放劳动力还能解放思想，解放思想就是邓小平提出的，我们这里还要解放，他一直待在这个牧区上，没有见过更多的世面，所以建立合作社共同教育。"受访者 Z1 提道："因为国家公园建立之后，在这个地方已经实现了'一户一岗'的制度，然后山水自然就给这些人开各种各样的课程，会教怎么用红外摄像机、怎么认野生动物，辨别植物、垃圾分类、水样监测什么都教，每年会有几次定期的培训。培训的次数不一定，因为这个培训是分主题的，8 月准备做水獭监测的培训，对 15 个选拔为监测员的人进行培训，野生动物救护的培训，则是针对 20 个兽医，分人进行培训。"

（3）认可牧民的参与能力

虽然牧民的受教育程度较低，但并不意味着其参与能力比较弱，相反，他们在这片区域土生土长，他们的生态知识储备，与自然环境相处的能力都值得认可，同时受访者也提到很多项目最初的想法都来自牧民。例如，受访者 Z1 提道："所有的培训都是参与式讨论，先抛出问题，让大家发言，牧民特别愿意发言，有时候我们觉得特别难解决的问题，互相讨论就有结果了。这边讨论的时候不喜欢找会议室，喜欢找圆桌。现在做的很多项目都是先试点，然后再推广。先从一个社区开始，然后推广到村、推广到全乡，最后考虑推广到更多的地方。在最开始做的时候，都是和牧民在一起的，很多细节都是和牧民不断讨论出来的，所以一个项目最终能够上升到国家公园的级别或者园区的级别，最初的基因和种子都是社区牧民。"

总体来说，该部分受访者对自身的定位是项目的"推动者"或者"促发者"，他们认为牧民是这个地方永久的环境责任人，他们对牧民自身能力的认知不同于国家公园管理机构，认为牧民具备一定的参与能力，很多好的想法起初都来自牧民，并取得了很好的效果。

3）参与者和受益者——普通牧民的认知

普通牧民话语语义网络如图 5-3-12 所示，几个重要的中心性节点词语的语义网络能够体现牧民对国家公园的认知，"国家公园""生态管护""收入""保护"是拥有关系数量最多的 4 个节点，可见牧民对国家公园的认知主要包括两个方面：经济收入和生态保护。收入来源（畜牧业、补助、打工、工资）、生产生活变化（发展、生态环境、增加、带来、建立）和利益诉求（搬迁、居住、牲畜）等构成二级核心词汇。以"国家公园"为核心词，"收入""保护""生态"是高频词簇，而"收入"是最重要中心节点词语，是各种矛盾的聚焦点。与"参与"相关联的词汇包括"生态管护""孩子""家里""国家公园"，说明受访者中参与国家公园的主要人群是"孩子"，即家里的年轻人，而参与内容主要是生态管护。

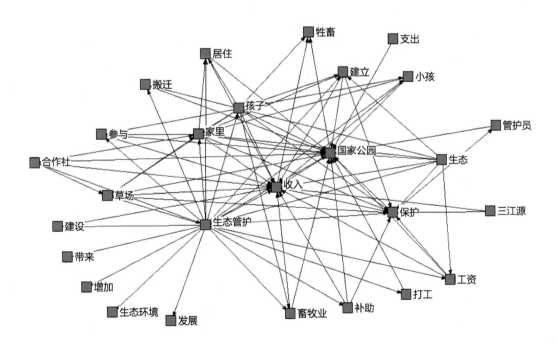

图 5-3-12　普通牧民话语语义网络

（1）牧民对国家公园的认识比较模糊

牧民对国家公园的价值认同基本是一致的，普遍认为三江源国家公园的生态价值较高，生态环境好，文化多样性也比较丰富，他们世代生活在牧区，对牲畜、草原充满感情，对国家公园的归属感较强，受宗教因素和生活习惯的影响，他们的生态保护意识较强。例如，受访者 CJY-2 认为："世代都居住在草原上，就想要一直待在这里，保护自己的草场。以前也做生态保护，但是现在责任更重了。"受访者 CJY-12 也提道："为了我们的家园，我们应该付出一点努力才能建造美好家园。"但是从调查结果来看，牧民对"国家公园"的认识比较模糊，当问及"您知道国家公园吗"，男性受访者（65%）比女性受访者（35%）对国家公园的了解更多一些。女性受访者对国家公园的了解处于仅知道"国家公园"这个事情，但是对于国家公园的内涵、管控要求、管理目标等具体内容并不清楚。例如，受访者 CJY-8 提道："知道自己居住在国家公园里。"受访者 CJY-4 也说过："知道国家公园，但是没有什么想法。"受访者 CJY-7 认为："国家公园的建立应该是件好事吧。"男性受访者多为生态管护员，直接参与到国家公园的生态管护工作中，知道国家公园的主要目标是保护生态，也有带动旅游发展的功能，但是对具体的管控要求、管理目标也并不太清楚。例如，受访者 HHY-3 提道："国家公园是为了保护我们这里的一草一木，保护水源。"受访者 CJY-11 提道："希望国家公园旅游发展能够给下一代带来更多的发展机会。"

（2）牧民对国家公园的感知较为积极、正向

尽管绝大多数牧民并不理解"国家公园"的含义，但他们能切实感受到收入增加了，牧民对国家公园基本是较为积极、正向的感知。当问到"国家公园建立后，您的生活发生了什么变化"时，牧民受访者 LCJY-2 回答："国家的政策好，保护三江源，保护国家公园，然后在这个保护的时候国家还专门给钱。"受访者 CJY-9 认为："以前我不知道我的很多做法是生态保护，现在国家公园建立之后，我知道了，以后也会继续保护我们的草场。"受访者 HHY-1 认为："做生态管护员主要是保护环境，生态环境好了，心情就好了，看到蓝天就觉得很幸福，环保意识也提高了。"

牧民除了认为收入增长是国家公园给自己带来的好处之外，还认为周边生态环境的改善也是国家公园带来的好处。

年长的受访者（30%，40 岁以上）因生活经历，他们对牧区的变化比年轻受访者（70%）的感受更为强烈。年长的受访者回忆从土地改革一直到国家公园，国家的政策给牧区带来的变化，比较典型案例的是一位 65 岁的老人（CJY-10），他是合作社管理层（技术指导）成员，一直勤勤恳恳地管理自己的草场，他有了比较好的收入，牲畜数量也比较多，他说："土地改革之后，草地是按人口平均分配的，但是因为管理的原因，贫富差距比较大，有些人尤其是年轻人不好好管理自己的草场、牲畜，乱花钱，所以导致贫困，但是国家给他们的最低生活保障、生活补助的政策比较多。而那些好好放牧、认真管理草场的人，现在牲畜比较多，所以什么政策都享受不到。小城镇的建设、异地搬迁，给牧区的生产生活带来很大的影响，虽然国家的政策是好的，但是大多用于基础设施建设，给到牧民的比较少，在生态保护上的投入也比较少，定居点好多都建设在县城、镇上，对牧民的用处不大。国家公园建立后，牧民享受的政策比较好，但是因为国家公园刚建立，优缺点没有那么明显，好跟坏都还谈不上，但是野生动物增多了没办法防止，冬窝子经常有熊出没，草场都被野生动物占了。"

（3）生活保障、提高经济收入和增加就业机会是牧民最强烈的诉求

"生产生活空间""提高经济收入""增加就业机会"是牧民提及最多的利益诉求，也反映了其对自身在国家公园管理中的角色定位。在回答访谈者的提问"国家公园建立后，您最担心什么"时，牧民普遍提到，担心国家公园建立后，让他们都搬出去，无法继续在这片草原生活，牧民对草场、牲畜比较依赖，而且他们所拥有的生存技能有限，难以生存。例如，受访者 CJY-10 提道："很担心国家不让我们继续在这片草原生活，藏民离不开牲畜，牲畜离不开草场，离开这片草场，没有生存技能，积蓄用光了，很快就会饿死。"受访者 CJY-11 也提道："缺少技能，担心国家公园建立后让搬离这片草场，担心没有收入，难以养活家人。"

当问到"您对国家公园有什么建议"时，部分牧民表示对现在的生活已经很满

意了，受访者 CJY-10 提道："现在的收入已经够用了，生活没有什么困难。"受访者 LCJY-1 也提道："希望提高经济收入。"受访者 CJY-9 则认为："国家公园建立之后，需要做的事情多了，但是给的钱比较少。"可见其对参与经济活动的诉求，牧民对于如何提高经济收入并没有什么想法，主要把希望寄托于国家政策补贴，而对就业参与的诉求主要是关于生态管护员的岗位。受访者 CJY-8 认为："生态管护员管护面积大，管护成本高，建议增加生态管护员岗位及提高待遇。"受访者 CJY-10 反映："家里人比较多，而生态管护员的岗位较少。"

（4）在社区参与方式中依赖精英与组织机构

对于如何参与国家公园或者需要得到什么样的帮助，牧民大多没有什么想法，把希望寄托于国家，他们自主参与的能力比较弱，例如，受访者 CJY-12 提道："牧民应该参与到旅游发展等项目中，这样一来就有活可干。"但是对于具体的参与方式，因为能力有限，希望能够由精英或者由政府来组织、引领，如牧民受访者 CJY-13 答道："首先需要一个有能力的、好的带头者，其次是需要给我们搬迁的每一个失业者稳定的收入，带头者最好是牧民，因为对当地比较熟悉，但是主要还是要看能力。"

牧民对国家公园的认识比较模糊，但受国家公园政策的影响和惠及，当前牧民对国家公园的感知较为积极、正向，意识到国家公园可以为其带来经济收入，而且能够保护生态环境。提高经济收入和增加就业机会是牧民最强烈的诉求，可见牧民将其自身的角色定位在"浅层参与"的层面，他们期待的社区参与方式是由精英或组织机构带头的参与。通过对牧民认知的调查发现，影响牧民参与的因素主要包括经济收入、引导政策（生态补偿、生态管护员制度）、生态保护意识和生态环境。

4）专家学者对于社区参与认知的量化分析结果

（1）影响因素筛选

为避免脱离三江源国家公园实际进行研究，故从实地调研的访谈文本中筛选出影响因素，然后让专家对其打分。将实地调研的访谈文本进行汇总、解读，采用扎根理论围绕"影响社区参与国家公园管理的因素"这一核心研究问题，借助软件

NVivo 11.0 边浏览边编码的功能，对原始资料进行逐字逐句地仔细密集分析，将研究者主观认为可以反映社区参与国家公园管理的影响因素相关的词句标记出来，保存为自由节点（一级编码），不断重复这个过程，对概念相似的内容进行合并，最终共整理出自由节点 35 个，其中参考点 85 个，因编码文本较长，故仅节选部分内容示例，详见表 5-3-8。

表 5-3-8　自由节点编码过程示例

资料来源	访谈资料	概念化
C1	国家公园内 60%～70% 的牧民收入显著提高，还有一部分比较贫困，山区牧民信息闭塞（a1）、商品意识淡薄、市场观念落后（a2）。 牧民主要收入来自畜牧业、虫草采集以及就近打工（a3），掌握的技能少（a4），语言有障碍（a5），生活习惯有差异（a6），牧民很少从事其他工作。 牧民是草原的使用者，宗教（a7）、传统文化（a8）对生态保护非常有利，要牧民爱护当地的草地、森林、深山、深水、河流，牧民的生态保护思想是根深蒂固的（a9）	a1 地理区位 a2 商品意识（在经济活动中的商品生产和交换意识） a3 生计来源 a4 技能 a5 语言能力 a6 生活习惯 a7 宗教信仰 a8 传统文化 a9 生态保护思想
C3	我们这里的访客量，每年不超过 1 万人，因为这是核心区不允许发展旅游（a11），我们将来也是不以商业性的旅游发展的，而是侧重自然教育和生态体验，从这个角度上说，我们还会限量，比如网上预约等，我们会朝着高端层面发展（a12）。 生态接待户是我们挑选出来的一部分生态管护员，他们对当地动植物的生活习性都很了解（a13），调研学者、资深摄影爱好者、科研专家过来了以后就可以住在他们家里。 生态接待户的筛选受地域影响，比如说这个地方有开展的基础，那就根据住户条件选（a14）	a11 国家公园的功能分区 a12 旅游发展程度 a13 生态知识 a14 家庭条件

在 35 个自由节点的基础上，进一步进行主题归纳，共得到 14 个二级编码，即知识技能、意识观念、个体特征、家庭因素、个人意愿、文化因素、宗教因素、经济发展、区域条件、发展特征、管理体制、管控要求、引导政策、宣传教育。在二级编码的基础上，进行主范畴的凝练，最后得到牧民自身因素、社会环境因素、国家公园因素 3 个核心范畴，详见表 5-3-9。

表 5-3-9　主轴编码结果

概念化	初步范畴化	核心范畴
技能、文化程度、语言能力、生态知识	知识技能	牧民自身因素
宗教信仰、生态保护意识、商品意识（在经济活动中的商品生产和交换意识）	意识观念	
年龄、性别、生活习惯、身体素质	个体特征	牧民自身因素
家庭条件、生计来源、家庭劳动力数量	家庭因素	
参与积极性、参政议政意识	个人意愿	
传统观念、社区参与传统、藏族文化	文化因素	社会环境因素
宗教的影响力	宗教因素	
社区生计结构、社区经济发展程度、旅游发展程度	经济发展	
生态环境、地理区位	区域条件	
国家公园的发展阶段、国家公园的发展理念	发展特征	国家公园方面的因素
社区管理权与生态保护权的归属	管理体制	
国家公园的功能分区	管控要求	
特许经营制度、生态管护员制度、生态补偿制度、资金扶持制度	引导政策	
信息公开、教育培训	宣传教育	

（2）影响因素分层

参与调查的专家学者分别来自北京大学、清华大学、青海师范大学、青海大学、北京林业大学等高校中的自然保护、保护地管理、社区共管、生态旅游等相关领域，也有来自富群环境研究院、阿宝环境服务协会等环保 NGO 的相关人员，共 58 份问卷。为保证研究结果的可靠性，剔除对三江源国家公园完全没有了解的问卷，剩余 56 份有效问卷。对该 56 份问卷调查结果进行分析，受访专家学者具有以下特点：到访过三江源国家公园的有 26 人，所占比例为 46%，未曾到访过三江源国家公园的有 30 人，所占比例为 54%；对国家公园的了解程度，有 7% 的专家学者非常了解，34% 比较了解，30% 一般了解，29% 较少了解，其构成如图 5-3-13 所示。对三江源国家公园一般了解以上的专家学者占 71%，数据较为可靠。

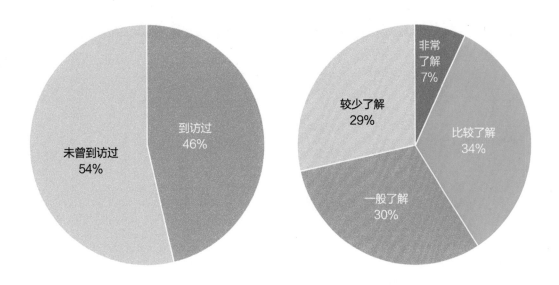

图 5-3-13　专家学者到访三江源国家公园的基本情况与了解程度

为便于研究，对专家打分的分值扩大 20 倍，即评价等级分为"非常有影响 = 100""比较有影响 =80""一般影响 =60""较小影响 =40""没有影响 =20"，计算出每项指标所有受访者打分的平均值，汇总结果见表 5-3-10。

表 5-3-10　专家学者打分结果

总因素	分因素	因子层	平均分
牧民自身因素	个体特征	性别	55.00
		年龄	67.86
		身体素质	70.36
		生活习惯	77.86
	知识技能	技能	85.00
		文化程度	84.29
		语言能力	79.64
		生态知识	85.40

续表

总因素	分因素	因子层	平均分
牧民自身因素	意识观念	宗教信仰	72.14
		生态保护意识	92.14
		商品意识（在经济活动中的商品生产和交换意识）	77.50
	家庭因素	家庭条件	68.57
		生计来源	84.29
		家庭劳动力数量	77.60
	个人意愿	参与积极性	93.60
		参政议政意识	80.80
社会环境因素	文化因素	传统观念	84.29
		社区参与传统	85.80
		藏族文化	79.29
	宗教因素	宗教的影响力	79.60
	经济发展	社区生计结构	83.20
		社区经济发展程度	80.40
		旅游发展程度	83.21
	区域条件	生态环境	86.40
		地理区位	80.40
国家公园方面的因素	发展特征	国家公园的发展阶段	79.60
		国家公园的发展理念	87.86
	管理体制	社区管理权与生态保护权的归属	92.20
	管控要求	国家公园的功能分区	84.20
	引导政策	特许经营制度	85.80
		生态管护员制度	90.71
		生态补偿制度	92.50
		资金扶持制度	93.21
	宣传教育	信息公开	87.86
		教育培训	91.79

综合专家对影响因素体系的赋值情况，对 35 个构成因子指标进行相应的删减，将平均分低于 70 分的性别、年龄、家庭条件 3 个因子剔除，剩余的 32 个因子构成新一轮因素体系，然后对各因素进行描述性统计分析。根据因子层平均得分，计算总因素和分因素的平均值，如图 5-3-14 所示。在 3 个总因素中，国家公园方面的因素影响最大，平均值为 88.57 分，社会环境因素次之，平均值为 82.51 分，牧民自身因素的影响较小，平均值为 81.59 分。

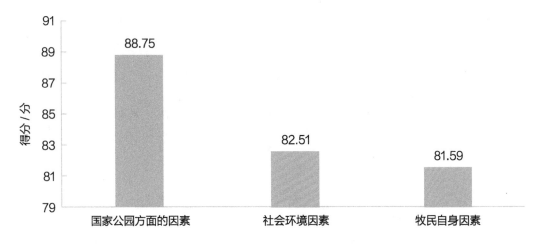

图 5-3-14　总因素平均值

将因子层按照平均值分为 3 层，第一层级（平均值 ≥ 90 分）的因子共有 7 个，按照平均值从高到低依次为参与积极性、资金扶持制度、生态补偿制度、社区管理权与生态保护权的归属、生态保护意识、教育培训和生态管护员制度，如图 5-3-15 所示。其中除参与积极性与生态保护意识属于牧民自身方面的因素外，其他 5 个因素均为国家公园方面的因素，没有社会环境方面的因素。

第二层级（80 分 ≤ 平均值 ≤ 90 分）的因子共有 16 个，按照平均值从高到低依次为信息公开、国家公园的发展理念、生态环境、特许经营制度、社区参与传统、生态知识、技能、文化程度、生计来源、传统观念、国家公园的功能分区、旅游发展程度、社区生计结构、参政议政意识、社区经济发展程度、地理区位，如图 5-3-

16 所示。其中有国家公园方面的因素 4 个，牧民自身方面的因素 5 个，社会环境方面的因素 7 个。

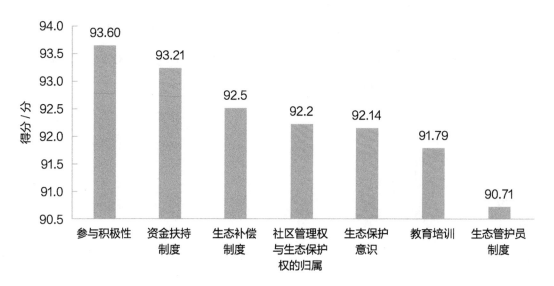

图 5-3-15　第一层级影响因素平均值

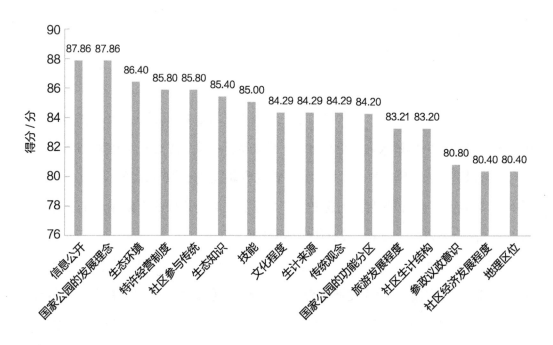

图 5-3-16　第二层级影响因素平均值

第三层级（70 分≤ 平均值≤ 80 分）的因子共有 9 个，按照平均值从高到低依次
为语言能力、宗教影响力、国家公园的发展阶段、藏族文化、生活习惯、家庭劳动
力数量、商品意识、宗教信仰、身体素质，如图 5-3-17 所示。其中有国家公园方
面的因素 1 个，牧民自身方面的因素 6 个，社会环境方面的因素 2 个。

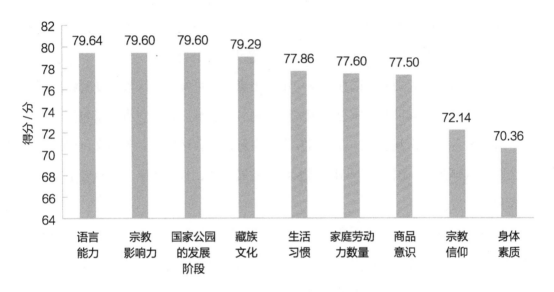

图 5-3-17　第三层级影响因素平均值

5.3.4.4　小结与综合对比分析

1）小结

社区参与机制中不同"角色"的主体认知并不一致，他们因立场不同而有着不
同的认知、看法和诉求。具体来说，牧民的主体地位和在国家公园管理中的重要角
色得到了社区参与机制中"引导者"和"组织者"的认可，但"引导者"和"组织
者"对牧民的参与能力存在分歧。国家公园管理机构认为牧民的参与能力较低，是
影响社区参与的主要因素之一，而 NGO、合作社对牧民的参与能力表示认可，但仍
然将教育培训作为项目进行中较为重要的内容。可见，牧民具有一定的参与能力，
但是对其能力的建设和提高仍然是社区参与中的重要环节。牧民在社区参与方式中

依赖精英与组织，也表明对通过 NGO、合作社等"组织者"参与国家公园管理这一方式的认可。

总体来说，社区参与机制框架中各个主体均发挥了重要的作用，但遗憾的是，尚未形成合力，使社区参与机制能够发挥良好的效果，促进国家公园生态保护与社区发展的平衡。主要影响因素在于：管理机构认同的是管理体制、法律法规、牧民参与能力；NGO、合作社认同的是教育培训；牧民自身认同的是经济收入、引导政策（生态补偿、生态管护员制度）、生态保护意识、生态环境。

经前文对三江源国家公园社区参与影响因素分析可知，社区参与受到牧民自身因素、社会环境因素以及国家公园相关因素的共同影响。牧民自身因素包括个体特征、知识技能、意识观念、家庭因素及个人意愿；社会环境因素包括文化因素、经济发展、区域条件；国家公园相关因素包括发展特征、管理体制、管控要求、引导政策以及宣传教育。

通过对专家学者的调查研究发现，在影响社区参与的因素中，国家公园相关因素影响程度最高，其因子也主要分布于第一层级；社会环境因素影响程度次之，其因子主要分布于第二层级；牧民自身因素影响程度较弱，但值得注意的是，牧民参与积极性在所有单因子中，影响程度最高，这个结果与社区参与"自下而上"的特点直接相关。专家学者作为外部人员，并不直接参与到社区参与的过程中，对国家公园的社会环境、牧民自身能力的认知有限，故其认知本身有局限性，但总体来讲，专家学者对社区参与影响因素的打分还是有极大的参考价值。

2）综合对比分析

通过对 4 个利益相关主体（引导者、组织者、参与者及受益者、第三方）的认知调查，发现：

①牧民的主体地位得到"引导者——国家公园管理机构"和其自身的认可，社区参与的必要性得以印证。

②NGO、合作社作为"组织者"的角色与牧民期望的社区参与方式相吻合，值得推广。

③ "引导者——国家公园管理机构"与"组织者——NGO 和合作社"对牧民参与能力的观点不一致，NGO 和合作社虽认可牧民的参与能力，但依旧将教育培训作为项目进行中比较重要的内容之一，专家学者也将教育培训认定为较为重要的影响因素之一，可见提高牧民的参与能力，或者说提供教育培训机会是社区参与机制中重要的环节。

④从 4 个利益相关主体的认知结果分析可以看出管理体制、引导政策、教育培训、生态保护意识是社区居民参与的最为重要的影响因素。各个主体均在其自身视角中反映了当前较为重要、亟待解决的影响社区参与的因素，国家公园管理机构的视角主要是管理体制、法律法规、牧民自身能力；NGO、合作社的视角主要是教育培训；普通牧民的视角是经济收入、生态补偿、生态保护意识、生态环境变化、生态管护员制度以及是否有优秀的组织者；专家学者视角是第一层级的因素，即参与积极性、资金扶持制度、生态补偿制度、社区管理权与生态保护权的归属、生态保护意识、教育培训和生态管护员制度。将其进行归纳整合，有双方及以上保持一致意见的因素，包括管理体制（国家公园管理机构和专家学者）、引导政策：包括生态补偿制度、生态管护员制度（专家学者和普通牧民）、教育培训（NGO、合作社和专家学者）、生态保护意识（专家学者和普通牧民），由此可见这 4 个方面的因素应优先解决，而法律法规、参与积极性、经济收入等也应予以考虑。

5.3.5　三江源国家公园社区参与机制的优化

5.3.5.1　研究结论

协调人地关系、加强社区参与，促进社会－生态系统协同发展是中国国家公园体制改革的核心目标。三江源国家公园人地关系久远而紧密，社区在国家公园管理中发挥着重要的作用。本书在梳理国内外研究进展，总结理论基础的前提下，界定国家公园管理中的社区参与，构建了社区参与机制的概念模型。通过焦点小组、半结构访谈和专家问卷，对三江源国家公园社区参与调查结果进行分析，主要包括四大方面：一是分析社区参与现状；二是基于不同"角色"的主体视角调查其对社区参与的认知；三是从专家学者的客观角度分析三江源国家公园社区参与的影响因素；四是4个主体认知对比分析。主要结论如下。

1）构建了国家公园管理中社区参与机制框架概念模型

通过文献综述，在前人的研究基础上，构建了国家公园管理中社区参与机制框架概念模型，主要包括3个方面的相关主体，即国家公园管理机构是"引导者"，社区居民是"参与者和受益者"，第三方力量（NGO、企业）是"组织者和协调者"。机制框架包括引导体系、组织体系、保障体系及评估体系，旨在明确在社区参与的过程中"如何引导参与""如何组织参与""如何保障参与"及"参与效果评估"。

2）三江源国家公园社区参与现状总结

经过实地调研、焦点小组、半结构访谈、资料分析，对三江源国家公园的社区参与现状进行梳理，总结出社区参与现状的价值和局限。发现社区参与在三江源国家公园已有一定的基础，参与内容包括生态补偿、生态管护、生态监测、特许经营、生态体验项目，参与方式包括以国家公园管理局为主导、以NGO为主导、以合作社为主导3种方式。牧民参与人数较多，参与面较广且以组织的形式参与，便于管理，社区参与机制框架已初具雏形，第三方力量主要是NGO和合作社。三江源国家公园的社区参与机制较为水平化，中间力量发挥的作用更大，但仍存在社区居民主动参与能力较弱、参与深度和广度不够且地区差异明显等问题。

3）社区参与机制中不同"角色"的主体认知研究

通过对社区参与机制中"引导者""组织者""参与者和受益者"主体的认知研究，发现不同主体因立场不同而有着不同的认知和诉求。如管理机构认为管理体制、法律法规、牧民参与能力更为重要，NGO、企业认为教育培训更为重要，牧民认为经济收入提高、政策引导（生态补偿、生态管护员制度）、生态保护意识、生态环境更为重要。总体来说，各个主体均发挥了重要的作用，但依然存在着政府各层级管理部门之间以及政府管理部门与NGO、企业和牧民之间的沟通和协调不顺畅的问题，需要加强各方的沟通和合作，形成合力，使社区参与机制能够发挥良好的效果，促进国家公园生态保护与社区发展的平衡。

4）专家学者认知研究

社区参与受到牧民自身因素、社会环境因素以及国家公园方面因素的共同影响。专家学者通过调查研究将影响因素进行分层，发现国家公园方面的因素影响程度最高，其因子也主要分布于第一层级；社会环境方面的因素影响程度次之，其因子主要分布于第二层级；牧民自身方面的因素影响程度较弱，但值得注意的是，牧民参与积极性在所有单因子中，影响程度最高，这个结果与社区参与"自下而上"的特点直接相关。

5）4个主体认知对比分析

牧民的主体地位得到"引导者"和"参与者"的认可，社区参与的必要性得以印证；NGO、合作社作为"组织者"的角色与牧民期望的社区参与方式相吻合，值得推广；"引导者"与"组织者"对牧民参与能力的观点不一致，提供教育培训机会仍是社区参与机制中重要的环节。4个主体的认知对比，反映了管理体制、引导政策、教育培训、生态保护意识是最为重要的影响因素。

5.3.5.2　优化建议

三江源国家公园社区参与机制框架虽已搭建，有可供借鉴和采纳的经验，但社区参与尚缺高层次的参与，局部地区参与程度较高，整体参与程度较低，牧民自主参与能力较弱，社区参与存在的问题给社区参与机制提出了更高的要求。综合考虑管理体制、引导政策、教育培训、生态保护意识4个方面的因素，对社区参与机制进行优化和细化，主要包括原有的3个方面的内容，即引导体系、组织体系、保障体系。而国家公园的管理目标、发展阶段是不断变化的，为保证社区参与机制能够长效运行，增加了评估体系，社区参与机制框架如图5-3-18所示。

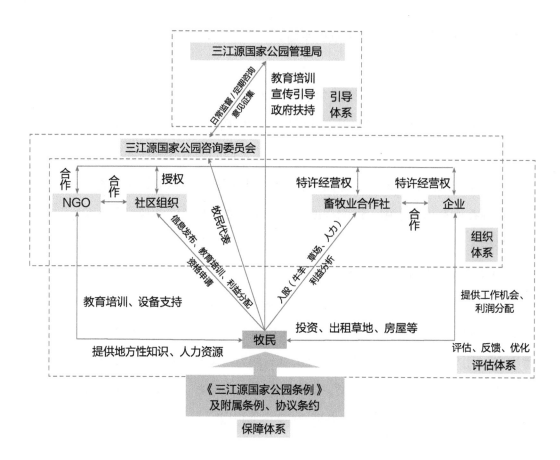

图 5-3-18　社区参与机制框架

1）引导体系

（1）将社区的行政管理权授予三江源国家公园管理局

在国家公园建立之初，牧民认知程度不高，需要引导和扶持。但当前，地方政府与国家公园均为引导者，在实践中存在方法冲突、互相推诿的现象。若将该区域的行政管理权授予三江源国家公园管理局，实现国家公园范围内的行政管理权与自然资产管理权的结合，即"人—地"的统一管理，使三江源国家公园管理局成为唯一责任主体，国家公园区域成为独立的生态特区，就可以避免权责不清，同时，若将社区发展纳入国家公园管理局的绩效考评体系，就能实现生态保护与社区发展有机结合，从体制机制上保障社区参与。在这种情况下，三江源国家公园管理局既是一个"游戏规则"的制定者，也扮演着管理者、自然资产资源的责任者、社区发展的支持者和特许经营企业的监督者等多重复杂的角色。此外，国家公园管理局也应适当吸纳园区内有文化、有能力的牧民进入国家公园管理局工作。

（2）优化生态管护员制度和生态补偿制度

①优化生态管护员制度。现有的生态管护员制度与精准扶贫相挂钩，有些牧民得到管护员岗位和工资，只是单纯地起到了"脱贫"的效果，尚未完全发挥生态管护公益岗位的初衷。只有将管护工作与自然保护、家园保护结合起来，尊重牧民的地方性知识、价值观、能力，激发他们的使命感和自豪感，生态管护公益岗位才能最大限度地起到生态保护的作用（赵翔等，2018）。应在现有管护员制度的基础上进行完善。可以从以下 3 个方面展开：第一，现有生态管护员移民到镇区或者格尔木的，距离管护地距离较远且管护成本较高的，可遵循自愿的原则，由国家公园拨付部分补偿金额，退出生态管护员岗位，转产到其他项目中；第二，全面放开生态管护公益岗位，符合年龄、身体条件、文化程度的牧民可自行申请，成为生态管护员；第三，丰富现有考评制度，对于能力突出、责任心强的牧民可通过提高薪资待遇、福利保障等方式给予奖励。

②优化生态补偿制度。单纯的"发钱"并不能完全改善牧民与环境的关系，反而容易造成牧民的"等靠要"思想。现有的生态补偿尚未发挥补偿的激励作用，国家公园应从商业收入提取一部分资金，同时接受 NGO、基金会、企业及社会的捐赠作为生态补偿基金。该部分资金逐级下放，以行政村为单位进行管理，主要用于生态奖励、野生动物肇事补偿以及防灾，由牧民自行管理这部分资金，由村级评定小组对牧户草场质量给予评定，若达到一定标准，可给予生态奖励。在发生野生动物肇事时，由村里组成评定小组来完成整个审核和补偿的流程；在面临雪灾等自然灾害时，该部分基金也可用来应急。

（3）完善教育培训制度

通过完善教育培训从而提高居民的社区参与能力。对牧民的教育主要包括思想教育和技能教育，思想教育主要针对牧民的环保意识、商品意识等，挖掘并加强牧民的环保意识，传承藏族"神山圣湖"传统文化信仰，增强民族自信心和社会认同感。技能教育包括语言技能、生态知识、沟通交流、管理技能等，技能培训应具有时效性和针对性，即"需要什么教什么""缺什么补什么"。由于"国家公园""环境保护"等概念对于牧民来说是新鲜内容，单纯的传授式讲解效果并不是很好，可以通过技能教育推动思想教育。针对中小学生，教育培训应主要包括价值认知、环境教育，编制专属教材，培养其生态保护意识，传承当地的民族文化，从小培养其"国家公园主人"的主人翁意识。

牧民当前对社区精英的依赖程度较高，应依据文化程度、组织能力等标准，遴选一批社区精英，建立"社区精英带动社区大众"的培养体系，根据个人意愿，为其提供专业的技能培训。此外，成立教育基金帮助公园内的经济困难，难以负担教育费用的牧民，有两种方式申请教育基金：第一，向国家公园管理局提出助学贷款申请并签订协议如约按期归还；第二，签订定向培养协议，即牧民接受教育基金的资助，但需要从事与国家公园管理相关的专业，如生态学、动植物学、旅游管理等相关专业，并在毕业后回到国家公园就业（规定在职服务的最低期限），接受定向培养协议的牧民，教育费用与上学期间的生活补助由国家公园管理局负担。对有意向进行自主创业的牧民，国家公园应给予资金支持，给牧民提供优惠政策或者无息贷款。

2）组织体系

（1）成立三江源国家公园咨询委员会

国家公园涉及牧民众多，但牧民难以直接参与国家公园的管理与决策，成立三江源国家公园咨询委员会，赋权牧民直接参与管理与决策，通过协商、沟通及谈判来达成共识。咨询委员会下设园区（县级）咨询委员会和乡级咨询委员会。乡级咨询委员会由乡政府（管护站）负责组织，各自然村、行政村牧民内部自行推举，选出一位能代表他们利益以及有能力为他们代言与办事的牧民代表，园区咨询委员会由各乡级咨询委员会代表组成，三江源国家公园咨询委员会由各园区咨询委员

会组成。三江源国家公园咨询委员会人员组成应包括国家公园生态保护处代表 1
人、生态保护专家 1 人、旅游发展专家 1 人，为保证牧民在该委员会中人数占一半
以上，每个园区应至少有 2 个牧民代表。此外，因国家公园为群众性信教区域，在
咨询委员会中，也应考虑加入寺院或者僧人代表 1 ～ 2 人，咨询委员会的人员构成
详见图 5-3-19。

该咨询委员会为非制度化组织，主要职责为征集牧民的意见、建议和表达牧民
的利益诉求、参与国家公园的重大决策、对三江源国家公园管理局进行日常监督和
定期咨询。形成国家公园咨询委员会大会制度，咨询委员会大会于每季度举行，每
年至少举行 4 次，由国家公园管理局生态保护处负责召集。国家公园的相关规划、
条例处于评审、征集意见阶段时，应临时召集委员会成员举行会议，在相关规划、
条例、制度等决策表决时，应保证牧民代表半数以上通过，方可实施。

（2）培育、鼓励、支持本土 NGO、合作社、企业的发展

当前在三江源区域活跃的本土 NGO 较少，而 NGO 的作用却不容忽视。本土
NGO 来自民间，能够直接代表和反映牧民的需求。从国家公园管理局的角度，应
给予 NGO 发展的空间，积极培育本土 NGO，参与包括环保在内的公共事务。为确
保达成目标，由 NGO 向国家公园管理局发起项目申请，经国家公园管理局批准后，
NGO 方可在国家公园内开展项目，两者之间可以建立长期、有效的合作关系，通过
国家公园管理局购买服务的方式为 NGO 提供支持。

鼓励并支持合作社与企业的发展，申请特许经营权。在特许经营项目中，为当
地社区保留一定的份额，对牧民自己成立的合作社和企业，应给予特许经营优先权
和提供财政支持，减免特许经营费，提供小额贷款等优惠政策。此外，借鉴法国大
区国家公园的品牌增值体系，注册三江源国家公园品牌，制定详细的《三江源国家
公园产品品牌增值体系》，包括特许经营者的产品（畜产品、手工艺品、牧家乐、解
说服务等）标准，特许经营者的草场质量、生产经营过程的标准以及需要遵守生态
保护的要求等，由国家公园管理局组织借助信息化手段，对该品牌的产品进行营销，
实现由于品质和市场认可度提高所带来的单位产品的增值。如若特许经营者满足该

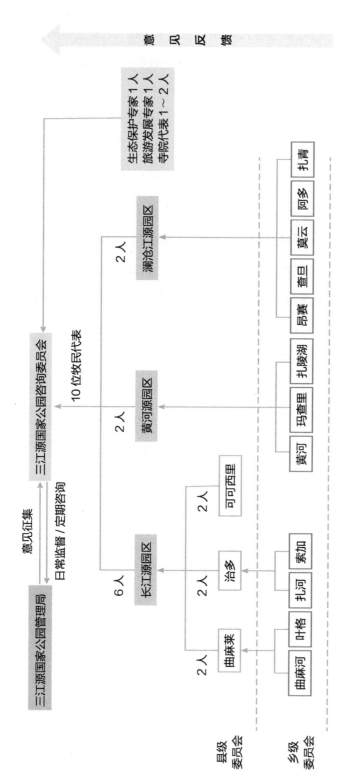

图 5-3-19　咨询委员会人员构成

规定的要求，则授予特许经营者或达标产品该品牌的使用权，在有效利用资源的基础上，实现社区生产效益的增加。

3）保障体系

（1）建立生计许可证制度

当前三江源国家公园核心保育区仍有 2 000 户牧民生产生活，即使落实了"一户一岗"岗位后，仍有 3 000 个劳动力将继续从事传统畜牧业生产（田俊量，2018）。按照国家公园现有的管控要求，核心保育区是不允许有居民生产生活的，但是由于三江源国家公园的特殊性，为保证游牧文明的延续，对于核心区有游牧需求或者采挖虫草需求的牧民，可以申请生计许可证，而申请生计许可证的居民需要满足以下 3 个要求：①必须是三江源国家公园核心保育区的传统牧民或草场位于核心保育区的牧民；②应遵守限定季节游牧、采挖的规定；③遵守国家公园的相关要求。满足要求的牧民可以向牧委会提出申请，由牧委会进行审核并上报管理站，而生计许可证的发放数量由国家公园管理局严格把关。

（2）完善相关法律法规，以协议合约为补充

社区参与的最根本保障是出台相应的法律法规，从而使社区参与有法可依。当前三江源国家公园依靠的是《自然保护区条例》和《三江源国家公园条例》，但是因三江源国家公园的特殊性，《自然保护区条例》中"核心区严禁任何人进入"等内容将人与自然隔绝并不完全适用。因此，建议参考建立自贸区、经济特区的先例，按照"生态特区"的标准，编制与之相适应的法律（刘峥延等，2019）。在依据《三江源国家公园条例》的基础上，设计和制定社区参与管理制度，将牧民必须参与的内容、应该得到的利益、生态补偿以及应该承担的责任、义务予以明确，让牧民"生态保护者""利益获得者"，以及"文化传承者"和"受保护者"的身份能够得到认可，让生活在国家公园内的牧民合理合法地保留传统生产生活方式。在无明确法律法规之处，与牧民具体商议，明确权责利，并且以签订协议、合约的方式确保相关措施落实。

4）评估体系

社区参与是一个动态、持续的过程，必须一切从实际出发，适应变化。国家公园社区参与的评估应包括两大层面：一是在国家公园层面，对整个园区定期开展评估，组织调研小组进行实地调研，评估牧民的满意度及社区参与带来的影响，提出提升建议并写成报告，以便对其加以优化、调整，使社区参与达到更好的效果；二是在单一项目方面，以"自然观察节"活动为例，在该项目结束后，应组织牧民讨论，评估社区参与的程度及参与的效果，对不符合预期的部分集体讨论并加以修改。

5.4　三江源国家公园 NGO 参与机制研究

5.4.1　NGO 参与情况

基于中国国情，一个地区自然保护类 NGO 的参与情况与该地区环境保护管理体制以及社会组织管理制度息息相关，因此依据三江源地区环境保护和社会组织管理的大事记，将三江源自然保护类 NGO 的参与归纳为半官方萌芽，多方进入、初步规范，深入规范、转型思考 3 个阶段。

第一阶段：自然保护类 NGO 半官方萌芽阶段（1990—1997 年）

20 世纪 90 年代中期，中国自然保护类 NGO 主要由官方自上而下设立的社会团体构成，几乎没有自下而上成立的民间自然保护类 NGO，也鲜有国际自然保护类 NGO 介入合作。这一背景加上三江源地区交通不便、气候条件恶劣，因此鲜有外地自然保护类 NGO 介入，此时主要以本地自发形成的半官方雏形自然保护类 NGO 参与为主，以 1995 年辅助治多县西部工作委员会反藏羚羊偷盗工作而成立的"野牦牛队"为代表。该队伍虽说是挂靠在政府派出机构西部工委下，但成员主体由社会上招募的退休民兵和待业青年构成，这些人无编制、无工资，完全依靠个人环保热情，其行为有很强的民间组织色彩，他们与政府联系密切，但无论从组织形式还是行为活动上看都是粗放、随性的，尚未形成一个良好的组织管理框架。

第二阶段：自然保护类 NGO 多方进入、初步规范阶段（1997—2016 年）

1997 年，可可西里国家级自然保护区建立，同时成立自然保护区管理局，后期组建了正式的可可西里反盗猎执法队伍，"野牦牛队"被撤销。虽然"野牦牛队"被撤销，但受其名气影响，三江源地区县级以下出现了很多当地自发成立的民间组织，活动包括垃圾清理、水源保护、社会环境教育等。在社会组织管理方面，随着 1998 年《关于党政机关领导干部不兼任社会团体领导的通知》《社会团体登记管理条例》等一系列法规的颁布，中国自然保护类 NGO 的管理逐步走上正轨，青海省社会组织登记管理制度也逐步完善，当地一些自然保护类 NGO 逐步走向正规化。同时，1998 年，保护青海藏羚羊的议题作为自然保护类 NGO 参与社会议题的开端，也促使了更多外地自然保护类 NGO 关注并加入三江源生态保护事业。此阶段由于三江源环境保护管理体制初步形成，在资金、人员、装备、理念等各方面都十分缺乏，所以此时管理机构对自然保护类 NGO 的参与需要比较多元。

第三阶段：自然保护类 NGO 深入规范、转型思考阶段（2016 年至今）

2015 年 12 月，《三江源国家公园体制试点方案》审议通过，三江源成为中国第一个国家公园体制试点区。2016 年，三江源国家公园管理局挂牌成立，环境保护管理体制深化改革，但此时自然保护类 NGO 参差不齐，有的未经年审，有的甚至在做违法的事，严重影响了自然保护类 NGO 的信誉，因此 2017 年，青海省民政厅对当地 NGO 进行全面复查和清理，同时三江源管理局对外来 NGO 也有了审核、报批等系列规定，使三江源地区自然保护类 NGO 进一步规范化。另外，随着管理机构对生态环保力度的加大，又出现了官方推行的环保行动与民间自然保护类 NGO 的工作内容相重复的现象，这也为三江源地区自然保护类 NGO 的参与提出了新的思考。

　　根据自然保护类 NGO 在三江源地区的参与情况，可发现三江源地区自然保护类 NGO 逐步规范化，自然保护类 NGO 类型及其参与内容逐渐多元化，活动区域也从局部到全面覆盖，更重要的是在不同时期，管理机构对自然保护类 NGO 的参与需求逐步变化，由最开始的武装反盗猎协助需求到多层次环保行动辅助需求，再到如今一些低层次的参与需求被淘汰以及新的参与需求产生。

5.4.2　研究方案设计与实施

5.4.2.1　调研方案设计

　　本节为三江源国家公园 NGO 参与机制研究，研究对象包括国家公园管理机构（管理局、管委会）、NGO、社区居民等。针对不同的主体，采用不同的调研方法，具体如图 5-4-1 所示。

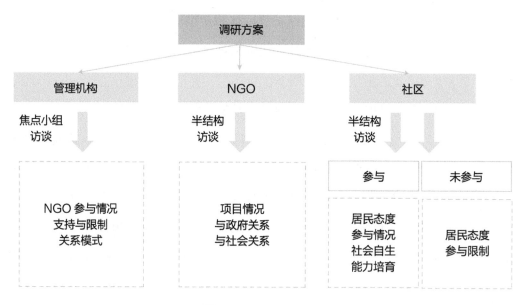

图 5-4-1　调研设计

1）针对管理机构

焦点小组访谈。管理机构受访者涵盖国家公园管理局、园区管委会、管理处、乡级保护站等多个层级的工作人员。访谈内容包括 4 部分：①基本信息（管理机构的职责，参会主要人员信息等）；②NGO 参与现状，开展了哪些项目；③NGO 开展项目的筛选、监管、评估情况；④对 NGO 参与的态度和看法。详见附录 3-1。

2）针对 NGO

半结构访谈。对活跃在三江源国家公园的 NGO 进行访谈，该部分的访谈内容包括组织基本情况、项目实施动因、过程和措施、实践经验及问题症结、与社区的关系变化、国家公园成立后带来的影响等，详见附录 3-2。

3）针对社区居民

半结构访谈。访谈对象包括社区精英和普通牧民。①社区精英，包括村干部以及某一领域具有杰出能力的社区组织成员，访谈主要围绕 NGO 项目开展过程中如何带动村民、对项目的支持或面临的困难、对项目的评价等角度展开；②普通社区居民，访谈主要了解其对 NGO 项目的了解和参与情况、社区发生变化的过程、对 NGO 及项目的评价以及家庭人口情况。访谈提纲详见附录 3-3，围绕提纲的核心问题，根据受访者的回答随机拓展。

5.4.2.2　调研方案实施

1）调研实施阶段

研究团队于 2018 年 7 月 20—27 日、2019 年 7 月 15—24 日在三江源地区进行了实地调查研究，后期通过微信、电话等形式进行了补充访谈，综合采用非参与式观察、关键人物访谈以及文献法，系统搜集了三江源地区自然保护类组织开展社区项目的一手和二手文献资料。采取半结构访谈的方式，其间共访谈 41 人（表5-4-1）。

表 5-4-1　受访人员基本信息

分类	编号	访谈对象	人数	访谈日期
管理机构	G1	三江源国家公园管理局工作人员	2	2018 年 7 月 19 日 / 2018 年 7 月 20 日 / 2019 年 7 月 15 日
	G2	黄河源管委会工作人员	3	2018 年 7 月 21 日 / 2018 年 7 月 22 日 / 2019 年 7 月 22 日
	G3	澜沧江园区管委会工作人员	2	2018 年 7 月 23 日
	G4	长江源园区管委会工作人员	1	2018 年 7 月 24 日
	G5	长江源治多管理处工作人员	1	2019 年 7 月 19 日
	G6	长江源曲麻莱管理处工作人员	2	2018 年 7 月 25 日 / 2018 年 7 月 26 日
	G7	扎河乡保护站工作人员	1	2018 年 7 月 24 日
自然保护类NGO	N1	三江源生态保护协会办公室主任、工作人员	2	2019 年 7 月 15 日
	N2	三江源生态保护协会甘达工作站工作人员	2	2019 年 7 月 17 日
	N3	山水自然保护中心昂赛工作站研修生	2	2019 年 7 月 18 日
	N4	禾苗协会会长	1	2019 年 7 月 20 日
	N5	原上草自然保护中心秘书长	1	2019 年 7 月 24 日
	N6	世界自然基金会（WWF）	2	2019 年 11 月 17 日
社区居民	S1	甘达村村主任	1	2019 年 7 月 17 日
	S2	甘达村合作社理事长	1	2019 年 7 月 17 日
	S3	甘达村马帮帮主	1	2019 年 7 月 17 日
	S4	甘达村普通妇女	2	2019 年 7 月 17 日
	S5	年都村村委会队长	1	2019 年 7 月 18 日
	S6	年都村牧民	4	2019 年 7 月 18 日
	S7	措池村村主任、书记（野牦牛协会）	2	2019 年 7 月 20 日
	S8	措池村牧民	4	2019 年 7 月 21 日
	S9	团结村村主任	1	2019 年 7 月 21 日
	S10	代曲村村书记	1	2019 年 7 月 22 日
	S11	巴干寄宿小学校长	1	2019 年 7 月 22 日

2）调研成果处理

基于调研所获取的研究素材，本书针对不同主体的素材将采用不同的处理方法，具体如下：

①整理针对管理部门的访谈记录，形成可用于进一步分析的文本资料；进行质性分析时，为了减少研究设计和结果阐释的个人主观性，话语内容分析以软件 ROST CM 6 作为辅助，同时结合相关三江源规划、条例、公告、自然保护类 NGO 发布信息等二手资料，综合分析各类自然保护类 NGO 与国家公园管理机构的合作情况。

②整理 NGO 和社区居民的半结构访谈记录，形成可进一步分析的文本资料，借助软件 NVivo 12.0，运用话语分析法对收集到的访谈资料进行处理。

5.4.3　结果分析

5.4.3.1　NGO 参与现状分析

目前中国自然保护类 NGO 类型可分为官办自然保护类 NGO、草根自然保护类 NGO，以及国际自然保护类 NGO（韩兆坤，2016）。本书探讨的三江源国家公园的自然保护类 NGO，主要是本地自发成立的草根自然保护类 NGO 和中国境内国际自然保护类 NGO。目前三江源国家公园自然保护类 NGO 从其所属地域可归纳为两类，如表 5-4-2 所示。

表 5-4-2　三江源地区自然保护类 NGO 的类型

大类	小类	三江源地区较活跃的自然保护类 NGO
外来进入	中国境内国际自然保护类 NGO	WWF、UNDP、GEF……
	国内驻三江源地区自然保护类 NGO	山水自然保护中心、绿色江河、自然之友、北京富群、阿拉善基金会……
本地自发成立	已注册登记	三江源生态环境保护协会、原上草自然保护中心、禾苗协会……
	未注册登记	野牦牛协会、酥油协会……

根据 2017 年青海省人民政府办公厅印发的《关于改革社会组织管理制度促进社会组织健康有序发展的实施意见》，当前对于三江源国家公园本地自然保护类 NGO 的管理仍实施"双重管理"模式，即业务指导和登记管理单位相分离，自然保护类 NGO 需担负双重责任，既需根据自身级别到相应的省、州、县各级民政部门注册登记、接受年检，又需根据自身业务类型在业务主管部门的指导下开展工作，根据当地自然保护类 NGO 业务类型，其业务主管部门主要由三江源国家公园管理局及下设的管委会、管理处构成[①]。而对于外来自然保护类 NGO，开展临时活动时有两种渠道可参与三江源环境保护：一是与管理局联系，须提前以发函的形式将自己的活动内容、时间、地点进行报备，获得函件后再到具体的地点与各级管委会联系，管委会配合开展活动；二是直接与管理局下设的管委会联系，管委会须向管理局上报备案，批准通过后方可开展活动。对于在三江源国家公园开展长期活动的外来自然保护类 NGO，其活动不仅须向三江源国家公园管理局及其下属管委会机构报备，而且国际外来自然保护类 NGO 还须依法设立代表机构，国内外来自然保护类 NGO 则须设立办事处，统一由青海省民政厅社会组织管理局对其进行登记管理和执法监察，具体如图 5-4-2 所示。

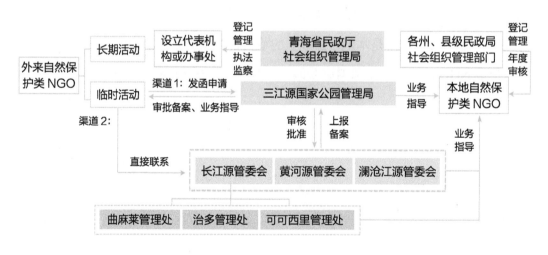

图 5-4-2　三江源国家公园自然保护类 NGO 监管流程

---

① 《关于改革社会组织管理制度促进社会组织健康有序发展的实施意见》（http：//www.qhsgj.gov.cn/webinfo/xwzx/tpxw/2017-12-20/2948.html）。

当前，三江源地区自然保护类 NGO 开展的社区项目主要包括生态保护、科研监测、绿色生计发展、环境教育、地方文化宣传保护、社区居民权利维护及能力建设六大类（表 5-4-3），主要目标是通过国家公园管理机构的拉动、NGO 的推动，从而逐渐实现社区居民的主动参与，形成"以农牧民为主体"的保护模式。

表 5-4-3　三江源地区 NGO 开展的社区项目

序号	社区项目分类	举例
1	生态保护	三江源生态保护协会"乡村社区协议保护"项目；原上草水源保护项目；GEF 勒池村社区共管项目
2	科研监测	山水自然昂赛雪豹研究和保护项目；原上草雪豹调查项目；WWF 湿地项目；绿色江河长江源斑头雁及其栖息地的保护与发展项目
3	绿色生计发展	山水自然昂赛乡自然体验项目；北京富群"三江源社区景观保护和生计发展示范项目"
4	环境教育	三江源生态保护协会"绿色摇篮"环境教育；北京富群"校社共建——巴干乡环保宣教与生态保护"项目；山水自然"自然观察节"
5	地方文化宣传保护	三江源生态保护协会"乡村影视教育计划"；山水自然"乡村之眼"——自然与文化影像纪录项目
6	社区居民权利维护及能力建设	山水自然人兽冲突项目；三江源生态保护协会"三江源环保人"网络计划项目

5.4.3.2　NGO 与国家公园管理机构合作分析

1）基于管理机构视角

（1）管理机构对自然保护类 NGO 参与的认知分析

将与管理机构工作人员访谈获得的文本资料进行部分同义词替换，如将"环保 NGO""民间环保协会""民间环境组织"替换为"自然保护类 NGO"，将"北大""清华""中国科学院"替换为"科研院校"，然后导入软件 ROST CM 6 中，剔除部分无意义词条，保留前 46 位高频词，通过社会网络与语义网络分析工具生成语义网络（图 5-4-3）。

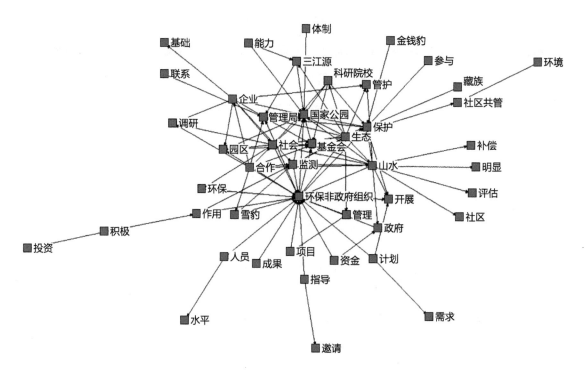

图 5-4-3 管理机构对自然保护类 NGO 参与认知的文本语义网络

图 5-4-3 的分析结果能较为直观地反映管理机构对三江源国家公园自然保护
类 NGO 参与的感受，可以看出，管理机构话语以"国家公园""自然保护类 NGO"
为核心，其认为自然保护类 NGO 可以开展的参与内容围绕"监测""生态""保
护""环保""雪豹"；认为自然保护类 NGO 参与的影响因素包括"资金""人员"；
认为与自然保护类 NGO 合作的方式可以包括"邀请—指导""合作—调研"。总体
来看，目前管理机构工作人员认识到的自然保护类 NGO 参与方式还主要停留在环保
行动、动物监测、社区环境共管层面，尚未或较少意识到自然保护类 NGO 在环境监
督、环境决策领域的参与作用。

（2）管理机构对自然保护类 NGO 参与的态度分析

选出与管理机构访谈中所涉及的自然保护类 NGO 文本资料，结合相关规划、条
例等二手资料，运用软件 ROST CM 6 对文本进行分析，得出管理机构对自然保护类
NGO 参与的看法和合作意愿，如表 5-4-4 所示。其中，管理机构对自然保护类 NGO

参与的积极看法有49条，占61.25%；中性看法有24条，占30.00%；消极看法有7条，占 8.75%。可以看出，管理机构对自然保护类 NGO 的态度总体上偏积极，对自然保护类 NGO 的参与较为认可，这一点从管理机构工作人员的话语中也能被证实。

"当然有意愿吸引自然保护类 NGO 来，三江源不是有一条嘛，开放建园，我们这些可能也会水平不够、我们专业不对口，都是从以前各个部门划转过来……人员有限，很乐意大家参与，帮助我们建园区。"受访者 G2 反映。

受访者 G2 也提道："为国家公园作出贡献的社会层面、个人层面，包括那些自然保护类 NGO，我们都是欢迎的。"

表 5-4-4　管理机构对各类自然保护类 NGO 的情感数据统计

类别	非常（绝对值 20 分以上）		中度（绝对值 10 ~ 20 分）		一般（绝对值 10 分以下）	
	条数 / 条	占比 /%	条数 / 条	占比 /%	条数 / 条	占比 /%
积极情绪	8	10.00	16	20.00	25	31.25
消极情绪	0	0	1	1.25	6	7.50

从工作人员话语中可以看出，管理机构对自然保护类 NGO 合作持消极态度的主要原因包括：自然保护类 NGO 人员水平有限、资金不持续不稳定、试点期间管理机构重点不在于此。如受访者 G1 提道："由于部分环保 NGO 人员水平有限，其实我们不愿意与其合作。"而受访者 G2 表示："一些环保组织资金不持续不稳定，对于我们一些项目开展来说其实不好。"受访者 G1 还反映："我们试点工作主要重点不在这，你说的环保 NGO 其实对目前试点作用不大。"对于那些合法注册登记和备案了的自然保护类 NGO，管理机构的合作意愿较高，而对于那些未注册登记和备案的自然保护类 NGO，管理机构则持不支持、不取缔的态度。受访者 G5 提道："原则上我们只会跟官方机构，也就是在国家公园管理局包括当地政府备案过的那些自然保护类 NGO 接洽。"受访者 G6 表示："我们曲麻莱现在有许多由各合作社自发成立的环保民间组织，是没有审批和登记的，他们会自发地组织人员打扫卫生，他们的行为

只要和我们没有冲突，我们就不支持也不取缔。"

（3）管理机构对自然保护类 NGO 参与的需求分析

在对自然保护类 NGO 参与内容的需求方面，管理机构的有些需求一直存在，如环境教育、倡导绿色生产生活方式等，但有些需求随着体制试点的推进发生了变化，如官方为了加大生态环保力度推行的"一户一岗"政策与民间自然保护类 NGO 自行组织的垃圾清拾、生态巡护工作内容重复，这使得部分自然保护类 NGO 参与工作不再被需要，而大数据智能化的推行、人们对国家公园游憩需求的增长，管理机构对自然保护类 NGO 的参与也提出了新的需求。如受访者 G1 反映："我们可能对原先那种开展简单的垃圾清理工作的环保社会组织的需求会减少……未来对社会组织参与可能会在智慧监测方面有需求。"而受访者 G3 认为："我们这个环境能承受多少人，不是旅游来多少人，所以需要科研团队和环保社会组织来协助研究。"

在自然保护类 NGO 参与类型的需求方面，管理机构很重视自然保护类 NGO 的专业性、持续性和责任心，并希望自然保护类 NGO 能分享成果。如受访者 G3 提道："我们需要能坚持下来持续和我们合作、分享成果的社会组织，像山水自然一样。"受访者 G4 认为："需要有责任心的环保 NGO 或企业参与。"受访者 G1 表示："更希望有专业知识背景的组织加入。"

（4）管理机构对自然保护类 NGO 参与的支持分析

三江源国家公园通过《三江源国家公园条例（试行）》《三江源国家公园总体规划》等条例、规划为自然保护类 NGO 参与提供了很好的政策环境支持。另外，调研发现，每年三江源国家公园管理局会定期召集园区内较活跃的自然保护类 NGO 开展一次主题交流会，为自然保护类 NGO 与管理机构、自然保护类 NGO 之间的合作交流提供平台支持。除此之外，管理机构对自然保护类 NGO 参与合作的支持较少，作为自然保护类 NGO 参与项目的审核和指导者，由于其自身专业能力不足，因此对自然保护类 NGO 参与合作的回应较少。例如，受访者 G1 提道："其实我们能给这些 NGO 提供的项目计划建议很少，因为他们许多项目都是专业的。"而管理机构的资金不足，对自然保护类 NGO 合法的参与项目，实际上没有太多干涉，致使很多自然保护类 NGO 的参与项目与管理机构的需求不对等。受访者 G1 解释："我们对于 NGO 没什么资金投入，园区内 NGO 基本都是自己筹措资金和计划，我们无权干扰太多，所以好多并不是按照我们的需求开展工作。"

2）基于 NGO 视角

（1）自然保护类 NGO 自身合作能力的对比分析

自然保护类 NGO 的组织理念、管理结构、能力优势决定了它的发展方向，同时也影响着它参与国家公园事务的能力，是自然保护类 NGO 与国家公园管理机构建立合作的关键要素。受访的各类自然保护类 NGO 从组织理念上看基本与国家公园的保护、发展目标相契合，但当地未注册登记的自然保护类 NGO 的组织理念较具体，比如措池村野牦牛协会主要是保护野牦牛和探索措池社区和谐发展之道，因此此类自然保护类 NGO 自身合作能力会受保护事务和活动片区限制。从管理结构上看，非当地自然保护类 NGO 组织架构更为清晰、组织分工明确、内部已形成自我管理的规章制度，而当地自发形成自然保护类 NGO，部分已有组织架构和人员分工，但组织内部的制度建设不完善，特别是当地未登记注册的自然保护类 NGO，目前实际上还处于粗放管理状态。从能力优势上看，各类自然保护类 NGO 呈现差异互补的态势，WWF 这类国际自然保护类 NGO，能提供专业的国际人才、技术和理论支持，同时它们知名度高、资金筹集能力强，也能为项目提供很好的资金保障；对于山水自然这类外来自然保护类 NGO，多是依靠创始人的资源背景及其在其他地区累积的经验优势，联络一些科研院校，来提供一些科研技术、志愿者人才输送、经验建议等方面的支持；而当地已登记注册的自然保护类 NGO，创始人多为当地受教育程度高、环保意识强的精英人士，在当地有较丰富的人脉资源，甚至一些与当地政府也有很好的人际关系，这类自然保护类 NGO 了解当地传统文化、具有语言优势，易成为政府与当地社区的桥梁；当地未登记注册的自然保护类 NGO，由基层群众构成，与当地社区村民联系密切，号召村民参与能力强，了解当地传统文化。综上可知，自然保护类 NGO 自身合作能力受其组织理念、管理结构、能力优势等多重因素的影响，能否达成合作，主要看这些因素与管理机构需求的契合度，同时各类自然保护类 NGO 能力优势的差异也建构了它们之间的合作需求。

（2）自然保护类 NGO 目前所能寻求的合作渠道分析

目前三江源国家公园管理机构与自然保护类 NGO 的合作可通过公益项目招募公示、定期年会等渠道开展，但公益项目招募公示主要以项目为核心，不是一种常态化的自然保护类 NGO 合作渠道；而定期年会管理机构一般只召集当地发展较好或与之关系较密切的自然保护类 NGO，因此也不是自然保护类 NGO 都能参与的合作渠道。总体来看，当前合作渠道并没有大众化和常态化，双方合作多是以私人关系、非正式渠道促成的，其中自然保护类 NGO 关键人员的人际关系成为与管理机构或其他组织间沟通协同的重要渠道，这一点也与中国传统的关系型社会有关。从自然保护类 NGO 工作人员的话语中也能得知，受访者 N1 说道："这个项目委托一般的话，因为业务主管单位在年检的时候都要见面，他有的时候会过问一些。"受访者 N4 认为："渠道就是我们直接去找他们，如果我们有事的时候，他们有事的时候也直接会找我们。"非正式公开的合作渠道限制了一些自然保护类 NGO 参与合作，降低了自然保护类 NGO 参与的积极性。当前在合作方面仍是管理机构掌握绝对主导权，管理机构与自然保护类 NGO 处于管理—被管理、监督—被监督的地位，而自然保护类 NGO 如何行使监督权、主动获取与管理机构合作的渠道和方式尚需探索。

（3）自然保护类 NGO 对于管理机构的态度及合作需求分析

选出与自然保护类 NGO 访谈中所涉及三江源国家公园管理机构的内容，并将其录入软件 ROST CM 6 进行文本情感分析，从而得到自然保护类 NGO 对三江源国家公园管理机构的态度，如表 5-4-5 所示。可以看出，各类自然保护类 NGO 总体上对管理机构的态度偏积极，多数期望与管理机构合作，外来或当地已与管理机构有过合作的自然保护类 NGO，它们对管理机构的态度更为积极，而那些很少或还未跟管理机构有过合作的自然保护类 NGO，则存在一些消极情绪，主要原因是认为管理机构对它们缺乏支持。

表 5-4-5　各类自然保护类 NGO 对管理机构的情感数据统计

自然保护类 NGO 名称	积极情绪		中性情绪		消极情绪	
	条数 / 条	占比 /%	条数 / 条	占比 /%	条数 / 条	占比 /%
WWF	8	53.33	7	46.67	0	0
山水自然保护中心	8	34.78	15	65.22	0	0
三江源生态环境保护协会	7	38.89	11	61.11	0	0
原上草自然保护中心	12	57.14	6	28.57	3	14.29
禾苗协会	8	21.62	24	64.86	5	13.51
措池村野牦牛协会	13	50.00	9	34.62	4	15.38

在合作需求方面，管理机构掌握的体制、制度资源是自然保护类 NGO 生存、发展的命脉，因此对于自然保护类 NGO 来说，当前与管理机构合作的首要需求是获得在三江源国家公园活动的许可权。例如，受访者 N6 提道："首先如果没有管理机构合作，我们根本就无法进入。"其次，另一个合作需求是争取管理机构部分项目资金和政策支持。受访者 N1 表示："和管理机构合作，他们也会有一部分资金拨付。"受访者 N5 认为："跟政府合作肯定是好的，这里面最主要的是政策的支持。"而对于外来自然保护类 NGO 来说，与管理机构合作的还有一个重要需求是借助其在当地社区的宣传号召力来开展项目。例如，受访者 N3 提道："如果没有管理机构的这个宣传号召，我们在当地社区的工作肯定是开展不起来的，比如说我们要展开培训的时候，是他们募集这个人，包括现在这个就自然体验项目也是，这些牧户是由他们自己选的，会有自己的考量。"

（4）自然保护类 NGO 对与管理机构合作困境的认知

自然保护类 NGO 所认知的合作困境包括其自身合作能力、关系社会壁垒等。其合作能力问题一方面是它们合法性获取难，这主要是未登记注册的自然保护类 NGO 所认知的合作困境。据采访的措池村野牦牛协会表示他们多次申请注册，但一直没通过，觉得合法性获取门槛高。受访者 S7 提道："我们协会还没注册，申请了多次，县里还没通过……没有政策的情况下我们成立了，以后有没有都无所谓，我们都要继续发展下去。"另一方面是因为一些 NGO 自身人才和资金匮乏，这是采访的自然保护类 NGO 所反映的普遍困难，专职的人才少，流动性志愿者多，但他们刚掌握一些项目技能就离开了，起不了太大的效果，资金主要依靠外部基金会的支持，不够充足。另外，关系社会所导致的沟通受阻也是自然保护类 NGO 普遍反映的主要困境。例如，受访者 N5 反映："人与人之间建立关系这种是最困难的，比如你跟这个领导说好了，又换一个领导的话又要跟他去讲，有时候不知道要去找哪个领导，不知道要找什么关系，特别不擅长这些。我们是真的要解决社会问题，而不是去靠关系啊。"

5.4.3.3　NGO 与社区居民的合作分析

主要分析 NGO 带动社区开展环保活动的行动逻辑和双方互动过程，旨在厘清双方互动过程中所承担的功能及角色边界（李彦，2019），为促进 NGO 与社区良性互动，提高保护自然有效性提供建议。

1）理论基础

相较于公民社会理论、治理理论、社会资本理论、资源依赖理论等已有的理论视角，近年来嵌入性理论受到更多关注，用于解释 NGO 与社区间的交互关系，为本书提供了新的分析框架和角度。其合理性在于，NGO 和当地社区原本是相互独立的，NGO 进入地方社区开展合作型自然保护项目，无疑需要嵌入当地政治及社会文化系统（王旭辉等，2019）。另外，NGO 参与社区治理是一个现实的嵌入现象，两者形成了复杂的交织关系。嵌入性理论更有助于从现实情境出发，将各类因素纳入统一框架中，来厘清互动关系，是更加独到且有力的分析工具。

在嵌入理论视角下 NGO 参与社区治理的研究中，学者们根据实际案例和解释需求进行了理论扩展，如关于 NGO "嵌入性发展"的过程，有学者基于文献研究提出双向嵌入、复合嵌入等分析框架（王名等，2019），也有学者用案例阐述组织介入当地社区采取的文化习俗的关系软嵌入、多方协商的资源软嵌入以及乡规民约的结构软嵌入的行动逻辑（张雪等，2019）。总体来说，这些多采用单案例研究法，所得结论不具有普遍性。本书从多个 NGO 项目出发，借助质性研究软件，可以更客观、全面地描绘清晰的互动逻辑，总结一般规律，并分析不同类型组织在嵌入过程中是否具有不同特点。

"嵌入性"思想最早由经济史学家 Karl Polanyi 提出，他认为 19 世纪前人类经济行为是以嵌入社会的方式发生的整体性行动，研究经济行为的动机必须充分考虑诸多社会因素。该思想深刻但对"嵌入"概念缺乏明确定义，但也正由于此使得"嵌入"概念具有广泛解释力。1985 年，Mark Granovetter 对这一思想进行了更为系统化的研究，认为经济行为受到社会网络中人际互动所产生的以信任、文化、声誉等作用机制为基础的社会关系和社会结构的影响，嵌入主体为"经济行为"、客体为"社会关系"，"信任、文化"等则为嵌入方式，为研究经济行为问题提供了可操作层面的指导。随后，"嵌入"概念延伸到社会学、管理学、政治学等诸多领域，学者们从各自学科视角出发对嵌入的内涵进行了具体拓展，"嵌入性"研究逐渐形成两种研究路径：一种是遵循"嵌入"本原意义，关注解构经济行为（嵌入主体）和社会关系（嵌入客体）要素，形成了如 Sharon Zukin 等提出的认知嵌入、文化嵌入、结构嵌入以及政治嵌入等几类分析框架；另一种则扩展了嵌入的本义，把嵌入的内涵扩大到两个主体之间的互依、相适，被用来描述两个系统相互衔接、互动的过程和状态，研究范畴逐渐泛化。由于"嵌入性"概念具有高度的理论抽象性和广泛解释力，为解释复杂的社会现象提供了新思路。21 世纪初期，国内引入嵌入性理论，许多学者对该理论进行了丰富与拓展，例如，王思斌（2011）将其引入社会工作研究，从结构角度理解嵌入思想，创造性延长了嵌入性概念分析链条，提出了嵌入主体、嵌入对象、嵌入过程和空间、嵌入效应等延展性概念。本书在上述研究的基础上，借用王思斌对嵌入性理论的拓展分析，以"嵌入主体、对象（客体）、过程和空间、效应"为初步分析框架，来解释和说明 NGO 嵌入社区发展过程。首先明确嵌入主体为 NGO，嵌入客体为当地社区的社会文化系统，通过对多个 NGO 开展社区项目经验的比较分析，深入探讨 NGO 嵌入社区发展的过程模式。

2）嵌入要素提炼筛选

采用扎根理论围绕着"NGO嵌入社区发展过程"这一核心研究问题，借助软件NVivo 12.0对访谈录音材料进行分析。第一，将受访者的录音材料转化为文字材料，累计转录文字材料约8万字；第二，对转录材料进行逐字逐句地密集分析，再进行自由节点和树形节点编码；第三，探寻各主题之间的关系，对相似内容节点进行合并，最终构建逻辑框架（韩黎等，2015）。研究共整理出自由节点28个，其中参考点187个，因编码文本较长，故仅节选部分内容示例，见表5-4-6。

表5-4-6 自由节点编码过程示例

资料来源	原始文本	初级编码
S11	因为他们接了青海省林业厅的一个项目，通过青海省林业厅，我们乡上的一个乡长，他以前是林业局的，通过他我们就对接上了，他们提出的一些想法或者是一些理念，跟我们学校自身追求的一个目标是非常吻合的。所以我们就一直合作到现在	目标契合、人际关系
N3	另外一个是，当时跟政府合作非常顺利。昂赛乡是在几年前就是我们跟其他同级别的这个政府机构里合作最顺利的一个吧，所以后来顺理成章地在这儿开展了	合作顺利度
N5	但是神山这边都很支持我们，这不是政府的问题，这跟地方领导是什么样的一个人，有直接联系	关键领导人
S10	帮助是有一点帮助的，他们就是像一般我们有客人来的，不都是会有那种一次性杯子吗，协会那边给他们提供了很多茶杯，不是那种一次性的，还有就是去年还是前年，他们不是有雪灾吗，他们就是筹了一点钱，给那个那些牛羊买了草。就是举办一些活动的时候会给他们一些建议，应该怎么怎么做呀之类	资金嵌入、理念嵌入
N3	刚开始进来的时候肯定是通过政府的渠道，谈好哪些合作，进来开始做培训啊什么的，但是时间长了，这块有站点了以后，这个角色可能慢慢就稍微转变一下，当地牧民可能就会把我们当作跟政府之间的一个桥梁，毕竟我们天天在这，他每天过来喝个茶，聊个天，像他们邻居一样	空间嵌入、关系嵌入
N2	马帮现在还没有接待过客人，之前都是接待我们的一些朋友和考察团队。今年（2019年）7月开始招募自然体验的游客。协会来招募，先培训他们几年，让他们自己做，我们就退出。希望让甘达成为一种模式	自生能力
S2	他们有参与的意愿，主要是负责人带他们一起去参加活动。他们都愿意参加活动	参与意识

采用持续比较技术，在 28 个初始编码节点基础上进一步进行主题归纳，同时将无法形成潜在主题的节点归入"其他"；对于编码隶属资料项数少于 3 项的节点予以归并或删除，最终共得到 9 个二级编码，即目标契合、社会关系、结构嵌入、邻里嵌入、文化嵌入、资源嵌入、保护效果、参与意识、自生能力。在二级编码的基础上，对主范畴进行凝练，最后得到嵌入前因、嵌入过程、嵌入效应 3 个核心范畴（图5-4-4）。

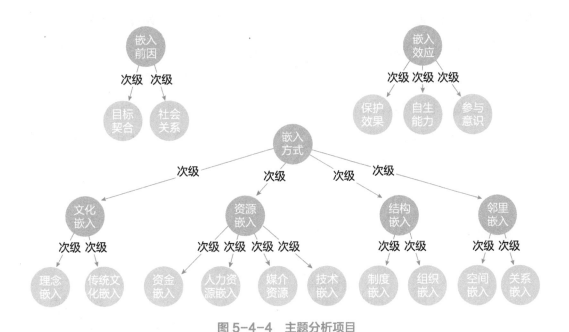

图 5-4-4　主题分析项目

3）框架构建及解释

（1）嵌入前因：目标与关系的双重决定

在进一步对资料概括分析的基础上建立了自然保护类 NGO 嵌入社区发展的逻辑框架（图 5-4-5）。首先，每个 NGO 带着自己的核心理念和已有的项目经验选择新的社区开展项目，双方的目标契合度和社会关系度决定了项目能否开展，例如，关于山水自然选择在昂赛开展自然体验项目的原因。受访者 N3 表示："我们做项目是先看这个地方适不适合，再去找当地的人。这有好多的契机，一个是这确实是一个很好的雪豹栖息地，也是我们当时一起商量的吧，就因为当时是我们的一个英国专家过来考察这个雪豹栖息地，考察之后就觉得这里是一个特别适合带游客来观赏的地方。"社会关系则是指组织机构间或者领导人之间正式和非正式的社交网络。对此，受访者 N3 反映："还有一个原因是当时跟政府合作非常顺利。昂赛乡是在几年前就是我们跟其他同级别的这个政府机构里合作最顺利的一个吧，所以后来顺理成章地在这儿开展了。"初期关键领导人的意愿对项目开展起到重要作用。"这要看相关部门那个负责人是谁，他是什么样的人，这个人有直接的联系，比如说那个人他以前是学这个专业的，他一直关注这个，那他就特别支持这样的一些事情"。除此之外，外来的和本地的 NGO 介入方式也存在差异，外来 NGO（如 WWF 和山水自然），通常都是和当地政府建立联系，通过政府一级一级地对接村级组织；而当地 NGO（如三江源生态环保协会和原上草）则拥有较多的当地人际关系资源，会直接选择对接当地村委会或者小型生态环保组织来开展活动。

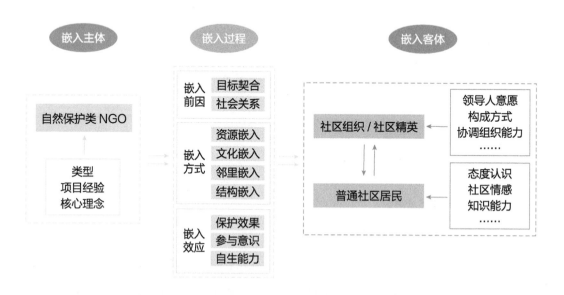

图 5-4-5　自然保护类 NGO 嵌入社区发展的逻辑框架

（2）嵌入方式：资源、文化、邻里、结构的四维嵌入

在达成项目合作意愿后，NGO 就开始了与社区间多维的嵌入方式。

第一是资源嵌入。NGO 可以给社区带来资金、技术、媒介、人员资源。对此，受访者 S11 表示："他们然后再通过这个给我们对接一些基金会，就是像 2016 年的时候首届生态环保戏剧节所需的一些费用，都是他们给我们资助的。"而社区可为 NGO 项目提供人力资源支持，尤其是在三江源这样的高海拔地区，对人员身体素质要求较高，要实现长期保护还是主要依靠世代生活在这里的居民。

第二是文化嵌入。NGO 会给当地居民做一些理念培训，在了解当地社会结构、生活方式的基础上将传统文化融入其中，使项目开展更为顺利。这点在三江源地区社区项目中尤为突出，当地居民普遍信仰藏传佛教，藏传佛教中有不杀生等生态思想，本身就有较好的保护基础，因此 NGO 在开展项目时都会注重结合当地的传统文化来实施，如三江源生态保护协会甘达工作站的水源保护行动结合了水祭祀文化，原上草致力于推动的自然圣境保护模式等。对此，受访者 N5 提道："要做保护的话，就要结合当地的生活方式和文化，这些全部结合起来，这些问题才能解决，做生态保护也要把生态的理念、方法纳入进来，这两个分开的话很多问题都是解决不了的。"

第三是邻里嵌入，包括空间嵌入和关系嵌入。空间嵌入是指组织在当地社区地理性（引用）嵌入，通常是建立工作站以及划分管理区域的方式，如三江源保护协会将甘达村划分成 23 个保护小区，由家庭负责保护小区内的水资源管护。关系嵌入是指 NGO 与社区居民的关系逐步加深，通过日常接触，NGO 深入了解社区居民需求，建立信任关系。例如，受访者 N3 提道："当地牧民可能就会把我们当作跟政府之间的一个桥梁，毕竟我们天天在这（指工作站），他每天过来喝个茶，聊个天，像他们邻居一样。"

第四是结构嵌入，包括组织嵌入和制度嵌入。组织嵌入是指 NGO 帮助当地成立社区自组织，实现自我管理，如三江源生态保护协会在甘达建立的"水共管委员会"，原上草自然保护中心组织的玛沁县生态保护协会等。制度嵌入则是指 NGO 带

给当地一些现代管理理念和制度，当然社区也会根据实际情况反馈并调整，互相融合。受访者 N3 表示："基本上这边行动的一个思路就是我们提供一套流程的建议，然后一块儿开会，开会完了以后大家一块去协商如何决策。"因此，社区精英就起着重要的号召作用，NGO 也都很注重对社区精英进行能力培训。通过访谈得知，社区精英一般都是政治精英（村委会干部）或者对公共事务具有极大热情、品德好且具有公信力的社区成员。三江源地区还有一个特点就是宗教人物作用极大，所以 NGO 也会通过联系宗教人物来号召人们参与环保行动。受访者 N4 表示："一般做社区工作的时候，会联系带头人，他们特别愿意参与，有想法，而且会带着其他人过来。"

（3）嵌入效应：保护、意识、能力的三位提升

就嵌入的功能而言，一个事物进入另一个事物中会在两者间产生新的联系，这样的效应能使两个事物在形成紧密关联的基础上实现共同发展，达到一种自洽的状态（刘彦武，2017）。就自然保护类 NGO 开展的社区治理来说，首先应重视的是保护效果，但保护效果基本取决于社区居民的直观判断和 NGO 的自评，较少有外部机构对社区项目的保护效果来进行系统评估。各个组织都会推出项目工作报告（季报或年报），向社会报告保护工作成果，报告内容涉及野生动植物监测调查（数量是否增多、分布范围是否有所变化等）、水源水质监测调查、保护行动参与人数、民间环保组织培育情况等。此外，NGO 开展社区项目的最终目的都是希望社区能够进行自发保护，并且通过绿色生计项目从保护中获益，从而实现社区保护闭环，NGO 成功退出社区，因此社区项目是否成功还取决于居民的参与意识和自生能力变化等。以 NGO 在措池村开展的环保活动为例，2004 年，三江源保护协会支持措池村成立了自发的民间保护组织——"野牦牛守望者"，开始了野生动物巡护工作。2006 年，引入国际环保组织"协议保护"的社区保护项目，保护区管理局向社区居民授权。两年时间内该项目共划出了 5 个野生动物保护小区、13 个水源保护地和 3 条野生动物迁徙通道等，有效促进了当地野生动物种群的恢复。措池村的环保活动已经开展了十多年，在特许保护赋权、社区自治、生态补偿激励等方面作出了有益实践（黄春蕾，2011），取得了明显成效，为当前三江源国家公园各项举措提供了经

验借鉴。

（4）嵌入过程中的经验及问题

在横向比较中发现，一些 NGO 在社区号召居民开展自然保护行动中取得了以下重要经验：第一，融合科学知识和地方知识，重视发挥当地传统文化体系中的力量来推进保护工作。在保护过程中融入地方知识，可以使社区居民更容易理解环境的意义和变化，增强其保护的积极性。第二，积极培育社区自组织，加强对社区精英的能力培养。利用现有村集体架构培育社区环保或生计组织时，NGO 要注意自身角色定位是辅助者，引导社区提出解决问题的办法，强调当地社区居民的主动性。

当前 NGO 在与社区互动的过程中处于主动地位，社区居民更多处于相对被动的状态。目前嵌入过程中仍存在一些问题：第一，资金使用的公开性和透明度不够。社区工作经常会涉及资金问题，如水共管委员会的保护基金、昂赛自然体验项目的收益分配使用。当前这些资金的使用情况尚不够公开，居民们会对资金的使用存疑，影响双方间的信任度。第二，NGO 开展社区工作的方式方法有效性不足。例如，部分社区工作者提到在一些公开会议中，居民们通常不擅表达，而在日常聊天中更能发现居民的真实需求。NGO 要明确自身是沟通政府与社区的重要桥梁，要引导和代表社区居民发声，回应社区需求，根据目标、社区居民类型和适当的参与水平来选择方式方法，并根据决策情况进行调整。第三，公开会议中社区居民参与的实效性不足。研究表明，决策的质量在很大程度上取决于导致决策的过程性质（Reed，2008）。在研究中发现，一些公开会议基本是以策划者为中心，仅限于告知和说服参与者有关计划事宜，尽管社区参与了决策过程，但实际上并没有影响决策。如昂赛生态体验户收入的比例分配问题，虽然社区居民参加了比例制定的会议，由于其表达能力有限以及流程限制等因素，在决策过程中社区居民并未有效地反映意见，导致后续出现社区居民不满等问题。以后应该为社区居民提供更多影响实际决策的机会，而不是追求"参与仪式感"，否则决策过程就不能真正解决问题。

5.4.3.4　NGO 参与机制建立存在的问题

当前三江源国家公园 NGO 参与机制的建立还存在以下问题：

1）行政监管流程基本形成，但法律保障机制仍不完善

随着《社会团体登记管理条例》《基金会管理办法》《关于改革社会组织管理制度促进社会组织健康有序发展的实施意见》等法律法规的相继出台，青海省也结合自身情况制定了相关社会组织管理条例和办法。当前，三江源国家公园自然保护类 NGO 已有明确的登记管理和进入审核流程，总体来看，行政监管流程规定较多，但缺乏管理机构与自然保护类 NGO 合作的法律引导，在自然保护类 NGO 的权责范围、利益表达的法律渠道以及与管理机构的合作形式等方面的法律指导尚不明确。另外，双重管理制度以及注册登记的系列硬性指标将当地许多自然保护类 NGO 挡在了合法的门槛之外，这不仅使管理机构对自然保护类 NGO 的监管不能全面覆盖，也影响自然保护类 NGO 自身的正常发展。

2）管理机构控制合作主导权，自下而上合作交流渠道缺乏

目前，活跃在三江源国家公园内的自然保护类 NGO 在组织合法性、活动许可权等方面由管理机构管控，而管理机构虽然在专业公共服务、知识与技术等资源方面与自然保护类 NGO 进行合作，但这些对于管理机构来说并不是关键性资源。双方资源的不对称性导致合作地位的不对等，管理机构在合作中具有绝对话语权。另外，当前国家公园虽已探索了一些如年度主题会议、公益项目招募等合作交流渠道，但这些渠道并未大众化和常态化，且管理机构占据绝对主导权。而当前自然保护类 NGO 自下而上主动谋取与管理机构的合作，主要是通过自然保护类 NGO 关键人员的人际关系渠道达成，但关系社会形成的非正式合作渠道说明，自然保护类 NGO 缺乏合作的交流渠道。

3）各方合作意愿高，但合作需求与合作能力不匹配

管理机构与自然保护类 NGO 双方资源及功能有互补性，双方都有较强的合作意愿，但为何出现合作不畅这一现象，究其原因主要是双方合作需求与合作能力不匹配。调研发现，一方面管理机构希望有专业知识背景的自然保护类 NGO 加入，对于

那些无专业知识背景仅组织群众进行一些垃圾清理行动的自然保护类 NGO 的需求并不大。但目前的自然保护类 NGO，其自身能力和专业知识背景大多达不到管理机构的要求，而能达到要求的外来自然保护类 NGO 又面临高原环境、社区信任、语言障碍等问题，从合作能力上看，能够独立满足管理机构需求的自然保护类 NGO 较少。另一方面，当前管理机构工作人员大多是从各个部门整合过来的，一些管理人员存在专业不对口现象，加之自然保护类 NGO 项目的专业性，管理机构虽作为自然保护类 NGO 的业务主管单位，但实际上指导和评估自然保护类 NGO 项目的能力较弱，目前只是简单规范自然保护类 NGO 项目的合法性，还达不到自然保护类 NGO 在业务指导方面的合作需求。

4）合作透明度不高，缺乏社会监督和合作效果评估

目前管理机构与自然保护类 NGO 合作的公开性低、透明度不高，一方面加深了公众的不信任感，影响合作项目的顺利运行，另一方面由于缺乏第三方的监督和评估，致使合作效果的公信度较低。同时，由于管理机构自身的局限性，主要是以年检的方式进行基本合法性方面的监督和评估，而缺乏在合作过程中的监督跟进、合作效果评估考核及奖惩，因此一些合作效果不尽如人意，自然保护类 NGO 的成果分享度不高。另外，在合作效果评估方面，公众感受是一个很重要的评估因子，因此仅靠管理机构一方来监督、评估是完全不够的。

5.4.4　三江源国家公园 NGO 参与机制的优化

5.4.4.1　建立完善的法律保障机制：营造良好的合作法治环境

建立完善的法律保障机制，是提高合作效能的首要前提。应简化目前过多的行政监管流程规定，适当放宽一些注册登记的硬性规定，建立自然保护类 NGO 合作的负面清单，引导自然保护类 NGO 走向合法化，而不是限制其合法化。此外，管理机构在事务运营中会有更多与自然保护类 NGO 合作的机会，因此应尽快建立一套有关双方合作的法律引导框架，规范自然保护类 NGO 发展并正确指导其与管理机构之间的合作，细化部分过于笼统的法律法规，明确双方在合作中的角色定位、权责范围、利益表达的法律渠道、可获取的合作形式等，为双方合作营造良好的法治环境，促使合作的规范化、法制化，如图5-4-6所示。

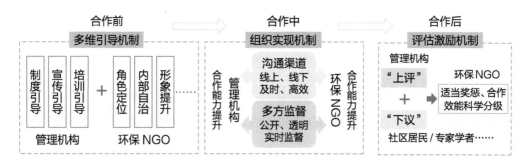

图 5-4-6　自然保护类 NGO 参与机制框架

5.4.4.2　建立及时、高效的沟通机制：自下而上合作路径的规范与创新

建立及时、高效的沟通机制，是提高合作效能的充分且必要条件。应将当前的年度主题会议沟通形式常态化，提高交流频次，使其更具时间弹性，解决年度交流可能造成的滞后性；同时要使这种会议交流形式更加大众化，将其搭建成为各类自然保护类 NGO 都可参与的交流平台，促使合作公平、公正、公开。同时创新利用互联网、新媒体等线上沟通平台，为自然保护类 NGO 设计线上利益表达及进行合作的窗口，使其自下而上有合作路径可寻。

5.4.4.3　建立双向能力提升机制：提高合作需求与合作能力的匹配度

建立双向能力提升机制，是提高合作效能的关键要素。一是管理机构可通过定期邀请一些专家学者或自然保护类 NGO 内部人才对相关工作人员进行主题培训，提高管理机构在业务指导、监督和评估等方面的能力；二是自然保护类 NGO 应加强内部管理，定位明确，发挥好自己的竞争优势，并主动寻求与其他自然保护类 NGO 或其他外部资源的合作，建立自然保护类 NGO 伙伴联盟，提高与管理机构合作的能力；三是管理机构应主动公开合作诉求，让自然保护类 NGO 协助管理机构解决问题，提高能力，从而更好地进行合作。

5.4.4.4　建立第三方监督评估机制：提高合作效果的质量和公信力

建立第三方监督评估机制是提高合作效能的重要保障。应将合作事项公开化、透明化，提高公众的知情权，构建第三方监督和评估的渠道，从而弥补管理机构自身监督的不足。还可通过与第三方的合作建立自然保护类 NGO "上评下议" 的绩效考核和奖惩制度，规范自然保护类 NGO 发展，并对自然保护类 NGO 合作效能进行科学分级，为管理机构选择合作对象提供科学依据，进一步保障合作的质量和公信力。

5.5　三江源国家公园志愿者参与机制研究

5.5.1　三江源国家公园志愿者参与概况

5.5.1.1　三江源国家公园志愿者发展脉络

在三江源还未建立保护地的时候，志愿者服务是自发探索阶段。三江源国家公园体制试点区志愿者发展的起始地是可可西里国家级自然保护区。20 世纪 90 年代，盗猎者大规模屠杀藏羚羊，导致藏羚羊的数量急剧下降。为此，1990 年，青海玉树藏族自治州成立了 "西部工委" 来加强野生动物保护，最先加入的是一群没有正式编制的藏族民兵，他们协助当地的公安、武警打响了可可西里野生动物保卫战，其主要工作是保护野生动物、破获盗猎案，这群民兵就是 "野牦牛队"。这个时期志愿者的管理模式是属于 "第三部门" 管理模式，因为可可西里最早的民兵组织是以家族的形式来保护当地的野生动植物。

组织发动阶段。民间组织 "绿色江河" 启动了 "索南达杰自然保护站志愿者计划"，该计划每年在全国招募 30 名志愿者，对其进行短期培训后分配到索南达杰保护站志愿服务一个月（泽雅，2005）。经过 40 多名志愿者 4 年的艰苦努力，1997 年 9 月 10 日，可可西里东侧的昆仑山山脚建立了中国民间第一座自然保护站——索南达杰自然保护站。1997—2000 年，志愿者服务内容包括生态环境保护的宣传和培训、野生动物调查、保护站维护、展厅布置等。

多元发展阶段。在该阶段，政府与 NGO 共同管理志愿者。2002 年 2 月 5 日，可可西里自然保护区管理局发起了可可西里生态和藏羚羊保护志愿者活动，第一年通过招募，来自全国各地的 40 多名志愿者参与了各种活动及服务内容。同时，还有来自全国各地的一些编外志愿者在可可西里参加了短期志愿者活动。志愿服务内容包括宣传、解说、保护野生动物、保护生态环境、巡护、捡垃圾，此时也有更多的 NGO 及高校学生自行组织团队前往可可西里进行志愿服务。原来的民兵志愿者被收编为保护区管理机构在编人员，也有一些企业开始进入服务，如恒源祥从 2003 年资助成立可可西里藏羚羊救护中心。三江源国家公园正式成立以后，越来越多的组织机构、企业、个人、社会组织等前往三江源国家公园开展志愿服务工作，为保护三江源贡献自己的力量。

5.5.1.2　三江源国家公园志愿者参与情况

在对三江源国家公园志愿者参与机制进行分析前，首先通过网上资料，梳理了三江源国家公园志愿者参与的情况，从而为后期志愿者参与现状及机制的深入分析积累前期研究资料。本书根据志愿者参与的组织形式对三江源国家公园志愿者参与现状进行梳理和分类，得到的三江源国家公园志愿者参与现状汇总如表 5-5-1 所示。

表 5-5-1　三江源国家公园志愿者参与概况①

类别	组织机构名称	志愿活动或项目名称	服务内容	服务地点	服务时间
政府直接组织型	果洛藏族自治州玛多县	保护母亲河，我们在行动	垃圾清理	黄河源园区牛头碑风景区	2017 年 1 次
	青海省关工委、老干部局、省林业厅、团省委等组织	老少共携手，保护三江源	保护水源、植树造林	三江源腹地	2017 年 1 次

① 根据网络资料汇编。

续表

类别	组织机构名称	志愿活动或项目名称	服务内容	服务地点	服务时间
政府组织型	可可西里自然保护区管理局	可可西里环保志愿者	管理站日常工作事务、巡护、捡拾垃圾、展厅讲解、喂养动物等	长江源园区可可西里	2002 年至今
	三江源国家级自然保护区管理局	澜沧江生态考察志愿者	联合安利公益基金会招募志愿者进行生物多样性、生态环境现状调查	澜沧江源园区	2019 年1 次
非政府组织型	绿色江河	—	宣传、环境保护、公路巡护、垃圾清理	长江源园区索南达杰保护站、青藏公路沿线	1995 年至今
	三江源生态环境保护协会	—	宣传、行政、环境教育、社区培训、传统生态文化收集、整理及研究、生态系统检测、调研和评估等。此外，还招募青海本地大学的实践团队或学生一起从事上述服务内容	长江源园区、澜沧江源园区	2001 年至今
	山水自然保护中心	昂赛保护站	社区服务（能力培训、产业发展、人兽冲突等）、自然体验、监测、环境教育等	澜沧江源园区昂赛	2007 年至今
	自然之友		藏羚羊保护、垃圾分类减量、自然资源科普调查	长江源园区可可西里	长期关注
	阿拉善 SEE 生态协会		高原垃圾治理、植树防沙、污染治理、生态保护与自然教育、环保科考。此外，多次资助绿色江河、三江源生态环境保护协会、山水自然保护中心等组织开展志愿者项目	长江源园区、澜沧江源园区	2002 年至今
企业组织型	广汽传祺（员工志愿者及对外招募志愿者）	—	生态环境深度调研、生态环境保护、物资捐赠、对外宣传及传播	黄河源园区、长江源园区	2016 年至今
	华硕三江源绿色志愿者行动		传播绿色科技环保理念、自然资源考察和分析、学校爱心物资发放等	三江源地区	2008 年1 次
	宝马		携手山水自然保护中心，从事雪豹及生物多样性监测与研究、草场监测与基础研究、巡护、人兽冲突、垃圾分类与处理	澜沧江源园区	2013—2016 年

续表

类别	组织机构名称	志愿活动或项目名称	服务内容	服务地点	服务时间
科研院所及高校社团组织或实践团队	北京林业大学山诺会	风行西里	生态环境保护、社区共管、草原保护等三江源生态人文调研。活动包括宣教、知识科普	长江源园区	2016 年至今
	中国人民大学自游人协会		科考	长江源园区	2016 年 1 次
	南京航空航天大学	爱在可可西里实践队	保护站日常工作、公路巡护、垃圾清理、展厅讲解	长江源园区	2017 年至今
	北京航空航天大学	守望可可西里实践队	保护站日常工作、公路巡护、垃圾清理、展厅讲解	长江源园区	2017 年暑假，1 次
	中国地质大学（北京）	爱在可可西里实践队	保护站日常工作、公路巡护、垃圾清理、展厅讲解	长江源园区	2017 年 1 次
	北京工业大学自然爱好者协会	—	拯救藏羚羊，生态环境考察，索南达自然保护站建站、维护，草原生态考察、支教等	长江源园区	1998—2001 年
	清华大学山野协会	—	考察园区生态体验项目	澜沧江园区	2002 年 1 次

通过对三江源国家公园志愿者参与情况的梳理，发现志愿者参与的方式包括政府直接组织型、非政府组织型、企业组织型、科研院所及高校社团组织或者实践团队。在政府直接组织型中，只有长江源园区可可西里志愿者是长期的，其他都是一次性志愿活动，活动内容多以垃圾清理、植树为主，为浅层次的参与。在非政府组织型中，较为活跃的组织有绿色江河、山水自然保护中心、三江源生态环境保护协会、自然之友以及阿拉善 SEE，这些组织在三江源国家公园实施志愿者项目，并招募志愿者前往三江源国家公园参与志愿服务，志愿服务内容多样，为深层次的参与，且具有持久性；企业组织型更多以捐赠物资为主，招募志愿者的计划多是和管理部门或者 NGO 合作进行；科研院所及高校社团等组织或者实践团队是高校学生自发组织前往三江源国家公园参与志愿服务，他们既可以向管理部门申请，也可以向一些正在实施志愿者计划的 NGO 申请成为三江源国家公园志愿者，为国家公园服务。高

校自发组织的志愿者参与内容也极为丰富，但是很多高校可能只开展一次参与活动，不过也有少数高校积极维护与三江源国家公园的关系，多次前往三江源国家公园为其服务。志愿服务内容与各组织的性质有关，包括环境保护类、游客服务、解说服务、科学研究、科研监测等。

通过前文对三江源国家公园志愿者参与情况的初步判断，总体来说，NGO、高校学生（通过社团或者实践队形式）是三江源国家公园志愿服务的重要力量，是本书后期着重分析的对象。志愿服务内容包括垃圾处理、巡护、照顾及喂养动物、动植物种类调查、雪豹检测、环境监测、人兽冲突研究、社区共管研究、社区培训、展厅讲解、纪念品售卖、宣传片拍摄等，为后文志愿者参与内容的建构及调查提供了思路。

5.5.2　研究方案设计与实施

5.5.2.1　研究方案设计

1）研究问题

通过文献阅读、案例分析及对三江源国家公园志愿者参与的现状进行初步梳理后发现，国家公园管理部门是志愿者的需求方以及管理方，对志愿者参与机制采取自上而下的管理。作为参与主体的志愿者是整个参与机制运作的核心，在志愿者参与机制中是"自下而上"地参与。而作为中间介质的 NGO，有着多重身份，既可与管理部门合作，是引导者和组织者，又可作为志愿者参与国家公园活动，连接志愿者与国家公园 [1]。所以，本书将从管理部门、NGO 及志愿者 3 个视角进行分析，进而得出适用于三江源国家公园管理中的志愿者参与机制。确定研究构想后，再通过实地调查、实地访谈和志愿者问卷调查，解决以下问题：

---

[1] 考虑到调研的可实施性，本书并未将企业作为第三方力量研究，仅选择在三江源国家公园中比较活跃的第三方力量—— NGO 作为研究对象。

①三江源国家公园现在的志愿者参与模式是什么样的以及是如何运作的？

②三江源国家公园管理部门对志愿者参与的意愿、需求和态度是怎样的？

③ NGO 在志愿者管理上是如何运作的？ NGO 在三江源国家公园志愿者参与中是什么角色？如何与管理机构及志愿者之间互动？

④三江源国家公园志愿者的基本服务特征、动机以及影响因素是什么？

⑤管理机构对志愿者的需求及回应与志愿者所能提供及所需要的是否存在差异？主要差异是什么？这种差异如何解决？管理机构、NGO 以及志愿者之间的关系是怎么样的？

⑥研究得出的管理机构、NGO 及志愿者三者对三江源国家公园志愿者参与的结论，如何指导三江源国家公园志愿者参与机制的构建及运作？

2）调研设计

本书针对三江源国家公园管理部门、NGO 及志愿者采用不同的调研方法，具体如图 5-5-1 所示。

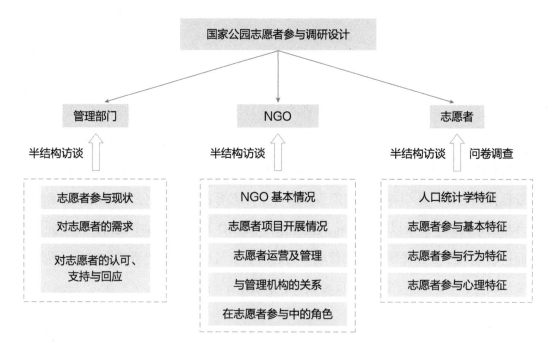

图 5-5-1　三江源国家公园志愿者参与调研设计

（1）针对三江源国家公园管理部门的调研

作为机制的制定者、执行者以及管理者，管理部门的态度对志愿者参与机制的研究有直接的影响。所以，研究的第一步是基于三江源国家公园管理部门的视角，了解三江源国家公园志愿者参与的现状，以及管理部门对志愿者参与的意愿、需求和回应。围绕该问题，本书设计了针对三江源国家公园管理部门的访谈记录表。访谈问题包括 3 部分：现有的志愿者参与模式、对志愿者参与的意愿及需求、对志愿者参与的认可支持与回应，总计 10 题（附录 4-1）。在访谈中，根据访谈的进行及回答情况，会适当改变及增加访谈问题。访谈记录均登记在访谈记录表上（附录 4-2）。

（2）针对 NGO 的调研

本节前文提出的问题 3、5、6 需要通过对 NGO 的具体调查来解决。本书采用半结构深入访谈的方法对活跃在三江源国家公园的 NGO 进行访谈。访谈内容包括 NGO 的基本情况、志愿者项目开展情况、志愿者运营、遇到的困难或问题、与管理部门及政府的关系、在三江源国家公园志愿者参与中的角色，共 6 个问题（附录 4-3），根据访谈的进行及回答情况，会适当改变及增加访谈问题。访谈记录登记在访谈记录表上（附录 4-2）。

（3）针对志愿者的调研

本节前文提出的问题 4 ～ 6 需要根据对志愿者的具体调查来解决。针对志愿者的调研包括两部分。第一部分针对已经参与过的志愿者进行深入访谈，了解志愿者的行为特征，并将所获得的信息用于第二部分的问卷调查。第二部分问卷调查结合三江源国家公园，对已经参与过的志愿者和潜在的志愿者进行调研，了解他们基本特征的同时，对比看二者之间是否存在差异。

①半结构访谈

这部分内容是从受访者的视角，探究已经在三江源国家公园进行过志愿服务的志愿者的特征以及志愿活动对个人的意义，为后面针对三江源国家公园志愿者参与的问卷设计及调查奠定基础。

通过与已经服务过的志愿者的访谈，设计了访谈提纲（附录 4-4）及访谈记录表（附录4-2），访谈内容包括3部分：志愿者的基本特征、志愿者参与动机、志愿者参与的影响因素。访谈提纲围绕研究问题进行，根据访谈的进行及问题回答情况，适当改变访谈提纲及问题。

②志愿者调查问卷

本书在相关文献研究方法的基础上，结合三江源国家公园已参与活动的志愿者的访谈结果和三江源国家公园的具体情况，研究设计了针对已经参与过活动的志愿者的调查问卷及潜在志愿者的调查问卷。

针对已经参与过活动的志愿者的调查问卷。针对已经参与过活动的志愿者的调查问卷，主要包括以下4部分内容（附录4-5）。

第1部分为志愿者服务经验及基本情况。包括之前的志愿者服务经验（不限于三江源国家公园）和在三江源国家公园志愿服务时的基本情况。三江源国家公园的志愿服务基本情况包括志愿服务时间及时长、获取志愿服务信息的渠道、参与方式、服务内容、成为志愿者的流程、激励来源。此外，也询问了志愿者对三江源国家公园的了解程度。

第2部分为志愿者的参与动机调查。在前人研究和访谈分析的基础上，总结出了22个测量指标，具体测量使用5级李克特量表。

第3部分为志愿服务的影响因素。根据前面理论研究及扎根分析，并结合三江源实际情况，总结出了18个测量指标，具体测量使用5级李克特量表。此外，这部分还调查了志愿者对志愿服务经历的评价，以及他们对志愿服务的意见和建议。

第4部分为志愿者的人口统计学特征等基本情况的调查。包括志愿者的性别、年龄、学历、职业、政治面貌、月收入、居住地等。

针对潜在志愿者的调查问卷。针对潜在志愿者的调查问卷，主要包括以下5部分内容（附录4-6）。

第1部分为其他志愿服务经验。包括参与志愿服务的频率和类型。

第2部分为对三江源国家公园志愿者参与的认知、参与意愿。首先调查了其对三江源国家公园的了解程度，接下来用3个问题来了解志愿者的认知及参与意愿。此外，这部分还调查了志愿者期望获取信息的途径、参与内容、参与方式及奖励类型。

第 3 部分为志愿者的参与动机调查。此部分采用和已经在三江源国家公园服务过的志愿者的动机相同的测量指标和方法。

第 4 部分为志愿者服务决策的影响因素。此部分采用和已经在三江源国家公园服务过的志愿者的影响因素相同的测量指标和方法。

第 5 部分为志愿者的人口统计学特征等基本情况的调查。包括志愿者的性别、年龄、学历、职业、政治面貌、月收入、居住地等。

5.5.2.2　调研实施

1）调研实施阶段

本次研究共包括 3 个调研阶段。针对不同的研究主体调研持续阶段也不同。

第一阶段是 2018 年 7 月 11—18 日，去三江源国家公园实地调研之前，联系已经去过三江源国家公园服务过的志愿者进行深入访谈。访谈对象的选择采取随机抽样、滚雪球式抽样与方便抽样法相结合。深入访谈之后，由这些志愿者推荐可能愿意接受深度访谈的志愿者。第一阶段获得部分志愿者访谈数据。

第二阶段是 2018 年 7 月 20—27 日，前往三江源国家公园进行实地调研。主要开展的工作包括 4 部分：①在三江源国家公园管理局、管理委员会、管理处以及部分保护管理站所在地对各级管理部门的工作人员进行深度访谈。以半结构方式进行，在三江源国家公园管理局的帮助下，采用提前预约的方式。访谈一般在办公室中进行，时间为 15 分～1 小时。为了深入了解管理部门对志愿者的态度，选取的访谈对象涉及三江源国家公园各级管理部门的人员。②对正在三江源国家公园内活跃的NGO 工作人员进行访谈。③对正在三江源国家公园参与志愿服务的志愿者进行深入访谈。以上均是在征得访谈者同意后，对访谈进行了录音，同时辅之以部分照片拍摄。每次访谈由一名访谈者进行提问，其他成员予以补充提问，并负责记录，访谈结束后将录音转换成文字，以便后续分析。④与三江源国家公园志愿者参与相关的各类二手资料的搜集。

第三阶段是 2019 年 1 月 2 日—3 月 12 日，问卷调查和补充调研。主要开展工作包括：通过电话补充对管理机构的访谈，通过面对面、电话、邮件补充对其他NGO的深入访谈，通过面对面、电话、微信继续对已经参与服务的志愿者进行访谈，通过网络问卷调查的方式获得志愿者研究数据4部分内容。需要说明的是，志愿者问卷调查采取随机和定向发放相结合的方法。定向发放是通过访谈结识的志愿者，让其将调查问卷转发给一起参与过志愿服务的志愿者，也转发给在三江源国家公园招募过志愿者的一些NGO，其也将问卷发到志愿者群，动员志愿者填写。随机抽样采取的是滚雪球抽样，通过定向志愿者的朋友圈转发、相关群内转发、贴吧转发等方式进行，详见表5-5-2。

表5-5-2　不同研究主体调研实施阶段

研究主体	调研方法	第一阶段	第二阶段	第三阶段
管理部门			√	√
NGO			√	√
志愿者	深入访谈	√	√	√
	问卷调查			√

2）调研实施效果

通过3个阶段的调研实施，最终本书获取了以下研究材料：

①针对三江源国家公园管理机构，获得9位工作人员的访谈记录作为一手资料，还收集了《三江源国家公园志愿者管理条例》《可可西里招募志愿者具体要求》等与志愿者相关的资料，以及一些从网页网站上获取的资料作为二手资料。

②针对NGO[①]，对活跃在三江源国家公园的三江源生态环境保护协会、绿色江河和山水自然保护中心的5位工作人员进行了深入访谈，并将访谈记录整理成文本用于分析。

---

① 结合第5章对三江源国家公园志愿者参与情况的梳理，以及调研的可实施性，最后选取了三江源生态环境保护协会、山水自然保护中心以及绿色江河作为NGO的调查对象。

③针对志愿者，包括 3 部分资料。一是对 9 位志愿者的深度访谈录音及笔录，二是在网络上通过筛选获取的 10 位志愿者的志愿服务感想，三是通过问卷调查获取 424 份问卷，其中有效问卷 407 份，详见表 5-5-3。

表 5-5-3　针对各研究主体调查的数据情况

研究主体	类型	具体内容	数量	有效数量
管理部门	质性分析	深度访谈	9	9
		二手资料	7	7
	合计		16	16
NGO	质性分析	深度访谈	5	5
	合计		5	5
志愿者	质性分析	深度访谈	9	9
		网络二手资料	10	10
	合计		19	19
	量化分析	调查问卷	424	407
	合计		424	407

3）调研成果处理

基于调研所获取的研究材料，本书针对不同主体的材料将采用不同的处理方法，具体如下：

①对管理部门的访谈记录进行整理，形成可用于进一步分析的文本资料，二手资料作为回顾一手资料中话语产生的语境、背景、政治等因素，挖掘话语的社会意义。

②对 NGO 的访谈记录进行整理，形成可进一步分析的文本资料，并以官方网站上的资料作为辅助分析资料。

③对志愿者的访谈记录以及网上获取的感想记录进行整理，形成可用于进一步分析的文本资料，将志愿者的问卷调查输入 SPSS19.0 中，供下一步研究。

5.5.3 结果分析

5.5.3.1 受访者基本特征

1）管理部门受访者基本特征

对访谈人员所在部门、工作性质等基本情况统计如表 5-5-4 所示。

表 5-5-4 深度访谈人群构成

编号	性别	所在部门	简介	访谈日期
TWM-1	男	三江源国家公园管理局自然资源资产管理处	负责国家公园与外界机构或者单位的合作等，也经常与志愿者接触	2018 年 7 月 19 日
TJM-2	男	三江源国家公园管理局生态保护处	该部门负责审核申请进入国家公园进行科研、调查、志愿团队服务等项目，对志愿者有所了解	2018 年 7 月 20 日
XMM-3	男	黄河源管委会	该部门经常与 NGO 接触，对志愿者有所了解	2018 年 7 月 21 日 2018 年 7 月 22 日
XMM-4	男	澜沧江源管委会	长期与 NGO 接触，并与很多志愿者有接触	2018 年 7 月 23 日
XZM-5	男	长江源管委会	与很多 NGO 有交流	2018 年 7 月 24 日
ZGM-6	男	长江源治多管理处扎河乡保护站	与活跃在治多县的很多 NGO 及志愿者都有接触	2018 年 7 月 24 日
XGM-7	男	长江源曲麻莱管理处	负责与外界的组织合作，与很多 NGO 及志愿者有交流	2018 年 7 月 24 日
XYM-8	男	长江源可可西里管理处宣教科	宣教科工作人员，宣教科是可可西里一直负责志愿者招募的科室，该科员长期与志愿者接触，对可可西里志愿者极为了解	2019 年 1 月 22 日
ZLM-9	男	长江源可可西里管理处索南达杰保护站	索南达杰保护站驻站人员，每年都和前来服务的志愿者有密切接触，一起工作、生活等	2018 年 7 月 27 日

注：编号中，第一个字母表示单位级别，T 表示正厅级，X 表示正县级，Z 表示乡镇级；第二个字母代表被访者的姓氏；第三个字母表示被访者的性别；阿拉伯数字代表序号。

由样本基本情况统计表可以发现本次访谈对象样本具有以下特征：

①受访者都是男性。

②受访者的工作部门属于三江源国家公园管理机制的不同层级，其中处于正厅级三江源国家公园管理局的有 2 人，处于正县级的三个园区的管理委员会及管理处的有 5 人，处于乡镇级的管理站级别的有 2 人。这样的样本分布有助于了解三江源国家公园各个管理层次对志愿者参与的看法。

③受访者的工作内容都与志愿者有关系，了解他们的工作内容，能更好地了解志愿者参与的情况。

2）NGO 受访者基本特征

对受访者所在 NGO、工作内容等基本情况统计见表 5-5-5。

表 5-5-5　深度访谈人员构成

编号	性别	所在部门	简介	访谈日期
SSLF-1	女	山水自然保护中心	昂赛保护站研修生，负责昂赛乡相关项目及昂赛工作站志愿者招募、管理等工作	2018 年 7 月 23 日
SSLF-2	女	山水自然保护中心	做过昂赛工作站志愿者，现为昂赛保护站研修生	2019 年 2 月 28 日
SSDF-3	女	山水自然保护中心	三江源草场项目负责人，长期待在三江源一带，与志愿者沟通交流较多，对项目开展比较熟悉	2019 年 3 月 4 日
SJDM-4	男	三江源生态环境保护协会	协会会长，熟悉协会各项业务流程，参与协会多项项目，与志愿者长期交流	2019 年 3 月 1 日
GRXM-5	男	绿色江河	从绿色江河最开始建立，就是绿色江河的志愿者，长期为该组织服务，现在主要工作为绿色江河组织在北京的面试官，负责志愿者的招募、培训等工作	2019 年 3 月 12 日

注：编号中，前两个字母是名称的缩写，第三个字母代表被访谈者的姓氏，第四个字母表示被访者的性别，阿拉伯数字代表序号。

由样本基本情况统计表可以发现本次访谈对象样本具有以下特征：

①受访者男女基本持平。

②受访者都是 NGO 中接触各类项目、负责项目运作及与志愿者接触较多的工作人员，从访谈中能了解到更多有用信息。

3）志愿者受访者基本特征

基于访谈提纲，将志愿者的个人特征、志愿服务内容、参与方式等基本情况统计如表 5-5-6 所示。

表 5-5-6 研究对象基本特征

编号	性别	参与方式	服务内容	备注
LF-1	女	通过山水自然保护中心	水獭样线调查	中国地质大学本科生，曾在大自然保护协会组织实习，现留学英国学习环境相关专业
MF-2	女	通过山水自然保护中心	工作站宣教展示设计	北京林业大学风景园林研究生，现在一家单位从事环境教育工作
GM-3	男	通过高校社会实践	可可西里日常工作	南京航空航天本科生，曾两次参与可可西里志愿服务，推动该校与可可西里建立起志愿者合作关系
LF-4	女	通过高校社团	三江源社区共管调查、科普宣教	北京林业大学风景园林专业本科在读，曾两次前往三江源做志愿者
WM-5	男	通过高校社会实践	可可西里日常工作	中国地质大学本科在读，实践领队
YF-6	女	通过高校社会实践	可可西里日常工作	北京航空航天大学本科在读，实践领队
CF-7	女	通过高校社会实践	青藏公路调研、可可西里日常工作	清华大学本科在读，带队前往可可西里
JF-8	女	通过高校社团	三江源社区共管调查、科普宣教	北京林业大学本科在读，已经参与一次，下一年将作为领队
JF-9	女	通过高校社会实践	可可西里日常工作	中国地质大学在读，两次作为志愿者前往可可西里
LF-10	女	通过山水自然保护中心	自然体验接待入户培训	现为山水自然保护中心的工作人员，在成为志愿者前从事编辑工作

续表

编号	性别	参与方式	服务内容	备注
WM-11	男	通过企业和绿色江河组织	长江水源地生态环境保护	社会人士，喜欢骑行
WM-12	男	通过绿色江河组织	测气象、取水样等科学研究	大学本科在读，一直很喜欢义工，在申请成为三江源志愿者之前还在大理双廊做过义工
XM-13	男	通过三江源生态环境保护协会	写文章、访谈以及宣传	对外经贸大学本科在读
YF-14	女	通过三江源生态环境保护协会	社区保护地	中国人民大学人口资源环境经济学研究生
ZF-15	女	通过山水自然保护中心	生态保护与社区建设	清华大学生命学院生物工程专业研究生
ZF-16	女	通过山水自然保护中心	生态与社区建设	中国人民大学人类学学生
ZM-17	男	通过山水自然保护中心	生态保护与社区建设	上海复旦大学生态学本科在读
ZM-18	男	通过管理机构	可可西里管理站日常工作	海南职业技术学院大三学生
YM-19	男	通过高校实践团	可可西里管理站日常工作、拍摄宣传片	北京航空航天大学机电本科在读

注：编号中，第一个字母代表被访谈者的姓氏，第二个字母表示被访者的性别，阿拉伯数字代表序号。

通过对样本数据的质性分析，可以发现样本具有以下特征：

①性别上女性受访者多于男性受访者。

②志愿者的身份以高校学生为主，也有少量社会人士。

③志愿者的学历都是大学及以上水平。

④志愿者参与的内容包括生态资源及环境保护（垃圾处理、巡护、照顾及喂养动物、动植物调查及研究、水文监测）、社区及文化保护（牧民培训、社区共管研究、人兽冲突研究）、解说和游客服务（展厅讲解、售卖）、公园管理（宣传）等方面，以生态资源及环境保护和社区及文化保护为主。

⑤志愿者参与三江源国家公园的方式及途径主要有 2 种，即志愿者个人或志愿者自行组队直接通过管理部门申请参加志愿服务、通过在当地活跃且有在当地项目的 NGO 和企业招募并带入。参与方式虽然多样，但仍以通过 NGO 和志愿者自行组成的高校社团及实践队为主。

5.5.3.2 志愿者参与模式现状分析

1）通过管理部门参与

在三江源国家公园还未成立时，志愿者就通过可可西里自然保护区申请参与。在国家公园成立后，志愿者需向三江源国家公园管理局申请参与，才能前往各园区进行服务，三江源国家公园管理局按照《三江源国家公园志愿者服务管理办法（试行）》对志愿者进行管理。国家公园管理部门的人员说，当前可直接通过所服务园区的管理处或者直接与三江源国家公园管理局联系，申请成为志愿者。受访者 TWM-1 反映："像现在的可可西里，志愿者相对成熟，有很多志愿者自发过来，然后按照要求，准备好相应文件就可以直接向我们申请了。"

而受访者 XYM-8 反映："我们从 2002 年开始招募志愿者，最开始是通过我们自己的官方网站进行志愿者信息发布，然后进行招募。后来志愿者进入的途径包括由爱心企业负责招募并带入，我们会给予他们一定名额，这些公司有探路者、恒源祥、福田、广汽传祺等。也有很多志愿者是一些大学生自己想做实践然后向机构申请过来的，比如南京航空航天大学、中国地质大学、清华大学等；也有一部分是之前的老志愿者推荐过来的朋友、同事或者家人。他们来之前会做一个志愿者服务计划并给我们审核，审核通过的话就可以来了。"

从参与过的志愿者们的参与方式可以了解到，志愿者自己或者成队后由某一队员与管理处或者管理局取得联系，发计划书和函，审核通过后，会由国家公园管理局复函。对于管理局提到的通过企业招募的志愿者，因为接触的志愿者群体有限，还没有发现通过企业参与的。受访者 LF-1 反映："可可西里那边直接跟管理机构联系的比较多，而且可可西里它们都是自己跟管理局取得联系过去的。他们要了管理局的联系方式，直接跟管理局联系，就是管志愿者的。"

受访者 CF-7 反映:"但是我通过这个联系方式去联系他们的时候,他们告诉我说仅仅跟他们联系是不够的,我需要跟他们的上级——三江源国家公园管理局联系,取得一个正式的函,才能跟他们进一步沟通细节。"志愿者通过管理部门参与的方式如图 5-5-2 所示。

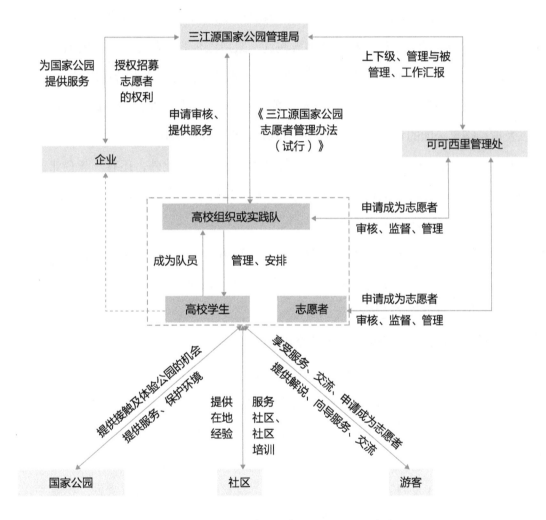

图 5-5-2　志愿者通过管理部门参与的方式

2)通过 NGO 参与

在三江源地区活跃着很多 NGO,这些 NGO 在开展项目时,为三江源国家公园带来了很多志愿者。首先,从国家公园管理部门的角度,他们需要先通过 NGO 的筛选以及项目评估，进而允许 NGO 在当地开展项目以及招募志愿者，并要求 NGO 将招募过来的人员名单交由国家公园管理局审核。受访者 TWM-1 反映："有一些志愿者是通过三江源生态保护协会、山水自然组织、广汽传祺这些，我觉得这些都是可行的。"

受访者 TJM-2 反映："那些比较牛的 NGO，比如 WWF，会过来做一些，但是毕竟也是小范围的，不能把精力全部放在这，跟广汽传祺一起做一个鸟的监测。国际自然观察节组织的志愿者及游客怎么进来，山水会把报名的人报给我们。"

其次，从 NGO 的角度，它在进入开展项目之前，会与国家公园签订合作备忘录以及取得国家公园的认可，进而开始执行项目。在这个过程中，有些 NGO 会自行合作开展项目，并由其中一个主要负责招募及管理志愿者。此外，还有一些企业出资与 NGO 合作，受访者 SSLF-1 反映："山水和当地签了合作备忘录，跟州、国家公园、乡、县和澜沧江园区管委会。"

受访者 SJDM-4 反映："就我们协会所有的事务都由国家公园来管理。它是业务主管嘛，只要是协会的所有业务活动都需要向管理局汇报，然后管理局审核、同意，我们就开展，是这样子的情况。"

受访者 GRXM-5 反映："除了这个以外，也会有一些企业赞助我们开展一些与其公司业务相关的项目，然后我们招募志愿者来完成。"

最后，从志愿者的角度，其只需要直接通过 NGO 即可进入国家公园参与志愿服务，可个人或者自行组队参与。NGO 负责志愿者从宣传、引导、招募、培训及管理的全过程。

受访者 LF-1 反映："当时看到这个以后，我觉得这个组织很有意思，我就关注了他们微信公众号，恰巧看到他们的招募信息，我就投了简历。"

受访者 WM-11 反映："偶然的机会，我得知一个消息，浩泽集团准备招募志愿者奔赴青藏高原举行为期 8 天的环保公益活动。"志愿者通过 NGO 参与的方式如图 5-5-3 所示。

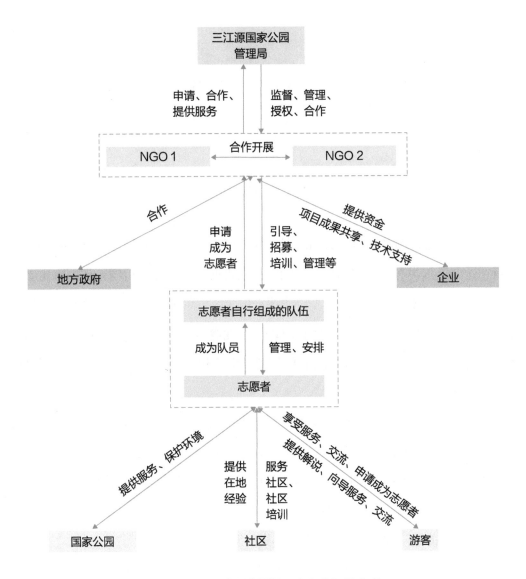

图 5-5-3　志愿者通过 NGO 参与的方式

3）小结

以志愿者参与方式的视角切入，总结出参与方式的运作方式，以及参与内容。具体参与方式总结如图 5-5-4 所示。分析可知，通过管理部门参与的内容较为简单，参与层次较为粗浅，通过 NGO 参与的内容比较多样，且参与层次较为深刻。因此，通过 NGO 参与是三江源国家志愿者参与的重要方式，志愿者参与现状详见表5-5-7。

表 5-5-7　国家公园志愿者参与现状

志愿者参与方式	志愿者参与内容	参与情况
通过管理部门	垃圾处理、巡护、照顾及喂养动物、拍摄宣传片、展厅讲解、纪念品售卖	通过管理部门参与的一般集中在长江源园区
通过 NGO	人兽冲突研究、社区共管研究、社区培训、雪豹检测、环境检测、动植物种类调查、水文监测垃圾调查、展厅讲解、纪念品售卖	通过 NGO 参与的集中在长江源园区和澜沧江源园区

另外，通过对两种参与方式的深层次分析可知，国家公园管理部门、NGO、志愿者在这个过程中有着不同的作用。国家公园管理局作为整个机制运作的制定者和管理者，需制定相关的政策法规引导志愿者的参与，同时有对志愿者的参与资格进行审核的权力，是高级别的组织者；NGO、企业等可通过与国家公园合作开展志愿者项目，签订合作备忘录，明确各自的权利、责任和义务，NGO 也可对志愿者进行宣传和教育，是次一级别的引导者，也是主要的组织者，可见 NGO 等第三方力量在三江源国家公园志愿者参与中发挥着重要作用；志愿者作为参与主体，除与国家公园、NGO 等有互动外，也与国家公园中的游客、社区以及国家公园环境存在互动关系（图 5-5-4）。然而，在这个参与模式中，由于三江源国家公园管理局存在分层级的管理结构，且各层级在志愿者参与上的权利和责任不明确，导致 NGO 在这个过程中需要对接的部门太多，不利于该种模式的发展。

因此，接下来的研究需要注意参与模式中的问题，以及如何将参与模式转化为参与机制的问题。

5.5.3.3　基于管理部门视角的志愿者参与分析

1）接受志愿者的意愿

运用 ROST 中的情感分析对文本中基于情感词库的情绪倾向性进行分析，从而得出管理部门接受志愿者的意愿。其中管理机构对志愿者参与意愿的积极评价共 86 条，占比为 72.88%；中性评价 28 条，占比为 23.73%；消极评价 4 条，占比为 3.39%（表 5-5-8）。可以看出，管理部门接受志愿者的意愿比较高。这说明，三江源国家

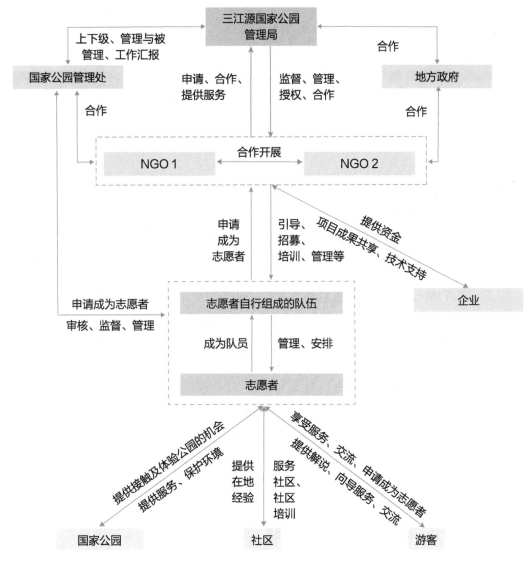

图 5-5-4　志愿者参与方式总结

公园管理部门认可志愿者在国家公园中的角色。从以下管理部门人员的话语中，也可得出此结论。

受访者 XZM-5 反映："我们挺需要这样的机构给我们做这些，毕竟我们自己没有能力做这些。"

受访者 ZGM-6 反映："我们现在什么方面的志愿者都需要，只要有人想来我们这做事情，我们都欢迎，也会给他们提供我们能提供的。"

表 5-5-8　管理机构高频词情绪倾向性分析结果

类别	非常（绝对值 20 分以上）		中度（绝对值 10 ～ 20 分）		一般（绝对值 10 分以下）	
	条数 / 条	占比 /%	条数 / 条	占比 /%	条数 / 条	占比 /%
积极情绪	11	9.32	18	15.25	57	48.31
消极情绪	0	0	2	1.69	2	1.69

2）对志愿者的需求

三江源国家公园管理部门对志愿者是有需求的，但重点工作任务并不在志愿者这方面，所以需求并没有那么强烈。

受访者 TJM-2 提道："现在志愿者需求没有那么大，很多大学生申请来，我们一般不予复函，会给我们造成很大麻烦。"受访者 XMM-3 表示："关于吸纳志愿者这个问题，主要是现在吸纳志愿者的前提条件还达不到，我们对志愿者的需求肯定还是有的。"

在志愿者的类型上，管理部门对志愿者的专业知识与技能的要求偏高，更希望有一些与国家公园相关的专业型人才来为国家公园服务。很多管理人员都表达了这个观点。例如，受访者 TWM-1 表示："欢迎高校或者科研机构。"

受访者 TJM-2 提道："对我们来说，像你们这些专业的下来做一些事情。现在想跟高层次的合作，比如各大高校，进行理论研究，然后我们进行实践研究。"

受访者 XGM-7 表示："我们也希望来的志愿者更多的是一些专业的人员。"

在具体的参与内容上，管理部门并没有很明确的概念，表示什么类型的志愿者都需要。

受访者 ZGM-6 反映："我们现在什么方面的志愿者都需要，只要有人想来我们这做事情，我们都欢迎。"

有些管理部门会根据业务需求，对兽医、野生动物种群监测、新生湖水文监测、生态管护员培训、解说类的志愿者有需求。在志愿者以何种方式参与方面，管理部门表示希望志愿者或志愿者团队能自行准备好相关的研究计划，国家公园会全力配合，共享成果。也可依靠执行具体项目的 NGO，通过合作的形式，让志愿者通过 NGO 进入，不过他们也表示，以后还是应该由国家公园管理部门自行负责志愿者的招募以及管理。

此外，国家公园管理部门对志愿者也提出了一些其他要求。例如，服务时间相对长一些。他们认为短期的志愿者很难对他们有实质性的帮助，而且还费时、费力。例如，受访者 TWM-1 反映："但是服务的时间最好能长一些，短期的志愿者招募过来比较麻烦，培训完刚上岗就要离开了，也没有什么实质性的作用。"

国家公园管理部门还要求志愿者能对国家公园有所贡献，并实现成果共享。这也说明当前三江源国家公园缺乏对志愿者服务进行考核和评价。受访者 TJM-2 提道："目前志愿者的作用发挥得不行，好多大学生这两天来，来看看大美风光，然后就走了，然后成果去哪了，我们也不知道。每次过来说要办成功一件事情，很多人来了之后一件事情都没办成就走了，没有相应的考核。"

3）对志愿者的支持与回应

三江源国家公园管理部门已经认可和接纳志愿者，但管理部门为志愿者参与提供的渠道不足、组织和回应志愿者参与的能力还不高，为志愿者提供的各类保障也不足。管理部门在条件允许的情况下，会为志愿者提供交通、住宿补贴，也会对志愿者们的志愿服务给予评价。在开展志愿活动之前，会对志愿者进行简单的培训。如受访者 TWM-1 反映："条件允许的话，也会给志愿者提供住宿、交通补贴。"

4）不同管理级别对志愿者参与的看法比较

在志愿者比较活跃的地方，对志愿者参与的看法有积极和消极两个方面。一种是志愿者直接与当地管理部门对接，然后参与服务，管理部门对志愿者参与的认可程度比较高，对志愿者的参与热情也较高。可可西里管理处及可可西里索南达杰的两位受访人员反映如下，受访者 ZLM-9 反映："志愿者来了，真的帮助很大。"受访者 XYM-8 反映："他们在的这段时间，会减轻我们工作人员的负担，另外也能陪伴我们守站的人员。"

如果该区域 NGO 比较活跃，则更多是 NGO 在招募志愿者，安排志愿者参与内容以及管理志愿者，当地的管理机构对志愿者没有直观的看法，对志愿者也没有较大的需求，就像澜沧江源园区中的受访者 XMM-4 说的那样："我们现在对志愿者这个没太大需求，我们现在捡垃圾这些的话基本都是自发的。他们所带进来的是志愿者，我们也不太清楚，只知道是帮他们做事情的。"

5）小结

总体而言，对管理部门相关人员的话语分析可以得出以下结论：

①管理部门明确表示三江源国家公园的建设与管理需要志愿者的加入。所需要的志愿者主体类型为具有专业知识与技能且与国家公园所需专业一致的人才。对志愿者参与的内容并没有明确的规定，仅提到科研监测、野生动物管理及解说。希望志愿者参与的方式为直接通过管理部门，也认可通过 NGO 的方式进入的志愿者。总体来说，三江源国家公园不是主动去寻找与国家公园匹配的志愿者来参与，而是希望志愿者们能带来活动计划，国家公园更多的是配合而不是引导志愿者参与。准确来说，当前三江源国家公园志愿者运作系统是由供给方（志愿者）而不是公园本身来驱动的，因此管理部门对志愿者工作内容不了解，志愿者也难以满足国家公园真正的需求。因此，在构建三江源国家公园志愿者参与机制时，三江源国家公园管理局应作为引导者引导及主管志愿者参与，并从国家公园自身角度出发选拔合适的志愿者，明确志愿者的责任和义务。

②管理部门对志愿者参与的支持和回应能力有待加强。当前三江源国家公园管理部门为志愿者提供了基本的安全保障，与志愿者签订服务协议书，提供适当的生活费补贴以及交通补贴和志愿服务证明。可以看出三江源国家公园管理部门对志愿者的支持与回应的方面还需进一步完善，应细化其管理流程和实施细节，以便为志愿者提供更多的保障。

③三江源国家公园管理部门对志愿者的工作是认可的，但不同级别的管理部门在认可度上有差异。部分负责志愿者审批的上层管理机构由于缺乏对志愿者服务内容的了解，认为很多志愿者是来游玩的，并不是来认真服务的。负责直接与志愿者对接的工作人员对志愿者的认可度较高，这是因为能对志愿者的服务内容进行管理

和调整，以符合工作要求。此外，在实际运作中，有跟三江源国家公园管理局直接联系的 NGO、志愿者，也有与各园区管理部门联系的 NGO 和志愿者，但由于管理局从事更多的是行政的工作，对基层部门及志愿者的诉求不了解，会阻碍基层部门对志愿者的招募。基于此，构建志愿者参与机制时应考虑各级部门之间沟通和交流平台的建设，保证各级部门对志愿者的诉求都能有所回应，以及保证志愿者参与机制的有效性。

对三江源国家公园管理部门的调查发现，三江源国家公园管理部门认为志愿者参与需要的是专业知识及技能，从事与国家公园管理目标相关的事务，并与 NGO、企业、高校等合作开展志愿者项目，实现成果共享。存在的问题有重视程度不够、对自身角色及定位不够清晰、缺乏组织和管理、各级部门之间沟通不畅、与外部组织缺乏良好的合作体系。三江源国家公园管理部门的需求以及其自身存在的问题，是构建三江源国家公园志愿者参与机制需要关注和解决的问题。

5.5.3.4　基于 NGO 视角的志愿者参与分析

1）三江源生态环境保护协会

（1）组织简介

三江源生态环境保护协会（以下简称协会），前身是 2001 年 11 月 7 日经玉树藏族自治州民政局注册的玉树州三江源生态环境保护协会，因业务需要按法律规定，于 2008 年 4 月 9 日，该协会在青海省民政厅重新注册升级并改为三江源生态环境保护协会。协会以藏族人为主，多年来致力于三江源地区自然生态环境保护和生态文明建设以及传统优秀生态文化的保护与宣传，推动三江源地区的社区可持续发展以及提高国内外社会各界对青藏高原环境与发展问题的关注。协会以青藏高原的生态哲学思想和优秀生态文化为依托，以人与自然和谐为信念，与乡村百姓并肩，持之以恒地推动青藏高原生态文明的建设。协会四大工作领域：参与——中小学环境教育活动、气候变化调查、滇川藏野生动植物保护宣传活动、野生动物考察；倡导——神山圣湖、绿色摇篮、绿色消费、志愿者、创新、生态文化节、社区保护小区、协议保护区、乡村影像教育；桥梁——"牧童 + 爱心者"爱心大行动、"社区 + 企业"

社会责任大行动、乡村社区生态旅游；支持——村校建设、绿色社区网络、"绿色传播"环境教育流动车（娄岁寒，2012）。

（2）组织管理架构

协会的组织架构包括两个层面，一是从理事会到办公室层面，工作人员以协会会员或顾问的形式加入，二是从负责日常运作的办公室到项目部及内务部层面。日常工作人员数量少，内务部与项目部并没有分开，所有对内或对外工作都由办公室层面来完成或者协助完成，因此需要招募一些志愿者及草根伙伴或组织。在这个过程中，协会所做的项目需向上级业务主管三江源国家公园管理局申请许可，具体情况如图5-5-5所示。

受访者SJDM-4表示："我们协会所有的事务都由国家公园管理局来管理，它是业务主管，只要是协会的业务活动都需要向贵局汇报，然后再审核，同意后我们就开展。"

从上述访谈资料中可以发现，协会由无主管领导变为由国家公园管理局主管，这个转变意味着协会能够更加深入参与国家公园中一些事务，且能得到一些资金或者项目支持。受访者SJDM-4表示："从我们的角度来说，归属国家公园管理局管理后，我们的业务更加方便了。因为贵局对我们的工作是非常认可的，而且特别支持，也鼓励我们在国家公园的试点区里面，像这种社区自然资源共同管理的模式也进一步去探索和推动，所以这样以后对我们开展业务是更有利，而且是在接下来，我们有更多的机会申请一些资金，国家公园购买我们的服务，我们向国家公园申请一些小型的项目。"

（3）关于志愿者管理模式

协会根据项目与现有人力情况决定是否招募志愿者，是一种不定期的招募方式，然后根据任务决定招募的志愿者类型、服务内容、服务时间等，最后将招募通知及要求投放在平台上。对在牧区长大的志愿者，要求有一定的汉语基础能力、对传统文化有热情，同时要有回归乡村的意愿。对从外来的志愿者，要求有相关专业和学历、对藏区文化和自然有一定的了解、理解及认同。在录取、筛选报名表及面试环节，面试采用面谈或者打电话的方式，最终根据其表现与所发简历的匹配度等决定是否录取。然而，招募来的部分志愿者会出现一些问题，比如身体无法适应高原导

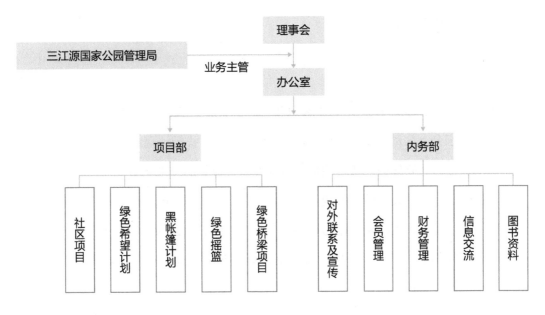

图 5-5-5　三江源生态环境保护协会组织架构

（根据文献及访谈资料整理）

致项目执行遇阻或调整，也有无法认同协会观点及想法而需要磨合的。录取后，协会会交代志愿者注意事项。报到时，首先会有一个关于协会的理念及工作介绍的培训，其次根据项目及志愿者的特长，由志愿者给协会的其他项目成员培训，或由协会成员将当地的一些经验和技能传授给志愿者。在志愿服务期间，协会会提供交通以及食宿，结束后会要求志愿者写志愿感受，用于推广。（注：以下两段文字是根据访谈内容进行改写及深化）

受访者 SJDM-4 表示："如果我们是做草原管理的话，我们需要志愿者是跟草原管理或者是跟草原研究相关的这样的人，从这个学历和专业的角度去找，第二个也要考虑他对这边本身的一个文化和自然地理的了解，因为这边所有的事情是离不开文化的，所以说要对文化有理解和认同，如果是反方向的，我们就不敢招。"

该受访者还反映："我们是不定期招募志愿者的。比如一两个月之前，先想我们是不是需要这样的志愿者，然后开始招募，进行面试。拿到志愿者的联系方式后，考察他的自我介绍，再通过面谈或者打电话的方式，观察他符不符合他提供的简历，有没有和我们所要求的事情达成共识。"

（4）角色及作用

协会最开始是以民间组织的形式，直接进入当地社区开展活动和工作，积累了很多当地社区工作及培养牧民主体意识及行为的经验，也能推动更多的当地社区及牧民参与国家公园活动。受访者SJDM-4表示："因为我们一直从事的是民间的环保组织，动员社区、整体的一些自然资源管理方面，真正的当地老百姓如何起到主体的作用，让他成为主体又该具备哪些条件，包括意识、知识、能力、意愿，这些都要具备，我们才能让当地人成为主体的时候，在这个层面，协会的参与有更多的经验。"

随着工作的进一步深入，协会可与相关管理部门对接，作为当地社区与政府间的中介，协助签署野生动物保护协议。可利用NGO网络中与环保人、专家、学者的关系，为国家公园及社区提供更多的资源和帮助，如与山水自然保护中心、政府等联合推行的协议保护地（社区共管），彼此都从中获益。受访者SJDM-4反映："现在协会20年，和很多国内的，或者说很多的学校、老师都很熟悉，还有一些教授，我们比较有这方面的人力资源，所以在招募志愿者这一块的话，我们的人脉、关系也会是一个强项和好处之一。"

此外，协会在当地服务及活动的时间越长，对当地社区的影响也越大，能够吸引及培养了一大批以当地环保人为主的环保志愿者，这些志愿者也会继续通过项目带动新的志愿者，壮大了整个组织。

协会以自身业务及理念为主，吸引当地牧民成为环保人，也改变了当地牧民的生活方式，培养了他们的环保意识，同时作为桥梁，既连接了管理机构与当地社区，也连接了外界NGO、志愿者与国家公园。在三江源国家公园管理局的业务指导下，会继续发挥这种桥梁作用，沟通及协调国家公园管理部门与当地社区的关系、当地社区与外界NGO的关系、国家公园与外界NGO的关系。

2）山水自然保护中心

（1）组织简介

山水自然保护中心（以下简称山水自然），于2007年成立于北京，是中国本土的民间自然保护机构，是保护国际的合作伙伴。山水自然基于科学与文化，与多方合作伙伴共同开展实地工作，最终实现生态公平，即人与自然的和谐、传统与现代的结合、自下而上与自上而下决策间的平衡①。

山水自然长期关注着三江源的澜沧江区域，关注着这里的自然环境，针对草场退化、矿产资源开发和基础设施建设、人兽冲突、传统知识挖掘、生态监测、生活垃圾和水源污染等议题，在研究和实践探索的基础上向政府、社区等推荐有效的保护措施和评估方法，为政策和法律的制定提供依据。此外，山水自然尝试在传统文化保持良好的社区传统治理结构下推动社区的集体行动力，实现以社区为主体的保护模式。

（2）组织管理架构及工作模式

山水自然的创始人说，山水就是实验室，知识分子自当"做而论道"。山水自然要在研究与实践之间搭建桥梁，为自然保护和可持续发展提供基于证据的实用解决方案。山水自然的工作模式紧紧围绕这个理念，围绕实践站、研究院和价值链形成三圈互动模式（图 5-5-6）。

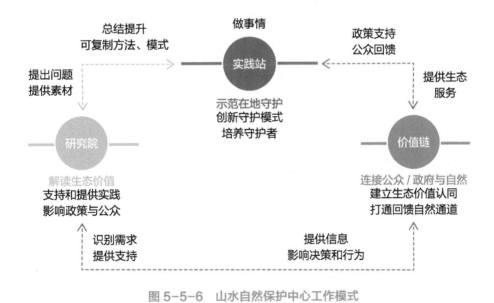

图 5-5-6　山水自然保护中心工作模式

（图片来源于山水自然保护中心官网）

---

① 根据山水自然保护中心官方网站及官方微博上的资料整理。

根据工作模式及内容，山水自然北京总部的办公室下设部门负责实践项目、研究，以及整个机构的运营（图5-5-7）。为了便于执行项目，山水自然在青海西宁、四川成都以及云南昆明分别设置了办公室，负责处理区域内的实践项目。各区域办公室内部组织分工并不明确，区域内的行政、宣传等事务有些直接由项目成员负责，有些会直接汇总到北京总部，由负责对应事务的人员处理，像宣传、财务等工作，但每个区域的各项目工作人员分工比较明确，例如，西宁办公室，下面分为国家公园、湿地、草场及雪豹4个项目，每个项目都有各自的团队。

对此，受访者SSDF-3表示："怎么说呢，其实这个在下面办公室并没有分得很清楚，例如，我们在实践地执行项目时，很多基础性的行政工作也是由自己做的，不过北京办公室会汇总一些，如，财务、宣传、推广这些；但是我们下面办公室每个人所在的项目组却分工明确，一般不会掺和。"

所有的研究工作都是由总部下面的研究院负责，并与各项目形成良性互动。操作具体项目时，一线员工长期驻守实践地，研究在地工作方法，研究院专家团队根据当地居民需求对保护方法进行指导（李欢欢，2014）。组织在运行时，除了全职员工以外，也有长期的顾问专家、研修生及志愿者参与工作。除此以外，山水自然并没有一个上述机构对其进行管理，更多的是靠组织的自主管理。

（3）志愿者管理模式

山水自然在招募志愿者之前，会根据项目情况，明确招募的志愿者类型，一般会让志愿者参与培训、调查、监测等内容，服务时长一般是1～2个月。每年会不定期地开展3～4期招募工作，每期2～3人，因场地条件有限只能一次同时接待2～3位。

受访者NL3-F反映："车辆和住宿的问题，工作站可以住人，车辆就只能坐这么多人。"

招募时，提前2～3个月将志愿者招募信息发布在山水自然公众号上，根据报名情况，经项目组成员内部集中讨论，挑选一部分人进行电话面试，最终根据表现确定2～3人。对志愿者的要求包括身体素质、野外经验、个人的兴趣、参与目的

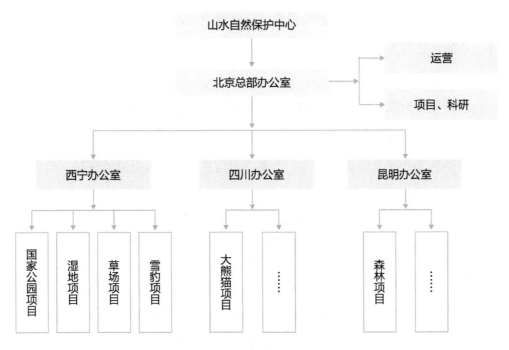

图 5-5-7　山水自然保护中心内部组织架构

（根据访谈资料整理）

以及专业技能，对于专业并没有完全限定，欢迎各个专业的人才，只要对自然保护、社区这些内容感兴趣就可以。就如受访者 NL3-F 所说："招志愿者会喜欢招各种背景的人，就是不愿意专门学生态的，需要不同特色的人参与尽力啊，之前招过律师、编辑、作家等，什么专业背景的都有，喜欢自然的人很多，但是不一定每个人都成为生物学家，所以给大家机会。"

受访者 NL4-F 也说："专业其实我们并不是非要本专业的学生，我们很欢迎各个专业的人才，只要对自然保护、社区这些感兴趣就可以。"

确定人员后，会有新人培训。在志愿服务期间，山水自然会提供人身意外保险，报销往返项目地的国内交通费用和志愿者工作期间在项目地的交通和食宿。志愿服务结束后，不会对志愿者进行考核，一般志愿者会自己写感想在微信平台上进行宣传和推广。

受访者 NL3-F 反映："我们不考评志愿者，因为觉得能从几十个里面被选中，都是很不错的人。前期会有一个磨合阶段，一般到走的时候都是开开心心的。如果真有不开心的，是因为参加的项目有问题。"

（4）志愿者角色及作用

山水自然作为三江源外来的 NGO，最开始采取的是与当地政府合作的模式，政府给予一定的政策支持后，山水自然开始在当地开展活动，慢慢介入当地社区。由于山水自然的工作在当地备受认可，山水自然与三江源国家公园管理局、当地政府以及在地社区形成一种良性的互动关系。

受访者 NL4-F 说："当地政府在我们开展志愿者项目时，给予了我们很大的帮助。他们当地很认可我们这个科学志愿者项目。"

山水自然进入后，利用其 NGO 网络吸引了更多社会力量关注三江源，并促进各种社会资源和资金投入三江源，如保护国际、阿拉善 SEE 生态协会等，还将一些保护理念带入当地社区，促进社区保护与发展之间的平衡，培育社区自组织。同时，山水自然也可以帮助政府与当地社区做沟通和协调工作。山水自然也促进了当地社区非正式制度的萌芽。山水自然整合社会各界和政府的资源，在村委会下成立专注于村级保护和发展工作的"村民资源中心"，制定村规民约规范资源利用方式。在权限范围之外，诸如对人的管理、约束等，需要借助村委会的力量，山水自然本身不会过多干预。

正如受访者 NL3-F 所说："直接对接的是乡级政府，关系好的都是乡干部们。落到具体的项目上，会跟村领导对接，村书记或者副村主任都行。人员很多都是社区自己选的，从来不干涉，社区有自己的平衡，谁做得好或者不好都是知道的，如果山水自然按照自己的标准选，选出来的不一定能得到社区的认可，会让社区不团结。"

山水自然将自身角色定义为"催化剂、协调者和支持者"，是连接自然与城市公众的桥梁。它可以提供资金或者技术来支持自然保护行动，也可以将外界的资源引入三江源，与学术机构、NGO、企业等各方合作，积极探索合适且可持续的保护发展模式（李欢欢，2014）。而在志愿者方面，山水自然积极和三江源国家公园交流经验，并将志愿者参与的流程及操作进行了分享，还利用自己的号召及传播影响力，向更多的公众宣传志愿活动。

3）绿色江河

（1）组织简介

绿色江河是成立于 1995 年的四川省绿色江河环境保护促进会的简称，该组织是经四川省环保局批准，在四川省民政厅正式注册的 NGO。绿色江河以推动和组织江河上游地区的自然生态环境保护活动，促进中国民间自然生态环境保护工作的开展，提高全社会的环保意识，争取实现该流域社会经济的可持续发展为宗旨。绿色江河长期关注长江源的生态环境保护，从 1996 年开始，绿色江河面向全国共招募了 2 000 多名志愿者，在三江源地区持续开展了长江源生态环境状况考察、保护站建设、青藏线藏羚羊种群数量调查、环保宣传和培训、垃圾调查等一系列生态环境保护工作，为长江源的生态保护贡献了力量。

（2）组织管理架构

绿色江河组织的管理架构包括两个层面：一是从理事会到办公室这个层面，工作人员都是理事会成员，在执行特定项目时，由会长组织理事会成员进行；二是从日常运作层面，由办公室主要承担。在日常运作中，主要有 3 类人员：第一类是专职人员，是全职的固定员工，有收入，一般是在成都办公室进行日常的行政工作或者项目工作人员；第二类是长期义务在绿色江河服务的人员，有稳定的工作收入，在业余时间给绿色江河提供服务，且比较稳定，是面试官，他们分布在全国的很多城市，负责志愿者简历筛选和面试、志愿者线下活动开展等，是绿色江河在各地进行志愿者联络管理的核心；第三类是志愿者，这部分是绿色江河项目成功进行的关键力量，其工作是跟随项目进行的。总体来说，绿色江河开展项目，并没有上级机构对其进行管理，会根据项目的资金来源，向对应的项目金额捐赠单位反馈及汇报项目执行及资金使用情况，日常主要是依靠组织本身来管理各类工作，拥有很强的自主性（图 5-5-8）。

受访者 GRXM-5 介绍："然后绿色江河有三种人：第一种是专职员工，这种全部都是有工资的；第二种就是类似于我这样的人，长时间在绿色江河义务工作，这种人跟志愿者一样，没有工资收入，只是比较稳定提供服务的，这部分人统称为面试官，这部分人的主要职责是筛选志愿者、面试志愿者，这个在各个城市大概有四五十人的规模，这个也是浮动的；第三种是他们这样的志愿者，志愿者的工作是随项目走的……"

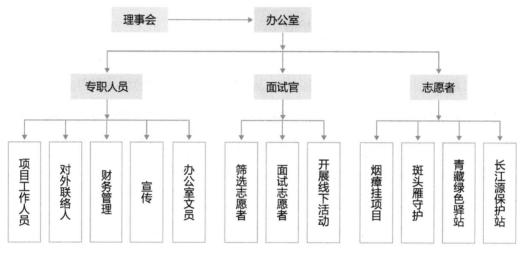

图 5-5-8　绿色江河组织架构

（3）志愿者管理模式

绿色江河志愿者机制启动于 2001 年（熊杨，2011），绿色江河在招募志愿者之前，首先会根据项目进展及目标评估需要招募的志愿者类型、数量及服务的时间段等，接下来是制订志愿者招募计划（表 5-5-9），并将招募志愿者的具体信息发布在官方网站及微信公众号上。志愿者按照要求填写申请，投递简历。然后面试官按照志愿者所在城市进行筛选，并组织符合要求的志愿者进行面试，面试时会关注志愿者的经历、过往的项目经验以及户外活动经验，同时面试官也会将志愿服务期间的具体工作、面临的危险等各类注意事项讲述给志愿者，双方确认之后，志愿者会进行体检，达到标准即可成为志愿者。志愿者服务期间，会对志愿者进行实践培训，提供人身意外险及免费食宿。一般志愿者可直接参与正在进行的项目，如长江源驻守保护站、野生动物调查与守护等，服务时间一般是 1 个月。志愿服务结束后，志愿者要对服务期间的工作进行总结，面试官及在地项目负责人会对志愿者进行评价，并开具志愿服务证明。

受访者 GRXM-5 表示："所有的志愿者都要经历相同的过程，才能成为我们绿色江河的志愿者。第一是在我们的官网上投递简历，建立的筛选，对于不同的学科和项目我们会有不同的考虑，一般什么样的项目适合招募什么样的人；第二是面试，面试是比较复杂的，要了解你的经历、你过往的同样经验或者户外活动的经验；第三是做体检，保险公司要求提交 180 天内的体检报告……志愿者服务结束后，我们会有一个简单的评价表，或者也会给他们提供一些志愿者证明，这样会有助于他们申请学校或者什么的。"

此外，为了更好地对志愿者进行管理，绿色江河针对面试官及志愿者开展了丰富的线下活动，如分享会、志愿者年会、志愿者户外拓展、线下公益活动等，面试官分享参与及管理志愿者项目的经验，总结不足，展望来年计划，这些活动整合维护了志愿者资源、增强了志愿者凝聚力，调动了志愿者工作的积极性。

表 5-5-9　绿色江河 2019 年 5—7 月志愿者招募计划

招募项目	3 月到岗		4 月到岗		5 月到岗	
	3 月	3 月半—4 月半	4 月	4 月半—5 月半	5 月	5 月半—6 月半
白马雪山滇金丝猴守护	1	1	1	1	1	1
斑头雁守护	—	10	—	10	—	10
长江源保护站驻站	2	4	4	4	4	4
青藏绿色驿站	—	—	—	18	18	18
合计	3	15	5	33	23	33

注：数据来源绿色江河微信公众平台。

（4）角色及作用

绿色江河作为外来 NGO，主要采取与当地政府合作的形式来开展项目，在这个过程中绿色江河推动及协助当地政府积极做环境保护的工作。绿色江河拥有常年执行项目的经验，与当地政府合作时，绿色江河负责项目运行，当地政府出部分资金、设施及土地，同时明确二者之间的权利和责任。

对此，受访者 GRXM-5 介绍："绿色江河将在青藏沿线公路垃圾处理调查及解决办法提交给政府，政府觉得是一个很好的建议，政府积极支持，支持的方式有两种，一种是给你土地，一种是给你钱，建这个垃圾站，我们叫青藏绿色驿站。"

绿色江河在长江源地区开展项目时，一直遵循着"本地人才是这个地方环境的永久负责人"的理念，将招募藏族员工作为一个工作重点，如在项目地雇用当地居民管理及安装野外考察的设施及设备等，并协助当地藏族志愿者成立在地的环境保护组织。

受访者 GRXM-5 表示："我们会非常注重招募藏族的员工，培训他们，我们最新的举措是会在格尔木指导和帮助一个环境保护组织，绿色江河成立在四川，开展工作会有一些问题，我们现在也资助当地的一个藏族志愿者出面组织一个本地的自然保护组织。"

在三江源国家公园志愿者参与机制运作中，绿色江河会继续采用这种方式，招募志愿者并完成项目；或者为三江源国家公园招募符合要求的志愿者。

受访者 GRXM-5 反映："你也没有经历过发生志愿者相关意外后，怎么尽快解决也不清楚，政府官方途径招募过来的很可能都是小白，需要从最基本的培训起，比较麻烦；我们绿色江河的志愿者都是自己专业以及行业领域里面特别优秀的人，参与工作时能特别快上手，培训时间大大缩短。"

4）小结

①通过绿色江河的分析，可以得到以下结论：NGO 有各自的理念及擅长的服务领域，在三江源国家公园中进行着与水源保护、野生动植物保护、社区发展、环境保护等相关的项目。它们并没有垂直的管理机构或者机制，其运营是基于组织理念和工作模式开展的，依靠自身约束从事各项工作。NGO 的内部运作也相对简单，一般都有一个行政类的部门服务整个组织的沟通、对接、财务等工作，其他人员主要都是随项目调整，没有一个相对完善的组织架构，但能保证其组织内部及项目的

运作。这些 NGO 具有高度的自主性，所以这些组织需经过国家公园管理局的筛选和管理，明确权责。基于此，国家公园如何选择合适的 NGO 合作开展志愿者项目，是机制运作时需要考虑的问题。

②志愿者是 NGO 重要的人力资源，在 NGO 项目及工作中发挥着重要的作用，他们在三江源国家公园中的重要作用也得到了认可。NGO 在志愿者管理上也有一定的经验，有相对完善的志愿者招募流程及管理模式。NGO 志愿者的招募是依据项目进行的，在项目开展前，会评估哪些项目内容需要志愿者、需要什么类型的志愿者、通过什么方式去招募合适的志愿者、志愿者的服务时间及时长等。志愿者管理的基本流程包括评估需求—招聘—面试—定位—培训—上岗—终止—总结。在这个过程中，NGO 对志愿者的管理并没有专职人员，多采用项目工作者管理志愿者工作的模式，较为松散，不过也有 NGO 配备了专门的志愿者管理联络员。NGO 会给志愿者提供当地的保障，包括人身安全保险、交通、食宿等。在激励方面会有志愿服务证明，部分组织也会有纪念品赠送。此外，有些 NGO 会不定期开展一些线下交流活动，促进志愿者与志愿者、与 NGO 之间的交流互动，维持人力资源。基于此，国家公园在构建志愿者参与机制时，需借鉴这些组织在志愿者管理上的优秀做法。

③NGO 介入三江源国家公园有两种方式。一种是对于当地的 NGO 以自下而上的方式介入当地后，因成果得到国家公园的认可，然后与国家公园合作开展更多的项目。另一种是 NGO 以自上而下的方式取得当地政府的许可后，开始开展项目。在这个过程中，NGO 与国家公园的互动包括：在初始时，NGO 需要获得国家公园的资源或认可，决定权在国家公园；在具体执行项目时，NGO 因给国家公园提供资源、服务等，也能渗透到地方的社会关系网络，甚至进一步影响着地方的正式或非正式制度，改变人们的某种认知或者地方治理结构，进而影响国家公园，扮演着影响者的角色（杨莹，2018）。在这个互动关系中，国家公园与 NGO 之间有一个良好的合作关系，才能保证二者之间持续良性的互动。基于此，在志愿者参与机制运行过程中，如何保证政府、NGO 及志愿者三者之间良性互动的关系也是需要考

虑的问题。

④NGO 在三江源国家公园志愿者参与中扮演着重要的角色。一方面，NGO 可将其在志愿者招募及管理上积累的经验传授给国家公园，指导国家公园在志愿者参与方面的工作；另一方面，NGO 可以作为国家公园与志愿者二者之间的桥梁，NGO 与国家公园合作开展项目，NGO 通过自身的资源条件，招募志愿者进驻国家公园开展项目，或者 NGO 直接通过志愿者招募平台，向国家公园输送合适的志愿者。基于此，如何在志愿者参与的运作中，将 NGO 的作用发挥到最大，也是需要重点考虑的问题。

对 NGO 的调查发现，志愿者是开展项目的重要人力资源，NGO 在长期的实践过程中，积累了一些志愿者参与方面可供借鉴的方法。在与国家公园合作开展项目的过程中，NGO 也发挥着巨大的作用，是国家公园重要的伙伴。如何借鉴并运用 NGO 的志愿者管理方法，筛选合适的 NGO 进行合作，并保持良好的合作关系，有效发挥 NGO 在志愿者参与中的作用，也是构建三江源国家公园志愿者参与机制中需要关注和考虑的。

5.5.3.5 基于志愿者视角的志愿者参与分析

1）访谈结果质性分析

（1）志愿者参与动机分析

为了探究三江源国家公园志愿者参与的动机，本书运用扎根理论对 19 位参与过志愿服务的志愿者的资料进行分析，具体分析过程如下：

①开放式编码

将获得的资料导入 NVivo11.0 进行编码。首先通过逐句分析，进行初步概念化，然后选取或自己创造一个最能反映资料本质内容的概念进行概念化，建立自由节点。随后对获得的自由节点进行进一步分析，并进行分类提炼，归纳出相应的范畴。通过开放式编码，本书得到 195 个概念、25 个范畴，编码举例如表 5-5-10 所示。

表 5-5-10 志愿者动机开放式编码示例

范畴化	概念化	初步概念化	原始资料
探索职业发展	影响学业和职业	对以后的学业和职业规划有影响，可以探索职业发展规划	现在处于一个职业发展的探索时期，到三江源以后我了解到它是一个生态环境很脆弱的地区，而且很多也没有引起重视，是一个能做很多事情的地区，所以我在读研究生的时候，会把课题选在那，或者我以后可能会去那工作，当山水自然的研修生
关注生态环境	生态环境有效保护	水源地环境及垃圾处理	对长江水源地的生态环境做出有效保护，为高原牧区的垃圾收运和处置做出示范
关注社区	关注藏族文化	藏族青年如何建构文化身份	我所好奇的是，一般的藏族青年在消费什么样的文化。或者按人类学的套话来说，藏族青年如何在文化冲突之中建构文化身份
	关注牧区中的人	转移到对人的关注	我觉得对那片地方的专注，可以转移到对那片地方人的关注
观赏及体验独特风景	感受优美的自然风光	蓝天、白云、山坡及河流	在甘达工作站，每天清晨醒来映入眼帘的是萦绕在半山腰的云彩、湛蓝的天空、翠绿的山坡和弯弯曲曲流向玉树的扎曲河
	感受沱沱河边自然与人文风景	沱沱河边流淌的河水与客栈的炊烟	路灯照耀下的沱沱河大桥静静地立在河面，缓慢的河水悄悄流淌，迎风飘来一股刺鼻的煤烟味，估计是镇上的客栈在烧水
在独特的环境中工作	在三江源独特的环境中工作	志愿者在三江源参与服务是难得的	学习永远可以再学习，而这种在三江源里面做志愿服务的体验是难得的，参与环境保护是每一个公民必须尽到的义务
获得尊重	志愿服务是被尊重的	安排工作时，会尊重我们的意愿	因为毕竟是志愿者，不会要求你加班，或者给你安排很多事情，他们会跟你商量，你愿意做、可以帮忙做、想做什么，会非常尊重我们的意愿
	得到藏民的尊重	到藏民家里时，被藏民热情招待，感觉被尊重	我们每到一户家庭，当地居民都十分热情，家里的男性成员会和我们聊天，藏族女性一般比较传统、不喜言语，但是会端上酥油奶茶、饼子、风干牛肉、自制酸奶等供客人品尝
	得到藏民的尊重	志愿服务时，被当成老师	在藏民家里培训时，被当作"老师"一样看待，心里多少有点小小的骄傲
摆脱压力	三江源能让我放松身心	学习负担让我感觉压力大，想去三江源休息	大一、大二在北京上的大学，我大三、大四在爱丁堡上大学，相当于我是转学过去的，所以之后的那两年我过得非常累，身心都累，所以在毕业的时候我就想找一个地方休息，三江源是一个很好的地方

注：为说明研究过程，本书只选取部分表格内容。

②主轴式编码

主轴式编码主要是为了深入探讨各范畴之间的关系，挖掘出主范畴。在对所获得的 25 个范畴之间的关系反复思考的情况下，经过分析，可将其归入 5 个主要范畴，分别是关注环境、职业发展、学习及体验、自尊和社交（表 5-5-11）。

表 5-5-11　志愿者参与动机主轴式编码

主范畴	对应范畴	开放式编码范畴
关注环境	生态环境	关注生态环境
		希望三江源变得更好
		关注动植物
		帮助改善生态环境
	社会环境	帮助改善社区生计
		保护和世代传承
		关注社区
职业发展	职业发展机会	探索可能的职业发展
		从事与环境保护相关的工作
		建立有助于事业的人际关系
	丰富阅历	为自己的经历添彩
		在独特的环境中工作的机会
学习及体验	学习知识及技能	获得新知识及提升技能
	体验风景	观赏及体验独特风景
		体验牧区牧民生活
		感受先辈们及当代守山人的事迹
	体验未知	享受未知和挑战
自尊	被认可	自己是被需要的
		自己是被尊重的
	内心充实	成就感
		让自己的生活充实有意义
		摆脱压力
社交	获得友谊	认识新朋友
	与人交流	与志同道合的人交流
	加深情感	与身边熟悉的人一起工作

③选择式编码

本书通过对原始资料与概念、范畴、维度进行分析，提炼出"三江源国家公园志愿者参与动机"这一核心范畴。然后根据上述分析的结果构建研究框架，可以发现国家公园志愿者参与动机包括利己动机和利他动机（图5-5-9），对于志愿者来说，参与国家公园志愿服务，他们既关注自身如何从服务中受益，也关注该活动能给国家公园带来什么。就像某位志愿者所说："我觉得这段时间作为志愿者，并没有给山水昂赛工作站或者这儿的牧民帮上很多忙，相反地，山水自然倒是给了我一次机会，让我能够在藏区深入体验，收获了很多纸上学不到的东西。"在利己动机中，如果引用马斯洛的"需求理论"，志愿者的动机也是有层次的，其中"社交"和"自尊"相对"职业发展"和"学习及体验"来说，是稍微浅层次的动机。

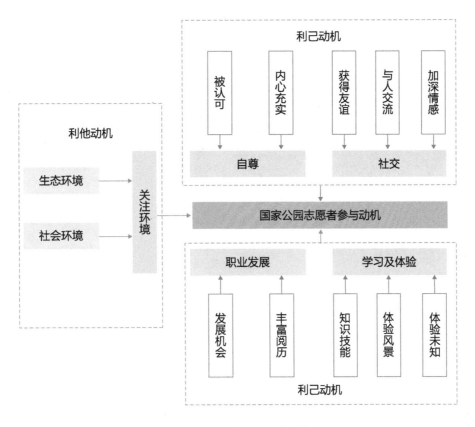

图5-5-9　志愿者参与动机

（2）志愿者参与影响因素分析

采用与志愿者动机分析相同的方法，探究三江源国家公园志愿者参与的影响因素，得到的结果如下：

①开放式编码

通过开放式编码，针对三江源国家公园志愿者参与的影响因素的研究共得到117个概念，25个范畴、编码举例如表 5-5-12 所示。

表 5-5-12　志愿者参与影响因素开放式编码示例

范畴化	概念化	初步概念化	原始资料
志愿服务内容安排合理	志愿服务内容停滞	服务内容因为客观原因，产生变动	带水獭、黑颈鹤那个项目的哥哥，在我们出野外第二天的时候，他的腰就闪了，就没办法带我去野外，所以我相当于是本来分配给我的那项工作任务就终止了，只能做一些其他项目的事，但不是我本来该做的事情
获取志愿服务信息	网络获取志愿招募信息	在微信公众号上恰巧看到招募信息	当时看到这个以后，我觉得这个组织很有意思，我就关注了他们微信公众号，恰巧看到他们的招募信息，我就投了简历
志愿服务培训	提供专业化培训	提供野生动物救护培训	希望能够提供相应的专业化培训，如动物救护站需要有相关救护培训等
	提供针对性培训	根据优缺点提供培训	希望能充分挖掘每个人的优点和不足，再进行相关的分享和培训
	提供理论培训	经验丰富的志愿者提供理论培训	一个专业的资深环保工作者，常年工作在格尔木驿站，他是绿色江河最早的志愿者，给我们简单介绍了绿色江河的一些公益项目和保护站的情况以及运营流程
在地安全问题	人身安全保障	设医疗救助站，保障志愿人身安全	我觉得，从我们亲身经历的话，肯定是对志愿者的身体健康有更好的保障措施，而且要给那边提供更好的医疗保障，在多远的范围内有医疗救助站
物质性回报	派发志愿服务纪念品	志愿者参与组织单位发小礼品	在去之前，会给每位志愿者发印有山水吉祥物的布袋子、明信片、宣传用的小礼品啥的，也算是一种激励吧
志愿者之间的沟通交流机会	志愿者之间方便沟通	志愿者之间合作开展服务	一同在夜晚的星空下认出一个个星座，一同去新生湖监测水位变化，一起做饭，在傍晚一同去湖边走走，一同去不冻泉保护站取生活用水，一同疏通青藏公路上的堵车
相互尊重与肯定	尊重使氛围和谐	即使有文化差异团队氛围也是和谐的	我们团队里面也有藏族的志愿者，虽然文化有所差异，但是我们团队氛围非常的积极向上、轻松和谐，在这里工作大家都很开心

②主轴式编码

通过对所得的 25 个范畴进一步归纳分析，关于志愿者参与的影响因素共提炼出
5 个主要范畴，分别是参与内容、参与流程、参与保障、志愿服务氛围及个人客观因
素，如表 5-5-13 所示。

表 5-5-13　志愿者参与影响因素主轴式编码

主范畴	对应范畴	开放式编码范畴
参与内容	目的地的吸引力	服务地点有吸引力
	内容的合理性	服务内容安排合理
	内容的一致性	服务内容与目标匹配
	内容的趣味性	服务内容有趣
参与流程	志愿服务信息	获取志愿者服务信息
	志愿者招募程序	志愿者申请
		与招募单位沟通
		志愿者确认
	志愿者参与途径	志愿者参与途径多样
参与保障	基本保障	当地交通
		当地住宿
		当地吃饭
		当地安全问题
	能力保障	志愿服务培训
	激励保障	物质性回报
志愿者服务氛围	沟通交流	志愿者之间的交流机会
		志愿者与外界的沟通交流机会
	彼此尊重	相互尊重与肯定
	行为修正	客观评价和结果反馈
个人客观因素	健康状况	自身身体状况
	支持	家人、朋友的理解与支持
	距离	与常住地的距离
	时间	充裕的时间

③选择式编码

本书通过对主范畴的进一步分析，提炼出"三江源国家公园志愿者参与的影响因素"这一核心范畴。然后根据上述分析的结果构建研究框架，可以发现志愿者参与影响因素包括个人因素、组织实现及参与保障3个方面。在个人因素方面，志愿者来参与前须征得家人及朋友的同意与支持，志愿者本身的身体状况、时间以及与三江源国家公园的距离，都会影响到志愿者的参与。在组织实现方面，志愿者关注的是志愿服务内容及参与流程。就如某位志愿者所说："我想做一些跟我自己专业相关的事情，比如说监测，但是说这些一般都是由护林员去做的，需要很熟悉那边情况的人，有一定的危险性，所以他们给志愿者安排的工作一般都是宣传、一些类似打杂的事情……对于一些关于前期对接的事情，希望能更加流程化一些吧，不希望经过这么长时间的等待，而且每次得到的回复都感觉很敷衍，具体的要求也能更明确一些。"在参与保障方面，发现氛围营造与保障存在内在的逻辑关系，一个好的志愿服务氛围的营造是保障志愿者参与的重要因素，不管是对志愿者评估及对其行为的修正，还是志愿者与志愿者之间的沟通交流，都可用一定的方法手段保障其正常进行。

（3）小结

通过对志愿者参与的动机与影响因素的分析，发现二者在志愿者参与机制构建中存在一定的关联性（图5-5-10）。志愿者参与三江源国家公园志愿服务，其动机是主要拉力，影响其参与的因素是主要推力，在构建志愿者参与机制时，应考虑如何将二者的力量及结合的作用发挥到最大，并根据志愿者动机类型去引导和组织志愿者参与，根据影响志愿者参与的因素去防范与解决其关注的问题，保证志愿者的有效参与。

2）问卷数据分析

（1）样本基本情况

问卷的第4部分。对志愿者是否参与过三江源国家公园志愿服务情况进行统计，结果如表5-5-14所示。

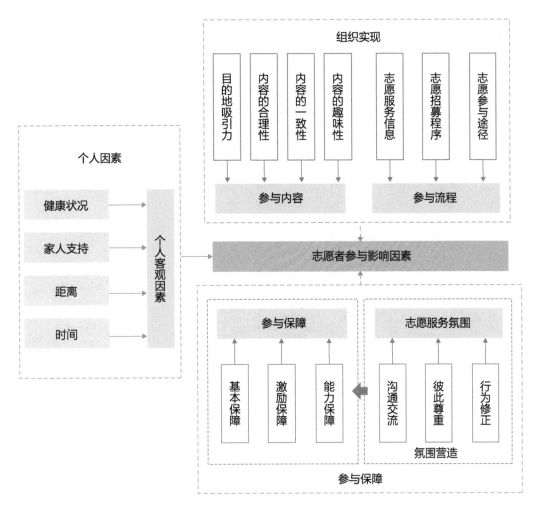

图 5-5-10 志愿者参与影响因素规律

表 5-5-14 是否参与过三江源国家公园志愿服务统计

是否参与过三江源国家公园志愿服务	频数	百分比
是	23	5.7%
否	394	94.3%

可以发现，样本中有 23 人参与过三江源国家公园志愿服务。志愿者的人口统计学特征的结果如表 5-5-15 所示。

表 5-5-15　问卷样本基本情况统计

题项	回答内容	频率	百分比	题项	回答内容	频率	百分比
性别	男	137	33.7%	居住地	安徽省	7	1.7%
	女	270	66.3%		北京市	194	47.7%
	合计	407	100%		福建省	6	1.5%
出生时间	1960—1969 年	13	3.2%		甘肃省	2	0.5%
	1970—1979 年	29	7.1%		广东省	18	4.4%
	1980—1989 年	50	12.3%		广西壮族自治区	2	0.5%
	1990—1999 年	304	74.5%		贵州省	4	1.0%
	2000—2009 年	11	2.7%		海南省	2	0.5%
	合计	407	99.8%		河北省	5	1.2%
职业	无业	14	3.4%		河南省	11	2.7%
	学生	208	51.1%		湖北省	17	4.2%
	教师	33	8.1%		湖南省	14	3.4%
	公务员 / 事业单位人员	39	9.6%		吉林省	8	2.0%
	公司职员	83	20.4%		江苏省	14	3.4%
	离退休人员	1	0.2%		江西省	3	0.7%
	个体经营	11	2.7%		辽宁省	2	0.5%
	NGO 员工	4	1.0%		内蒙古自治区	2	0.5%
	其他	14	3.4%		青海省	22	5.4%
	合计	407	99.9%		山东省	12	2.9%
月收入	3 000 元以下	219	53.8%		山西省	6	1.5%
	3 001 ～ 6 000 元	73	17.9%		陕西省	5	1.2%
	6 001 ～ 9 000 元	57	14.0%		上海市	14	3.4%
	9 001 ～ 15 000 元	41	10.1%		四川省	8	2.0%
	15 001 元以上	17	4.2%		天津市	5	1.2%
	合计	407	100%		西藏自治区	5	1.2%
最高学历	初中及以下	6	1.5%		新疆维吾尔自治区	2	0.5%
	高中或中专	25	6.1%		云南省	5	1.2%
	大专	17	4.2%		浙江省	8	2.0%
	本科	185	45.4%		香港特别行政区	1	0.2%
	硕士及以上	174	42.8%		国外	3	0.7%
	合计	407	100%		合计	407	100%

由表 5-5-15 可以发现志愿者具有以下特征：

①在性别上，女性受访者多于男性受访者。

②在年龄上，受访者集中出生于 20 世纪 80 年代、20 世纪 90 年代，即青壮年群体居多。其中"90 后"最多，占被访者总数的 74.5%，这个年龄段的人以在校学生以及刚毕业工作的人为主，相对来说时间比较自由和充裕，可以自行安排。

③在职业样本方面，有一半左右的样本为学生群体，公司职员、公务员 / 事业单位人员和教师是本次样本中分布较多的职业群体。

④样本受教育水平高，88.3% 以上受过大学以上教育。

⑤样本月收入不高，一半以上的受访者月收入在 3 000 元以下，这可能与受访者的职业有关。

⑥受访者在国内外都有分布，其中北京市、青海省、广东省、湖北省、湖南省、上海市、江苏省、河南省、浙江省等地志愿者较多，占一半以上。

（2）志愿者参与国家公园的认知分析

为调查志愿者对三江源国家公园志愿者参与的感知，本书首先调查了志愿者对三江源国家公园志愿者参与的认知程度（表 5-5-16），认知程度分为"您了解三江源国家公园吗？"和"您认为志愿者对三江源国家公园的重要程度"两个方面进行测量，测量均采用 5 级李克特量表。结果显示，志愿者对三江源国家公园志愿者参与的认知程度处于中间水平，平均值为 3.38 分。其中对三江源国家公园的了解程度分值仅为 2.62 分，说明志愿者对三江源国家公园并不太了解，而对志愿者对国家公园的重要程度的分值达到 4.13 分，认为志愿者对三江源国家公园比较重要。

表 5-5-16　志愿者对三江源国家公园志愿者参与的认知程度

测量项	指标	得分 / 分	平均值
认知程度	您了解三江源国家公园吗？	2.62	3.38
	您认为志愿者对三江源国家公园的重要程度	4.13	

（3）志愿者参与行为意向及意愿分析

针对已经参与过的志愿者的行为意向，本书从满意度、口碑效应与重复意向3个方面去测量。满意的志愿者会有重复的意向，而不满意的志愿者则不会有积极的意向。同时产生积极口碑的志愿者也会有重复行为意向。针对潜在志愿者的行为意向直接采用参与意愿来测量。通过对志愿者行为意向的调查发现（表5-5-17），在407份有效问卷调查中，有30位已经服务过的志愿者，其余377位为潜在志愿者，潜在志愿者中有63位不太愿意参与三江源国家公园志愿活动。用平均值来衡量志愿者的行为意向，发现已经服务过的志愿者的行为意向为4.51分，大于现在志愿者的行为意向为3.69分。在63位不愿意参与的志愿者中，对其原因进行分析，结果显示没有空闲时间、距离遥远、家庭原因、不了解三江源、不清楚三江源的志愿者服务体系是大多数人提到的原因。

表5-5-17　志愿者行为意向

测量项	志愿者类型	指标	得分 / 分	平均分
行为意向	已经服务过的志愿者	总体来说，我很满意这次三江源国家公园志愿服务	4.40	4.51
		我会建议朋友们来三江源国家公园做志愿者	4.53	
		如果有机会，我很愿意再次作为志愿者为三江源服务	4.60	
	潜在志愿者	我会关注三江源国家公园志愿者服务	3.85	3.69
		您是否想去参与三江源国家公园志愿者服务	3.53	

（4）志愿者参与基本特征分析

在志愿服务信息来源渠道方面，从调查结果可以看出（表5-5-18），参与三江源国家公园志愿服务的志愿者了解志愿服务信息的途径占比最高的是学校或社团组织（63.3%），接下来依次是微博、微信等社交平台，志愿者相关的网站、同学朋友介绍、NGO和国家公园 / 保护地官网，与前面分析三江源国家公园志愿者的参与现状是相符的。现有参与服务的志愿者很多是通过高校社团或者组织、NGO来参与的，所以其信息来源也是这些途径，而在这个过程中，也有通过同学及朋友介绍才得知这两个途径的。对于潜在的志愿者，他们获取志愿服务信息的渠道排名前 5 的分别是微博、微信等社交平台，同学及朋友介绍，学校或社团组织，国家公园 / 保护地官网及志愿者相关的官网，较符合当下人们获取信息的方式。这说明新媒体社交平台、口碑传递、高校平台、国家公园保护地官方平台等是三江源国家公园需要重点利用的志愿者招募信息的重要途径。

将两类志愿者群体获取志愿服务信息的途径进行对比，分析如下：

①从 NGO 获取信息的方式存在差异，其原因可能是即使志愿服务信息是最开始通过 NGO 传播出来的，但是有些志愿者没关注这些 NGO，反而是由关注这些 NGO 的同学及朋友或者一些网络新媒体了解招募信息，所以就选择了其他途径，认为自己不是通过 NGO 获取的。

②微博、微信等社交平台，同学及朋友介绍、高校组织或社团、志愿者相关的官网、国家公园 / 保护地官网等是志愿者获取志愿服务信息的重要途径，因此三江源国家公园志愿服务信息的发布应充分利用这些渠道，以向志愿者传达志愿服务信息。

表 5-5-18　志愿服务信息来源渠道统计

来源渠道	两类志愿者	排序	已服务过的志愿者		排序	潜在志愿者		排序
	平均频度		选择次数	选择频度		选择次数	选择频度	
微博、微信等社交平台	57.4%	1	16	53.3%	2	193	61.5%	1
国家公园 / 保护地官网	26.3%	5	9	30.0%	5	71	22.6%	4
志愿者相关的官网	29.0%	4	13	43.3%	3	46	14.6%	5
学校或社团组织	49.7%	2	19	63.3%	1	113	36.0%	3
NGO	20.8%	6	9	30.0%	5	36	11.5%	6
宗教组织	1.8%	9	1	3.3%	8	1	0.3%	10
单位介绍	1.5%	10	0	0	10	9	2.9%	8
同学及朋友介绍	39.3%	3	12	40.0%	4	121	38.5%	2
报纸杂志及书籍	7.8%	7	2	6.7%	7	28	8.9%	7
其他	2.6%	8	1	3.3%	8	6	1.9%	9

3）参与方式分析

基于对志愿者参与方式的分析，可以看出，通过高校社团、组织，通过活跃在三江源地区的 NGO 和直接通过国家公园管理局/管理机构这 3 种方式参与三江源国家公园志愿服务的志愿者最多，这与三江源国家公园现有的志愿者服务参与方式相同（表 5-5-19）。通过工作单位组织或企业组织等其他方式并没有作为本书的重点，这与调查选取样本的难易程度有关，也是研究的不足之处。

从潜在志愿者期望的志愿服务参与方式选择频度来看，受欢迎程度由高到低分别是通过高校社团、组织，直接通过国家公园管理局/管理机构，通过工作单位组织和通过活跃在三江源地区的 NGO，其他被选择的参与方式较少。

将两类志愿者的参与方式进行对比，分析其异同：

①通过宗教组织这种方式是两类志愿者的参与方式中差异比较大的。三江源国家公园处于青海省南部，当地有很多宗教组织且受到当地藏民的欢迎，有志愿者通过宗教组织参与三江源国家公园的志愿服务。但对于潜在的志愿者来说，他们对三江源国家公园并不是很了解，对宗教组织这种参与方式在选择次数上是最少的。

②通过高校社团、组织，直接通过国家公园管理局/管理机构，通过活跃在三江源地区的 NGO 是志愿者们更倾向的参与方式，因此三江源国家公园在构建志愿者参与机制时，应考虑如何将这些参与方式有效地运用到机制运作中。

③在"其他"这个选项中，被访者对志愿者的参与方式进行补充，提出了"通过大学和科研机构"这种参与方式。

表 5-5-19　志愿者参与方式统计

参与方式	两类志愿者	排序	已服务过的志愿者		排序	潜在志愿者		排序
	平均频度		选择次数	选择频度		选择次数	选择频度	
直接通过国家公园管理局/管理机构	37.7%	2	10	33.3%	3	132	42.0%	2
通过高校社团、组织	63.7%	1	21	70.0%	1	180	57.3%	1
通过工作单位组织	17.6%	4	1	3.3%	4	100	31.8%	3

参与方式	两类志愿者	排序	已服务过的志愿者		排序	潜在志愿者		排序
	平均频度		选择次数	选择频度		选择次数	选择频度	
通过企业组织	5.1%	5	0	0	5	32	10.2%	5
通过宗教组织	2.5%	7	1	3.3%	4	5	1.6%	7
通过活跃在三江源地区的NGO	34.1%	3	11	36.7%	2	99	31.5%	4
其他	3.4%	6	0	0	5	21	6.7%	6

4）参与内容分析

对志愿者志愿活动参与内容进行分析，从已服务过的志愿者的参与内容统计结果来看，除"病虫害防治"这一类型没有志愿者参与，其他类型的参与内容都有志愿者涉及，说明三江源国家公园志愿服务内容丰富多样。在这些内容中，志愿者主要参与的活动依次是动植物保护、调查及研究，垃圾清理，解说/讲解，照顾、喂养动物，访客（游客）服务，拍摄纪录片或宣传片，巡护，社区服务（教育、培训等）。这些内容涉及三江源国家公园资源与环境保护、社区及文化保护、解说和游客服务及公园管理四大方面，涵盖面较广。

从潜在志愿者期望的参与内容选择频度来看，动植物保护、调查及研究，生态系统修复，文化遗产保护（调查、记录、研究等），照顾、喂养动物，拍摄纪录片或宣传片这些活动是志愿者们最感兴趣的内容，涉及资源与环境保护、社区及文化保护和公园管理三大方面。

将两类志愿者的参与内容进行对比（表5-5-20），分析其异同：

①垃圾清理、访客（游客）服务、文化遗产保护（调查、记录、研究等）和设施维护是两类志愿者中差异比较大的。通过对比可知：潜在志愿者与已服务过的志愿者相比，并不愿意参与垃圾清理。三江源国家公园之前允许接待游客的景点现都处于关闭状态，访客（游客）服务减少。文化遗产保护（调查、记录、研究等）是潜在志愿者比较想参与的内容，这是因为志愿者对藏族文化感兴趣，进而更倾向于

在了解藏族文化的过程中完成志愿活动。而前期国家公园的任务更多集中在资源和环境保护上，所以已服务过的志愿者并没有参与这项志愿活动的机会。

②动植物保护、调查及研究，照顾及喂养动物，病虫害防治等参与内容差异不大。对于两类志愿者都不感兴趣的服务内容，三江源国家公园应根据其发展目标，制定相应的志愿者参与项目内容，挑选出吸引志愿者的内容，从而招募真正适合的志愿者来参加。

表 5-5-20　志愿参与内容统计

来源渠道	两类志愿者	排序	已服务过的志愿者		排序	潜在志愿者		排序
	平均频度		选择次数	选择频度		选择次数	选择频度	
资源与环境保护			76	253.4%		869	276.7%	
生态系统修复	40.3%	3	9	30.0%	6	159	50.6%	2
动植物保护、调查及研究	60.5%	1	17	56.7%	1	202	64.3%	1
照顾、喂养动物	43.3%	2	12	40.0%	3	146	46.5%	4
病虫害防治	7.2%		0	0		45	14.3%	15
环境监测（地质、水文、土壤等）	30.6%	9	8	26.7%	7	108	34.4%	6
科研考察	24.7%		6	20.0%	9	92	29.3%	9
巡护	28.7%		11	36.7%	4	65	20.7%	11
垃圾清理	30.0%	11	13	43.3%	2	52	16.6%	13
社区及文化保护			20	66.7%		279	88.8%	
文化遗产保护（调查、记录、研究等）	34.5%	6	6	20.0%	9	154	49.0%	3
社区服务（教育、培训等）	32.1%	8	11	36.7%	4	86	27.4%	10
放牧	11.2%		3	10.0%		39	12.4%	16
解说和游客服务			35	116.6%		265	84.4	
解说/讲解	37.3%	5	13	43.3%	2	98	31.2%	8
环境教育	33.1%	7	10	33.3%	5	103	32.8%	7
访客（游客）服务	30.2%	10	12	40.0%	3	64	20.4%	12
维护			7	23.3%		30	9.6%	

续表

来源渠道	两类志愿者	排序	已服务过的志愿者		排序	潜在志愿者		排序
	平均频度		选择次数	选择频度		选择次数	选择频度	
设施维护	16.5%		7	23.3%	8	30	9.6%	17
公园管理			25	83.3%		216	68.8%	
计算机相关（维护网络、设计电脑程序或公园网页）	5.2%		1	3.3%		22	7.0%	18
资料整理与更新	21.2%		8	26.7%	7	49	15.6%	14
办公室行政 / 文书工作	9.9%		4	13.3%		20	6.4%	19
拍摄纪录片或宣传片	39.9%	4	12	40.0%	3	125	39.8%	5
其他	1.0%		0	0		6	1.9%	

5）参与流程分析

从已服务过的志愿者的参与流程统计结果来看（表 5-5-21），他们在进行志愿者服务时，对于前文所提到的参与流程都有涉及，说明参与三江源国家公园服务的志愿者都经历过一个相对较完整的流程。其中志愿者申请、与部门沟通对接、部门回应、面试、培训、志愿服务总结、志愿服务评价及反馈、志愿活动奖励等步骤涉及的志愿者较多，而笔试及定岗这两个步骤涉及的志愿者较少，使用并不频繁。

从潜在志愿者期望的志愿服务参与流程选中频度来看，志愿者申请、与部门沟通对接、部门回应、面试、签订协议、培训、志愿服务总结、志愿服务评价及反馈、志愿活动奖励是志愿者认可度比较高的应该经历的步骤，但对于笔试这个过程，希望经历的志愿者的比例却低于 20%。

将两类志愿者的参与流程进行对比，分析其异同：

①定岗是已服务过的志愿者和潜在志愿者之间存在差异的选项。对于已参与过的志愿者，这个步骤体现得并不明确，可能是因为志愿者在参与时，并没有一个完全的岗位职责确认，但是对于潜在志愿者来说，他们希望在志愿服务时清楚自己的岗位职责，从而更好地服务三江源国家公园。

②笔试是两类志愿者参与少且不愿意参与的步骤。所以，在三江源国家公园招募志愿者时，笔试可以依照项目的专业及人员的需求，考虑是否需要对志愿者进行笔试。

③在"其他"这个选项中，潜在志愿者也提到开通志愿者网上交流、志愿服务期间的辅导以及后期服务内容的反馈和同伴的交流也是比较重要的步骤。

表 5-5-21　志愿者参与流程统计

参与方式	两类志愿者	排序	已服务过的志愿者		排序	潜在志愿者		排序
	平均频度		选择次数	选择频度		选择次数	选择频度	
志愿者申请	76.3%	1	22	73.3%	2	249	79.3%	1
与部门沟通、对接	67.6%	2	27	90.0%	1	142	45.2%	4
部门回应	40.5%	7	15	50.0%	4	97	30.9%	9
面试	43.2%	4	13	43.3%	6	135	43.0%	5
笔试	15.9%	11	4	13.3%	10	58	18.5%	11
签订协议	35.9%	9	11	36.7%	7	110	35.0%	7
定岗	22.7%	10	5	16.7%	9	90	28.7%	10
培训	56.2%	3	14	46.7%	5	206	65.6%	2
志愿服务总结	42.4%	6	16	53.3%	3	99	31.5%	8
志愿服务评价及反馈	43.1%	5	14	46.7%	5	124	39.5%	6
志愿活动奖励	36.1%	8	8	26.7%	8	143	45.5%	3
其他	2.9%	12	1	3.3%	11	8	2.5%	12

6）志愿服务激励分析

从已服务过的志愿者的志愿服务奖励统计结果来看（表5-5-22），给志愿者的激励主要为提供志愿服务证明或者证书、交通、食宿等补助，也有一部分志愿者表示不需要奖励。

从潜在志愿者期望的志愿服务激励选中频度来看，志愿服务证明或者证书、获得免费进入国家公园的资格、交通和餐饮等补助是志愿者比较希望得到的激励。也有少数潜在志愿者表达不需要奖励。

将这两类志愿者的志愿服务激励进行对比，分析其异同：

①获得免费进入国家公园的资格是这两类志愿者存在差异比较大的选项。对于已服务过的志愿者来说，已经到过三江源国家公园了，所以对是否能免费进入国家公园并不太关注；相反，潜在志愿者却比较关注这点。

②志愿服务证明或证书，交通和餐饮等补助，获得免费进入国家公园的资格是志愿者们都比较关注的奖励，因而志愿者在参与三江源国家公园时，应给他们提供这些奖励，激励他们。

③在"其他"这个选项中，志愿者也提到了其他的奖励，如"可以参与后续科研等活动的优先权""希望与当地能建立长期的联系，并与志同道合的朋友们能经常一起交流"，反映的是志愿者希望能与当地保持长期的联系，而不是志愿服务完就结束一切关联。

表 5-5-22　志愿服务激励统计

参与方式	两类志愿者	排序	已服务过的志愿者		排序	潜在志愿者		排序
	平均频度		选择次数	选择频度		选择次数	选择频度	
志愿服务证明或者证书	64.9%	1	18	60.0%	1	219	69.7%	1
官方网站上公开表彰	16.3%	5	5	16.7%	4	50	15.9%	4
获得免费进入国家公园的资格	34.3%	3	3	10.0%	5	184	58.6%	2
交通、餐饮等补助	39.7%	2	9	30.0%	3	155	49.4%	3
不需要奖励	27.7%	4	12	40.0%	2	48	15.3%	5
其他	1.75%	6	0	0	6	11	3.5%	6

7）志愿者参与动机分析

（1）信度分析及效度分析

通过计算得知，本次案例处理个数为 314 个（表 5-5-23），本次选取的 22 个具体指标的满意度感知的 Cronbach's Alpha 系数为 0.953（表 5-5-24），表明本次调查的信度在极好的范围内，调查具有较高的可靠性。

表 5-5-23　案例处理汇总

类别	案例数	处理率 / %
有效	314	100
已排除 [a]	0	0
总计	314	100

注：a. 基于程序中的所有变数完全删除。

表 5-5-24　可靠性统计量

Cronbach's Alpha	项数
0.953	22

对问卷中 22 项满意度感知指标进行 KMO 测度和 Bartlett 球形检验分析，所得的输出结果如表 5-5-25 所示。可以看出，KMO 值为 0.932，大于 0.90，说明本次调研数据适合作因子分析。另外，该表中的 Bartlett 球形检定显著性为 0.000，小于 1%，说明数据具有相关性，适合作因子分析。

表 5-5-25　KMO 和 Bartlett 的检验

取样足够度的 Kaiser-Meyer-Olkin 度量（KMO）		0.932
Bartlett 的球形检定	大约卡方	6 031.068
	df	231
	显著性	0.000

（2）探索性因子分析

为了探索三江源国家公园志愿者参与动机测量量表各种变量的内在结构，本书运用 SPSS 19.0 对 22 个志愿者感知的变量进行因子分析（表 5-5-26）。采用探索性因子分析方法，并通过最大方差旋转法进行旋转，使得每个变量在尽可能少的因子上有较高的负载，最后提取了 5 个共同因子，这 5 个因子的累计解释方差贡献率为 77.567%，达到社会科学领域一般要求的 60%（冯岩松，2015），该结果较为合理。

根据探索性因子分析的结果，所提取的 5 个共同因子描述如下。

第一个因子包含 4 个项目，分别是"关注生态、环境、动植物、社区发展等""帮助改善、恢复及提高生态环境、社区生计等""帮助保护留给后代的环境、资源和遗产""希望国家公园成为更好的地方"，这 4 个项目所涉及的内容表现了志愿者对国家公园环境的关注，将其命名为关注环境。

第二个因子包含 5 个项目，分别是"迈入想从事的工作的门槛""简历上的志愿经验会添彩""建立可能有助于学业 / 事业联系的人际关系""探索可能的学业 / 事业选择""有助于我的学业 / 事业"，这 5 个项目所涉及的内容表现了志愿者对职业及个人发展的关注，将其命名为工作机会。

第三个因子包含 6 个项目，分别是"获得新知识及提升技能""在独特的环境中工作的机会""观赏及体验独特风景""拥有一次与众不同的体验""享受未知和挑战""让我的生活更加充实、更有意义"，这 6 个项目所涉及的内容表现了志愿者对学习及体验的关注，将其命名为学习体验。

第四个因子包含 4 个项目，分别是"暂时摆脱现实生活、学习、工作的压力""觉得自己是被需要的""获得尊重""获得成就感"，表现的是志愿者的自尊，将其命名为自尊。

第五个因子包含 3 个项目，分别是"认识新朋友""与志同道合的人交流""和同学、朋友、亲人一起工作"，表现的是志愿者在志愿服务时的社交，将其命名为社交。

表 5-5-26　探索性因子分析结果

感知变量	公共因子				
	关注环境	工作机会	学习体验	自尊	社交
关注生态、环境、动植物、社区发展等	0.882				
帮助改善、恢复及提高生态环境、社区生计等	0.895				
帮助保护留给后代的环境、资源和遗产	0.898				
希望国家公园成为更好的地方	0.875				
迈入想从事的工作的门槛		0.832			
简历上的志愿经验会添彩		0.753			
建立可能有助于学业/事业联系的人际关系		0.771			
探索可能的学业/事业选择		0.739			
有助于我的学业/事业		0.693			
获得新知识及提升技能			0.731		
在独特的环境中工作的机会			0.668		
观赏及体验独特风景			0.747		
拥有一次与众不同的体验			0.753		
享受未知和挑战			0.594		
让我的生活更加充实、更有意义			0.546		
暂时摆脱现实生活、学习、工作的压力				0.536	
觉得自己是被需要的				0.783	
获得尊重				0.834	
获得成就感				0.739	
认识新朋友					0.696
与志同道合的人交流					0.683
和同学、朋友、亲人一起工作					0.671
解释变异量	17.60	17.55	17.33	14.47	10.62

（3）描述性统计分析

本书对志愿者参与动机的各项指标进行了描述性统计分析，发现按照动机分类的志愿者类型存在一定差异，具体结果如表 5-5-27 所示。志愿者选择最多的动机类型是关注环境和学习体验，平均分值分别为 4.28 分和 4.17 分，其次是选择社交、自尊和工作机会动机类型，平均分值分别为 3.97 分、3.89 分和 3.57 分。说明对于志愿者来说，参与三江源国家公园志愿服务，主要的动机是关注环境，属于利他动机。选择学习体验、获得社交满足和心理需求动机的平均分值居中，而选择工作机会的平均值最低，对于志愿者来说并不算主要的原因，该类型下所有因子得分均低于 4分，且"迈入想从事的工作的门槛"这一项得分最低也进一步证明这一点。

表 5-5-27 动机描述性统计结果

动机因子	平均值	标准差	众数
因子 1：关注环境	4.28	—	—
关注生态、环境、动植物、社区发展等	4.25	0.969	5
帮助改善、恢复及提高生态环境、社区生计等	4.22	0.947	5
帮助保护留给后代的环境、资源和遗产	4.29	0.945	5
希望国家公园成为更好的地方	4.34	0.943	5
因子 2：工作机会	3.57	—	—
迈入想从事的工作的门槛	3.29	1.029	3
简历上的志愿经验会添彩	3.52	1.021	4
建立可能有助于学业／事业联系的人际关系	3.65	0.993	4
探索可能的学业／事业选择	3.74	1.009	4
有助于我的学业／事业	3.64	1.051	4
因子 3：学习体验	4.17	—	—
获得新知识及提升技能	4.07	0.849	4
在独特的环境中工作的机会	4.01	0.921	4

续表

动机因子	平均值	标准差	众数
观赏及体验独特风景	4.21	0.876	5
拥有一次与众不同的体验	4.31	0.855	5
享受未知和挑战	4.15	0.889	4
让我的生活更加充实、更有意义	4.26	0.815	4
因子4：自尊	3.89	—	—
暂时摆脱现实生活、学习、工作压力	3.90	1.008	4
觉得自己是被需要的	3.88	0.983	4
获得尊重	3.83	0.965	4
获得成就感	3.94	0.925	4
因子5：社交	3.97	—	—
认识新朋友	4.06	0.841	4
与志同道合的人交流	4.08	0.867	4
和同学、朋友、亲人一起工作	3.76	0.969	4

8）志愿者参与影响因素分析

利用李克特量表1～5等级评分值对调查问卷中志愿者参与的感知影响因素进行数据处理，分别计算出它们的均值、标准差和众数。调查显示，所有得分均在3.5分以上，说明这些因素对志愿者参与三江源国家公园志愿服务会产生一定影响（表5-5-28）。其中与参与内容相关的因素、与参与流程相关的因素、与营造志愿服务氛围相关的因素3个方面的平均值都超过4.0分，得分分别为4.15分、4.10分和4.02分。个人客观因素及与保障相关的因素，得分分别为3.97分和3.85分，说明志愿者更关注的是参与的内容、参与流程和志愿氛围营造，而对与保障相关的因素相对关注比较低，这可能是因为目前志愿者希望个人能更多地服务国家公园，并从中让自己得到锻炼，对于是否有保障并不是重点关注，也可能是因为志愿者有能力解决保障问题。

表 5-5-28　影响因素描述性统计结果

影响因素	平均值	标准差	众数
与参与内容相关的因素	4.15	—	—
志愿服务地点是否有吸引力	4.12	0.820	4
志愿服务内容是否合理及有趣味性	4.17	0.707	4
实际服务内容与目标是否匹配	4.16	0.725	4
与参与流程相关的因素	4.10	—	—
志愿服务信息是否易获取	4.12	0.761	4
志愿者招募程序是否便捷	4.14	0.748	4
志愿参与途径是否多样	4.04	0.802	4
与保障相关的因素	3.81	—	—
参与志愿服务时是否有各种基本保障（安全、生活等）	4.28	0.731	4
是否有志愿服务培训	4.05	0.821	4
是否有物质性（如金钱、奖品、奖状等）回报	3.11	1.041	4
与营造志愿服务氛围相关的因素	4.02	—	—
志愿者之间是否有交流的机会	3.99	0.786	4
是否有与外界沟通交流的机会	4.03	0.776	4
是否能得到应有的尊重和肯定	4.08	0.790	4
是否能够得到客观评价和结果反馈	3.98	0.810	4
个人客观因素	3.97	—	—
自身身体状况是否适合	4.16	0.752	4
家人、朋友等是否理解或支持	3.87	0.830	4
与您常住地的距离	3.67	1.066	4
是否有足够的时间	4.24	0.725	4
是否有足够的可支配收入	3.90	0.953	4

9）不同动机类型志愿者的影响因素感知差异

为验证不同类型动机（期望）的志愿者在志愿服务过程中对影响因素的感知差异，本书将志愿者类型与志愿者参与影响因素类型进行相关分析。如表 5-5-29 所示，从中可以看出，关注环境类的志愿者对这 5 类影响因素关注都比较高，其中最受关注的是与参与流程相关的因素，其次是与参与内容相关的因素以及志愿服务氛围因素。注重工作机会的志愿者比较关注与保障相关的因素、志愿服务氛围因素和个人客观因素，并不太关注参与内容和参与流程。学习体验类志愿者对这 5 类影响因素的关注都比较高，特别是对参与内容类因素。自尊类志愿者对这 5 类影响因素的关注也比较高，特别是对志愿服务氛围因素。社交类志愿者最关注的是志愿服务氛围类因素。所以，针对不同动机类型的志愿者为其解决影响因素的优先级别不同，应根据志愿者的动机，为其安排参与相应的志愿内容、志愿流程、志愿保障。

表 5-5-29　不同类型志愿者与参与影响因素相关性分析

项目	关注环境	工作机会	学习体验	自尊	社交
与参与内容相关的因素	0.273**	0.068	0.389**	0.227**	0.227**
	0.000	0.231	0.000	0.000	0.000
与参与流程相关的因素	0.319**	0.063	0.273**	0.252**	0.236**
	0.000	0.266	0.000	0.000	0.000
与保障相关的因素	0.138*	0.277**	0.220**	0.185**	0.245**
	0.014	0.000	0.000	0.001	0.000
志愿服务氛围	0.243**	0.292**	0.192**	0.281**	0.345**
	0.000	0.000	0.001	0.000	0.000
个人客观因素	0.202**	0.159**	0.221**	0.191**	0.282**
	0.000	0.005	0.000	0.001	0.000

注：* 表示在 0.05 水平上显著；** 表示在 0.01 水平上显著。

10）小结

本小节主要是对三江源国家公园志愿者的志愿服务特征、行为特征、影响因素进行调查；运用探索性因子分析，将志愿者按照动机和心理需求进行分类；运用相关性分析，探索不同动机和需求类型的志愿者所关注的影响因素的不同之处。通过研究，得出以下结论：

（1）三江源国家公园已服务过的志愿者及潜在志愿者的人口统计学特征：

以受过高等教育的青壮年群体为主，其中比较多的是高校学生、企事业单位职员及高校教师，他们主要来自北京市、青海省、广东省、湖北省、湖南省、上海市、江苏省、河南省以及浙江省等地。

（2）三江源国家公园志愿者的行为特征具有以下特点：

①志愿者对三江源国家公园参与的认知处于中等水平，应考虑提高他们对国家公园的参与认知水平。

②志愿者获取志愿服务信息的方式包括微博、微信等社交平台，同学及朋友介绍、学校组织或社团、志愿者相关的官网、国家公园/保护地官网等，具有多样化、现代化及口碑传递等特征。应考虑充分利用志愿者获取信息的特征及渠道发布及宣传志愿者招募信息。

③志愿者倾向的参与方式包括高校社团/组织，国家公园管理局/管理机构，活跃在三江源地区的 NGO 及大学和科研机构等，具有官方、权威和经验的特征。应考虑运用这些方式来招募更适合国家公园的志愿者。

④志愿者倾向的参与内容是国家公园资源与环境保护、社区及文化保护和公园管理，具体包括动植物保护、调研及研究，生态系统修复，文化遗产保护（调查、记录、研究等），照顾、喂养动物，拍摄纪录片或宣传片等，与三江源国家公园的生态保护目标一致。

⑤三江源国家公园志愿者了解的参与流程包括志愿者申请—沟通和对接—回应—面试—签订协议—定岗—培训—志愿服务总结—志愿服务评价、交流及反馈—志愿活动奖励。流程中的每项内容在志愿者参与时如何运作，也是管理者需要考虑的问题。

⑥志愿者关注的激励包括志愿服务证明或证书，交通、餐饮等补助，获得免费进入国家公园的资格，可以参与后续科研等活动的优先权，希望与当地能建立长期的联系，并与志同道合的朋友们经常一起交流。可知志愿者关注的激励具有可持续性的特征，在激励志愿者时，应考虑该特征。

（3）三江源国家公园志愿者参与动机包括关注环境、学习体验、职业发展、社交和自尊。其中关注环境、学习体验、社交是志愿者在参与时所具有的比较强烈的诉求。

（4）三江源志愿者参与的影响因素包括参与内容、参与流程、参与保障、参与氛围营造和个人因素5个方面，其中对志愿者参与影响比较大的因素分别是参与内容、参与流程、参与氛围相关的因素。

（5）不同动机类型的志愿者关注的影响因素不同，关注环境的志愿者对参与流程和参与内容关注程度较高。关注工作机会的对志愿服务氛围期望较高，关注能否与志愿者及外界交流以及获得应有的尊重和肯定。关注学习体验类对参与内容最关心，与其期望及目的符合。自尊和社交类对志愿服务氛围期望较高，关注能否得到尊重、交流机会。针对不同动机志愿者应优先解决不同的影响因素。

综合对志愿者的质性分析和定量分析，可以发现有一定数量的志愿者参与过三江源国家公园志愿服务。志愿者是三江源国家公园志愿者参与机制的参与主体，三江源国家公园在构建志愿者参与机制时应综合考虑志愿行为特征、志愿参与动机和志愿参与影响因素，从而制定出满足志愿者需求的志愿服务。

5.5.3.6 对比分析总结

通过对3个主体（管理部门、NGO及志愿者）与三江源国家公园志愿者参与的调查分析，可以得到如下结论：

①志愿者在三江源国家公园中的重要作用得到三江源管理部门和NGO的认可，志愿者参与的必要性得到验证。

②参与主体特征。三江源国家公园期望的志愿者主体特征：专业知识与技能高且与国家公园所需专业一致的人才。NGO期望的志愿者主体特征：各专业领域内的佼佼者，能接受当地的传统文化。志愿者本身呈现出来的主体特征：以受过高等教育的青壮年群体为主，比较多的是高校学生、企事业单位职员及高校教师，来自经济较为发达或沿长江、黄河流域分布的城市。综合三者对志愿者主体的需求特征，三江源国家公园在界定志愿者参与主体时，应为：受过高等教育的各专业领域的优

秀人才，且与三江源国家公园所需人才一致，可以是高校学生，也可以是企事业单位职员或高校教师等，这些志愿者主要分布在经济较为发达或沿长江、黄河流域分布的城市。

③参与方式选择。通过国家公园管理部门直接参与，以及通过 NGO 参与这两种方式同时契合三江源国家公园管理部门和志愿者期望的参与方式，且这类参与方式也得到了 NGO 的支持，值得推广。

④参与内容界定。三江源国家公园管理部门对志愿者参与内容并没有清晰的认识，这与其没有完全转变成引导者角色相关。NGO 制定的参与内容与其理念相关，包括社区方面、生态环境保护、野生动植物保护研究、游客服务等内容。志愿者倾向的前 5 项参与内容包括动植物保护、调查及研究，生态系统修复，文化遗产保护（调查、记录、研究等），照顾、喂养动物，拍摄纪录片或宣传片。上述三者，志愿者参与内容可为与国家公园生态环境保护相关、文化遗产（社区）保护、公园日常管理、游客服务 4 个方面的内容。

⑤志愿者参与流程的构建。三江源国家公园管理部门执行的志愿者参与流程：审核—复函—签订协议—定岗—培训—志愿服务—总结。NGO 中志愿者管理的基本流程：评估需求—招聘—面试—定位—培训—上岗—终止—总结。志愿者倾向的参与流程：志愿者申请—与部门沟通对接—部门回应—面试—签订协议—培训—志愿服务总结—志愿服务评价及反馈—志愿活动奖励。综合考虑，志愿者参与流程：评估需求—招聘—面试—签订协议—定位—培训—上岗—终止—总结—志愿服务及评价。

⑥对志愿者的激励。三江源国家公园管理部门对志愿者的支持与回应比较浅层，组织和回应志愿者参与的能力还不成熟。NGO 对志愿者的激励主要集中在物质、服务证明、线下交流活动，志愿者倾向的激励措施包括志愿服务证明或者证书，交通等补助，免费进入国家公园以及保持与当地的长久联系，激励具有持续性。总体来说，三江源国家公园管理部门和 NGO 在对志愿者进行激励时，应关注激励能否对志愿者长久有效。

⑦3 个相关主体从各自视角反映出了在三江源志愿者参与机制中的较为重要且

需要解决的问题。总体来说，需进一步确立三江源国家公园管理部门在志愿者参与机制中的主导地位，引导及主管志愿者参与，与活跃的 NGO 合作，并从三江源国家公园自身需求出发制定规则选拔合适的志愿者，提高组织及回应志愿者参与的能力，针对不同诉求及动机类型的志愿者提供不同的引导方式、宣传教育方式、培训方式、参与内容、参与保障措施，以及需要优先解决的影响因素。

5.5.4 优化三江源国家公园志愿者参与机制

5.5.4.1 引导体系

1）强化国家公园管理部门作为引导者的角色

通过之前的分析可知，在三江源国家公园建立之初，国家公园的主要任务并不在引导志愿者参与方面。当前三江源国家公园志愿者参与运作的系统是由供给方（志愿者）来驱动的，国家公园管理部门应引导志愿者参与，强化其作为引导者的角色。一方面，可通过政策及法律引导，对关于保护地管理以及志愿者相关的政策及法律法规进行梳理整合，并以此为基本导向，出台引导及要求国家公园重视志愿者参与的相关政策，如将志愿者参与纳入国家公园管理的绩效考评体系，从管理上引起国家公园对志愿者参与工作的重视。另一方面，通过宣传和教育培训的方式，如宣传保护地及国家公园中志愿者的贡献和价值、培养管理部门志愿者人才队伍，提升国家公园在志愿者引导和管理方面的能力建设。

2）多途径引导和扶持志愿者参与

运用多途径方式引导和扶持志愿者参与。首先是政策引导，出台一些引导志愿者参与环境保护、国家公园或者其他类型保护地的法规或条例，如和高校或者用人单位合作，鼓励在校学生必须完成一定时长的志愿服务，或者要求用人单位重视求职者的志愿服务经历，从而推动志愿者参与。

其次，完善教育培训制度，教育培训主要是提高志愿者的参与能力以及参与水平，并使志愿者成为国家公园保护的倡导者、呼吁者以及行动者。教育培训包括思想教育和实践教育。思想教育主要是围绕国家公园志愿服务的重要性，可以与学校教育结合，培养志愿者的生态环保意识、奉献精神等，让其在学校就成为环境保护的呼吁者和行动者。

最后，根据志愿者的行为特征，制定宣传引导措施。在研究中发现，三江源国家公园志愿者的动机主要包括关注环境、工作机会、学习体验、自尊和社交 5 类，其中关注环境属于利他动机，工作机会、学习体验、自尊和社交属于利己动机。在对志愿者进行宣传引导时，一方面，需要强化利他动机。例如，关心环境这一利他动机，源于志愿者的同情心理和情感，强化的方式主要包括对国家公园生态环境状态、国家公园管理目标、国家公园生态环境与人的关系等进行宣传，强化人与生态环境及国家公园的关系，让志愿者能够主动地参与到国家公园志愿服务中。另一方面，要转化利己动机，利己动机支配着人的行为活动，应该将保障中的内容转化为与利己动机相关的措施，并大力宣传参与国家公园志愿服务能够得到的收获，激发人的参与欲望。在选择宣传引导的途径时，可根据志愿者获取信息途径的多样化、现代化及口碑传递等特征，利用官方微博、微信公众平台、同学朋友口碑传递等方式传播志愿服务，在选择宣传信息投放地点时，可结合志愿者的主体特征，发布在经济较为发达或者长江、黄河沿线城市等，借助高校平台进行传播。

5.5.4.2　组织实现体系

1）完善组织实现基本构成

（1）准确识别参与主体

三江源国家公园管理中的参与主体为志愿者，应是基于三江源国家公园管理部门视角所需要的志愿者和基于志愿者视角愿意参与的集合，并以 NGO 的要求进行修正。通过前文的对比分析，总结出三江源国家公园在界定及准确识别志愿者参与主体时，应为：具有奉献和志愿服务精神、接受过高等教育的各专业领域的优秀人才，且与国家公园所需一致，身体健康，能够适应高海拔环境，可以是高校学生，也可以是企事业单位职员或高校教师、摄影家等，这些志愿者主要来自经济较为发达或沿长江、黄河流域分布的城市。

（2）界定参与内容

基于三江源国家公园管理的目标、管理部门的需求及志愿者对三江源国家公园志愿者参与内容的感知，确定三江源国家公园管理中的志愿者参与内容包括资源与环境保护类、社区及文化保护类、解说和游客服务类以及公园管理类 4 个类别。这些类别所含内容如表 5-5-30 所示。对不同主体感知的志愿参与内容的调查发现，大家感兴趣的内容主要集中在资源与环境保护类，是目前参与内容的主要构成。对于非主要的参与内容是后期应该重点宣传的，引导更多的志愿者识别这些内容，从而使其参与其中。参与内容的界定，也明确了志愿者在服务时互动的主体包括国家公园生态环境、社区以及游客。

表 5-5-30　三江源国家公园管理中的志愿者参与内容

类别	包含事项
资源与环境保护类	生态系统修复，动植物保护、调查及研究，照顾、喂养动物，病虫害防治，环境监测（地质、水文、土壤等），科研考察，巡护，垃圾清理
社区及文化保护类	文化遗产保护（调查、记录、研究等）、社区服务（教育、培训等）、放牧
解说和游客服务类	解说/讲解、环境教育、访客（游客）服务、设施维护
公园管理类	计算机相关（维护网络、设计电脑程序或公园网页）、资料整理与更新、办公室行政/文书工作、拍摄纪录片或宣传片

（3）选择参与方式

通过国家公园管理部门直接参与和通过 NGO 参与这两种方式都是三江源国家公园管理部门和志愿者期望的主要参与方式。

（4）参与过程构建

从管理部门、NGO 及志愿者对志愿者参与过程的认知调查中发现，三江源国家公园志愿者参与过程构建应包括评估需求—招聘—面试—签订协议—定位—培训—上岗—终止—总结与评估反馈。

2）成立三江源国家公园志愿者管理委员会

三江源国家公园管理局为了更好地组织志愿者以及构建志愿者参与机制，理顺志愿者参与管理制度极为重要，一方面有利于确定国家公园各层级管理部门的权利与责任，另一方面也能给志愿者打造一个通畅的参与过程。可由三江源国家公园管理局成立三江源国家公园志愿者服务委员会，专门负责整个园区志愿者的招募、管理和服务，包括志愿者参与的顶层设计、监督和管理。此外，需收集下属各园区对志愿者的诉求，根据国家公园总体发展目标，协调及确认各园区的志愿者参与计划。同时还要维持对外的合作关系。各园区管委会成立分委员会，接到委员会的志愿者参与统筹安排后，负责各园区志愿者参与的具体执行，并根据园区发展目标制订年度志愿者参与计划及上年度志愿者参与执行情况后向上级汇总，解决志愿者的疑问。每个园区中的管理站配备一名当地志愿者管理员，负责当地志愿者执行项目的所有事情，包括记录、监督及考核志愿者服务成果和存在的问题，并向上级汇报。志愿者需向三江源国家公园管理委员会申请成为三江源国家公园志愿者，由管理委员会组织专家老师对志愿者进行面试，并对志愿者进行分配（图 5-5-11）。

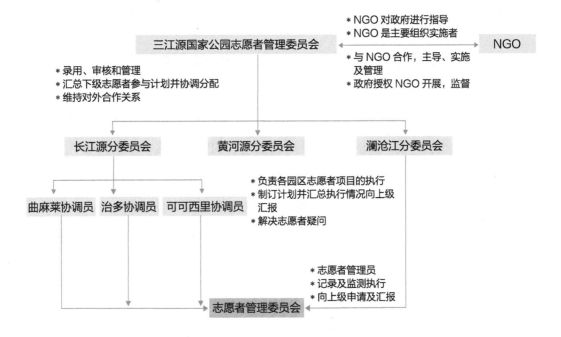

图 5-5-11　三江源国家公园志愿者参与管理体制

3）与 NGO 搭建合作平台，制订合作计划

通过 NGO 参与国家公园志愿服务是得到各主体认可的重要参与方式，这种方式在国家公园志愿活动中承担着重要角色。前文分析了 NGO 与三江源管理部门及志愿者之间的关系，此处主要探讨管理部门如何与 NGO 构建合作关系。首先，三江源国家公园志愿者管理委员会与 NGO 搭建合作平台。然后，委员会需要选择与三江源国家公园有共同使命和愿景的合作伙伴，选择合作模式，制定相关文件、合作备忘录等明确各自的权利、责任和义务，并配备专门的工作人员与合作伙伴之间进行日常工作的对接，解决工作中出现的问题。关于三江源国家公园与 NGO 的合作模式主要包括：一是政府购买，由政府出资，NGO 承包整个项目，执行从志愿者需求评估到最后激励的各个环节，三江源国家公园对整个项目进行宏观把控和结果验收；二是国家公园不用出资，直接与 NGO 合作开展志愿者项目，可借助 NGO 在志愿者管理上的经验或直接借助其志愿者平台来指导志愿者参与。

5.5.4.3 保障体系

1）完善相关规定，形成制度化合约

在三江源国家公园层面，已经出台了《三江源国家公园条例》《三江源国家公园志愿者管理办法（试行）》，对三江源国家公园开展志愿者活动有了初步的规定。但是这些都是宏观的，缺乏可操作性。应出台《三江源国家公园志愿者指导手册》，明确各级部门的职能分工，并予以确定。针对志愿者的管理制度，涉及志愿者主体的识别、参与各项内容的原则、招募信息发布、应聘、服务协议、志愿者权利与义务、考核、激励等形成制度化运作模式，例如，对志愿者在国家公园服务期间受伤后的赔偿给予明确规定，让三江源国家公园管理中的志愿者参与机制做到有章可依，也让志愿者参与有制度保障。其他没有涉及的内容，可由志愿者与管理部门签订协议书，明确各自的权与责，确保志愿者参与能够有效进行。

2）建立"成就认证"能力培训模式

招募来的志愿者，他们虽有一定的专业基础，但是在进入三江源国家公园正式开展志愿活动时，应该接受系统的培训。在调查中发现，在志愿者参与影响因素中，

"是否有服务培训"得分在 4 分以上，也是志愿者们普遍关注的影响因素。建立"成就认证"能力培训模式，志愿者每参与一项培训或者完成一项训练，就会收到管理部门或者相关机构颁发的成就认证，也可据此提供一个从事国家公园或者保护地相关工作的机会。对志愿者的培训可以分为两部分：基础理论训练和特殊实践训练。基础理论训练主要是普及国家公园相关知识、环境伦理、社区遗产保护、当地传统文化、国家公园经营管理等理论知识，使志愿者能了解国家公园的相关理论知识；特殊实践训练主要是针对具体志愿者项目内容进行的专题训练，比如红外摄像机安放与收取、资源本底调查方法、游客解说服务等。培训可采取网络教学和现场教学相结合的方式。此外，可为志愿者们提供与资深志愿者交流的机会，进行经验共享。总体来说，能力培训一方面能够使志愿者真正契合国家公园的服务精神，熟悉和了解所从事的业务，更好、更快地完成志愿服务内容，另一方面对于志愿者个人来说是一种知识、技能的获取以及能力的提高（戴胡萱等，2014）。

3）引入"时间银行"激励模式

适当的权益和福利为志愿者工作提供了良好的激励，同时也是推广志愿服务精神的有效措施。三江源国家公园应该给予志愿者一定的激励保障。通过对志愿者参与的激励调查发现，志愿者倾向的激励措施包括志愿服务证明或者证书，交通、参与等补助，免费进入国家公园以及保持与当地、其他志愿者的长久联系，而且激励具有持续性。根据激励具有持续性这一特征，引入"时间银行"概念，该概念起源于美国，是一种以志愿服务兑换志愿服务的养老方式（夏辛萍，2012）。通过对国家公园志愿者服务时间进行记录，等到日后这些志愿者有任何需求，可以用同等时间兑换，也可以针对不同级别的时间段给予不同的奖励，累计服务时间达 200 小时、400 小时、600 小时等的志愿者分别授予不同的级别，根据级别志愿者可在升学、就业、景区门票等方面给予不同程度的优惠政策。此外，也可以给予物质激励，如参加志愿服务时享有保险，享受一定的交通、食宿补助等。也可根据志愿者服务期间的表现设置及颁发奖章，作为志愿者的荣誉象征。通过该方式，激发志愿者的参与，并使其保持长久性。

5.5.4.4 评估体系

参与机制是一个动态变化且持续的过程，需根据实际进行调整。志愿者参与机制的评估应包括两个层面。一是基于单一的志愿者项目或者计划，在项目或者计划结束时，应首先对其取得的效果进行评估，并对其中的各位相关人员，如志愿者、志愿者协调员、志愿者管理者的工作进行总结和评估，对其中不合理或者不可取之处进行修正，做成报告，供上级及本级部门传阅。二是在三江源国家公园层面，对整个园区的志愿者计划进行考核，开展定期评估并形成报告，包括志愿者参与的满意度、志愿者项目的效果、各分园区项目执行情况等。然后，与管理部门及相关的专家学者、NGO 等讨论，找出存在问题及解决办法，并对机制运作中的不合理之处进行修改，以使其更加有效。

综上，三江源国家公园管理中心的志愿者参与机制如图 5-5-12 所示。

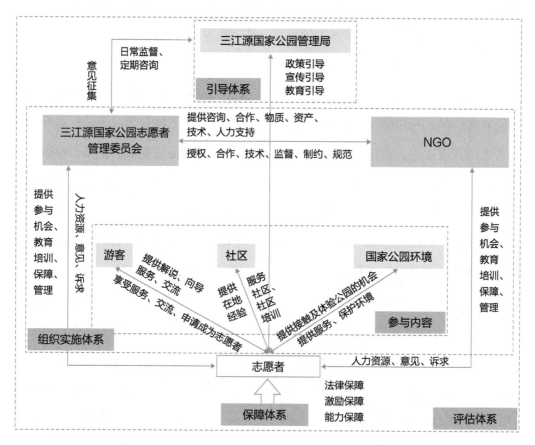

图 5-5-12　三江源国家公园管理中的志愿者参与机制

5.6　小结

不同的地理及人口情况决定了每个国家公园的公众参与情况都具有一定的特殊性。三江源国家公园地广人稀，且其社区居民大多为藏民，信仰藏传佛教，有着独特的社区生态文化，居民对自然的信仰和敬畏，有利于保护三江源地区的生态环境。虽然居民的生态保护意识高是社区参与的良好基础，但居民参与能力还需加强。三江源国家公园位于西部高海拔地区，贫困人口数量大，产业以生态畜牧业为主体，经济结构单一，增收难度大，如何让社区居民在生态保护中受益是社区参与机制中需要重点关注的问题。而且由于其地理环境的特殊性，保护组织、科研机构的关注度高，要积极利用社会力量共同加强保护。

总体来说，当前三江源国家公园公众参与的主体为社区、NGO、志愿者、企业、科研机构、游客、媒体、普通公众。参与内容则涉及国家公园规划、建设（保护及运营）、管理等方面。参与途径较为单一，基本是网上信息公开意见反馈、项目合作、会议交流等。

本节主要针对三江源国家公园目前的重要参与主体——社区、NGO、志愿者的参与进行了深入研究，发现存在以下问题：

①缺乏完善的公众参与法律法规引导机制。

②缺乏自下而上的合作交流渠道。

③缺乏社会监督和参与效果评估。

通过借鉴国外有益经验搭建的各主体有效参与的机制框架综合来看，国家公园管理部门为规则制定者、监督者、资金支持者；NGO 为推动者、协调者；社区为受益者、支持者；志愿者为宣传者、践行者，从以下 4 个方面提出了建议。

①引导体系：强化国家公园管理部门作为引导者的角色，将社区的行政管理权

授予三江源国家公园管理局；多途径引导和扶持公众参与。

②组织体系：成立三江源国家公园咨询委员会、志愿者管理委员会等；培育、鼓励、支持本土的NGO、合作社、企业的发展，搭建合作平台，制订合作计划。

③保障体系：完善相关规定，形成制度化运作模式，如编写《志愿者指导手册》、建立生计许可证制度等。

④评估体系：在国家公园层面，对整个园区定期开展评估，组织调研小组进行实地调研，评估社区参与计划、志愿者计划等，提出评估报告，以便对其加以优化、调整；在单一项目方面，针对开展的各类参与项目要求提交考评报告。

第 **6** 章

结论与展望

Chapter 6

本书首先梳理了国内外研究进展，进行了理论研究，界定了国家公园管理中的公众参与以及公众参与机制，并详细分析了公众参与机制的构成。其次，分析了美国、英国、新西兰、日本等国的国家公园公众参与机制框架及运作情况，为中国提供指导和经验借鉴。最后，以三江源国家公园作为案例地，选择了社区居民、NGO和志愿者3个主体进行了针对性研究，采用半结构访谈、问卷调查等方法，对三江源国家公园的公众参与机制进行了分析和构建。

6.1 结论

1）明确了国家公园公众参与机制的基本内容

在文献研究的基础上，界定了中国国家公园管理中公众参与的基本内容：①公众参与主体：社区居民、特许经营者（企业）、NGO、访客、专家学者（科研机构）、志愿者、媒体、其他公众。②公众参与内容：立法与执法、政策制定、实施、评估、国家公园营销、公共服务供给、环境保护、项目建设与维护、教育与培训、区域交流与合作。③公众参与途径：自上而下（告知、咨询、安抚）、自下而上（伙伴关系、授权、公众自主）。

2）确定了国家公园公众参与机制的基本框架

从回答"谁来参与""参与什么""怎么参与"3个核心问题入手，以参与前、参与中、参与后的动态视角，全面考虑中国国家公园公众参与的独特特征，最后从引导体系、组织实现体系、保障体系和评估体系4个方面构建了中国国家公园公众参与机制的总体行动框架，涉及如何让公众参与、公众参与系统的基本结构及联系、该系统如何实现有效运行、参与效果评估4个基本问题。分别针对社区、NGO以及志愿者这3个重点公众主体，搭建了其参与国家公园管理的机制的基本框架。

3）总结了三江源国家公园公众参与的现状问题

以社区居民、NGO、志愿者为重点研究对象，分析了三江源国家公园公众参与的现状问题。其中，社区参与在三江源国家公园已有一定的基础，但其参与机制较为水平化，中间力量发挥的作用更大，仍尚未有高层次的参与，参与程度存在地区差异，牧民自主参与能力较弱且多为被动参与。NGO参与的行政监管流程基本形成，但法律保障机制仍不完善，管理机构控制合作主导权，自下而上合作交流渠道缺乏，NGO的参与需求与参与能力不匹配，缺乏第三方监督评估。同时，当前三江源国家公园志愿者参与认知处于较低水平，虽然获取志愿服务信息及参与内容具有多样化，但参与方式仍以政府管理部门、NGO等为主，且当前公园管理部门对志愿者的具体要求并不明确，属于供给驱动型，志愿者供给也处于较低层次。

4）识别了中国国家公园体制建设及公众参与的独特性

中国国家公园体制建设特征等现实条件和传统的管理模式影响增加了中国公众参与机制的特殊性，面临着机遇和挑战。①机遇：目前政府越来越重视保护地管理中公众参与的力量，中国国家公园起步较晚，但具有后发优势特征，可借鉴众多有益经验，互联网科技发展迅速，可为网络参与的良好实现提供技术支撑。②挑战：过去长期单一结构的政府治理模式，使得公众对公共事务缺乏主动参与意识。中国人口众多，具有复杂的土地管理和社区管理难题。

5）指出了中国国家公园公众参与的研究瓶颈

通过对国内外相关研究文献进行系统梳理，发现中国关于国家公园等保护地中的公众参与研究存在以下不足：①研究内容。国外研究涉及公众参与理论研究、作用与意义、存在的局限及适用条件、影响因素、经验总结及有效性评价等多个方面，国内缺乏综合性的相关研究。②研究区域。集中于发达地区，一些不发达地区关于公众参与的特殊性研究、本土化发展方面探讨不足。③研究理论。缺乏对保护地公众参与相关理论的有效整合，创新及实践修正，推广性、普适性应用不足。

6）梳理了国外国家公园公众参与的实践经验

通过对美国、英国、新西兰、日本4国国家公园的公众参与主体、内容、途径、典型做法的分析梳理，提炼出其成功经验及对中国的启示借鉴：①逐步完善国家公园公众参与的法律法规和机构制度建设。②理顺关系，凝聚多方力量，构建国家公园由政府主导管理，社会广泛协作的管理模式。③逐步有序地建立全方位的公众参与机制。④重视发挥国家公园环境教育功能，培育国家公园潜在参与人群。⑤畅通参与渠道，扩大公众参与度。⑥构建灵活动态的监控和反馈体系。

6.2 展望

未来在研究对象方面，除本书所聚焦的三江源国家公园外，还应对武夷山国家公园、钱江源国家公园等不同类型的国家公园开展研究，从而总结中国国家公园公众参与的共性和特性，为中国国家公园公众参与的研究和实践提供参考借鉴。

因研究时间和条件的限制，在实际案例深入研究中仅选择了社区居民、NGO 和志愿者 3 个相关主体，在样本方面，未来可增加对企业、游客、媒体等其他主体的深入研究，丰富样本及研究维度，考虑其他主体的利益诉求，以便提供更多依据支撑。

未来在研究维度方面，应该参考更多关于公众参与影响因素及动机的文献，深入研究国家公园公众参与动机及影响因素，构建符合国家公园公众参与动机类型以影响因素类型表，并在不同的国家公园进行实践，从而得出符合整个国家公园甚至保护地的公众参与机制。

另外，当前国家公园试点区是国家公园体制建设试点阶段的产物，管理体制尚未捋顺，政策制度尚未完善，今后的研究中，应依据国家公园建设阶段及管理目标的调整对公众参与机制进一步优化。

今后，中国国家公园公众参与机制建立的关键是公众参与技术规程的制定以及保障体系的建立，最终达到保护地公众参与机制在技术操作层面及立法层面规范化、制度化和常态化。

参考文献

保继刚，楚义芳，2001.旅游地理学（修订版）[M].北京：高等教育出版社.

毕莹竹，李丽娟，张玉钧，2019.三江源国家公园利益相关者利益协调机制构建 [J].中国城市林业，17（3）：35-39.

蔡定剑，2010.中国公众参与的问题与前景 [J].民主与科学，（5）：26-29.

陈传明，2013.自然保护区生态补偿的利益相关者研究——以福建天宝岩国家级自然保护区为例 [J].资源开发与市场，29（6）：610-614.

陈方英，马明，孟华，2009.城市旅游地居民对传统节事的感知及态度——以泰安市东岳庙会为例 [J].城市问题，（6）：60-65.

陈庚，2009.以居民为核心主体的古村落保护与开发——基于婺源李坑村的实证调查分析 [J].江汉大学学报（人文科学版），28（5）：86-90.

程绍文，张晓梅，胡静，2018.神农架国家公园社区居民旅游感知与旅游参与意愿研究 [J] 中国园林，34（10）：103-107.

戴胡萱，李俊鸿，宗诚，等，2014.台湾地区"国家公园"志工管理体系的借鉴意义——以太鲁阁"国家公园"为例 [J].野生动物学报，2014，35（4）：470-474.

戴维·波普诺，1988.社会学 [M].刘云德，译.沈阳：辽宁人民出版社.

杜文武，吴伟，李可欣，2018.日本自然公园的体系与历程研究 [J].中国园林，34（5）：76-82.

高英策，2016."契合"与"关系"：多元治理中 NGO 的"社区进入"[J].社会发展研究，3（4）：181-196，241.

郭宇航，2013.新西兰国家公园及其借鉴价值研究 [D].呼和浩特：内蒙古大学.

国家发展和改革委员会社会发展司，2017.国家发展和改革委员会负责同志就《建立国家公园体制总体方案》答记者问 [J].生物多样性，25（10）：1050-1053.

韩广，杨兴，陈维春，2007.中国环境保护法的基本制度研究 [M].北京：中国法制出版社.

韩黎，袁纪玮，徐明波，2015.基于NVivo质性分析的羌族灾后心理复原力的影响因素研究 [J].民族学刊，6（5）：83-88.

韩兆坤，2016.协作性环境治理研究 [D].长春：吉林大学.

何聪，姜峰，王梅，等，2018-01-12."中华水塔"这样守护（三江源国家公园出招"九龙治水"

变"攥指成拳")[N].人民日报,(16).

何思源,苏杨,王蕾,等,2019.构建促进保护地社区资源使用与保护目标协调的社会情境分析工具——武夷山国家公园试点区的实践 [J].生态学报,39(11):3861-3870.

胡德胜,2016."公众参与"概念辨析 [J].贵州大学学报(社会科学版),34(5):2,103-108.

黄春蕾,2011.我国生态环境合作治理路径探析——三江源措池村"协议保护"的经验与启示 [J].地方财政研究,(10):54-60.

蒋新,廖玉玲,2016.论日本公园管理团体的法律功能及其中国借鉴 [C].中国环境资源法学研究会、武汉大学.新形势下环境法的发展与完善——2016年全国环境资源法学研(年会)论文集.湘潭大学法学院,2016:7.

蒋志刚,2018.论保护地分类与以国家公园为主体的中国保护地建设 [J].生物多样性,26(7):775-779.

李春燕,2006.公众参与的功能及其实现条件初探 [J].兰州学刊,(9):170.

李丽娟,毕莹竹,2019.美国国家公园管理的成功经验及其对我国的借鉴作用 [J].世界林业研究,32(1):96-101.

李丽娟,毕莹竹,2018.新西兰国家公园管理的成功经验对我国的借鉴作用 [J].中国城市林业,16(2):69-73.

李欢欢,2014.道,和谐——山水自然保护中心 [J].世界环境(1):38-39.

李彦,2019.缺失与重构:非政府组织在社区治理中的角色分析 [J].赣南师范学院学报,40(2):137-140.

李毅,夏红梅,2015.青海国家公园建设的人才保障体系研究 [J].青藏高原论坛,3(4):19-24.

李永文,康宏成,2011.旅游规划管治问题及其对策研究 [J].人文地理,26(2):122-127.

李嵘,2018.三江源之变 [J].新西部,(28):50-55.

林草局网站.集智汇力,共促国家公园体制试点建设 [EB/OL].(2019-10-24)[2019-12-12].https://www.gov.cn/xinwen/2019-10-24/content_5444455.htm

刘彦武,2017.从嵌入到耦合:当代中国乡村文化治理嬗变研究 [J].中华文化论坛,(10):5-13,190.

刘峥延,李忠,张庆杰,2019.三江源国家公园生态产品价值的实现与启示 [J].宏观经济管理,(2):68-72.

龙良富,黄英,欧阳白果,2010.旅游目的地居民的环境人权保护研究 [J].生态经济(11):151-155,178.

娄岁寒,2012.高原生态守望者 [D].北京:中央民族大学.

陆倩茹,2012.我国自然保护区法律制度研究 [D].长春:吉林大学.

路然然,2019.公众参与国家公园保护制度构建研究 [D].武汉:华中科技大学.

罗超,王国恩,孙靓雯,2017.从土地利用规划到空间规划:英国规划体系的演进 [J].国际城市规划,32(4):90-97.

罗丹丹,2018.基于利益相关者视角构建大熊猫国家公园生态补偿机制 [J].湖南生态科学学报,

2018，5（04）：50-56.

马芳,2018.三江源地区牧民参与国家公园生态环境保护的法制构建 [J].青藏高原论坛,6（2）：39-43.

马建忠，杨桂华，2009.新西兰的国家公园 [J].世界环境，（1）：76-77.

马克平，2017.中国国家公园建设取得标志性进展 [J].生物多样性，25（10）：1031-1032.

马克平，钱迎倩，王晨，1995.生物多样性研究的现状与发展趋势 [J].科技导报，（1）：27-30.

孟丹丹，2018.石河子市文明城市创建中的市民参与研究 [D].石河子：石河子大学.

孟华，焦春光，2009.世界遗产地社区居民参与旅游发展研究——以泰山为例 [J].泰山学院学报，31（5）：99-103.

潘迪，2008.日本国民的知情权研究 [D].北京：中国政法大学.

任海，张宝秀，中冈裕章，等，2020.日本国家公园的制度建设、发展现状及启示 [J].城市发展研究，2020，27（10）：71-77.

宋瑞，2005.我国生态旅游利益相关者分析 [J].中国人口·资源与环境，（1）：39-44.

苏雁，2009.日本国家公园的建设与管理 [J].经营管理者，（23）：222.

苏杨，2017.事权统一、责权相当，中央出钱、指导有方：解读《建立国家公园体制总体方案》之一 [J].中国发展观察，（Z3）：95-102.

孙柏瑛，2009.我国公民有序参与：语境、分歧与共识 [J].中国人民大学学报，（1）：65.

唐芳林，等，2018.中国国家公园研究进展 [J].北京林业大学学报（社会科学版），17（3）：17-27.

唐小平，蒋亚芳，刘增力，等，2019.中国自然保护地体系的顶层设计 [J].林业资源管理，2019，（3）：1-7.

田俊量，2018.三江源国家公园的理念和探索 [J].林业建设，（5）：189-196.

王丹彤，等，2018.新西兰国家公园体制研究及启示 [J].林业建设，（3）：10-15.

王洪宇，2012.日本公众参与立法制度简介 [J].人大研究，（12）：36-38.

王辉，2017.遗址保护和利用的公众参与机制研究 [D].南京：南京大学.

王辉，孙静，2015.美国国家公园管理体制进展研究 [J].辽宁师范大学学报（社会科学版），38（1）：44-48.

王江，许雅雯，2016.英国国家公园管理制度及对中国的启示 [J].环境保护，44（13）：63-65.

王京传，2013.旅游目的地治理中的公众参与机制研究 [D].天津：南开大学.

王凯，2020.自然保护地治理研究进展与思考：网络治理视角 [J].林业资源管理，2020，（05）：30-3.

王名，张雪，2019.双向嵌入：社会组织参与社区治理自主性的一个分析框架 [J].南通大学学报（社会科学版），35（2）：55-63.

王士如，郭倩，2010.政府决策中公众参与的制度思考 [J].山西大学学报（哲学社会科学版），（5）：84-90.

王思斌，2011.中国社会工作的嵌入性发展 [J].社会科学战线，（2）：214-230.

王伟，2018.公众参与在美国国家公园规划中的应用 [J].中国环境管理干部学院学报，28（5）：20-23，89.

王锡锌，2008.行政过程中公众参与的制度实践 [M].北京：中国法制出版社.

王旭辉，高君陶，2019.嵌入性自主：环境保护组织的社区合作逻辑及其限度——S 机构内蒙古坝镇项目点的考察 [J].中央民族大学学报（哲学社会科学版），46（4）：58-68.

王彦凯，2019.国家公园公众参与制度研究 [D].贵阳：贵州大学.

王艳丽，2011.旅游地居民对运动类旅游节庆的参与度研究 [D].西安：陕西师范大学.

王应临，杨锐，埃卡特·兰格，2013.英国国家公园管理体系评述 [J].中国园林，29（9）：11-19.

王月，2009.新西兰国家公园的保护性经营 [J].世界环境，（4）：77-78.

韦悦爽，2018.英国乡村环境保护政策及其对中国的启示 [J].小城镇建设（1）：94-99.

蔚东英，2017.国家公园管理体制的国别比较研究——以美国、加拿大、德国、英国、新西兰、南非、法国、俄罗斯、韩国、日本 10 个国家为例 [J].南京林业大学学报（人文社会科学版），17（3）：89-98.

魏钰，苏杨，2017.《建立国家公园体制总体方案》中的"权、钱"相关问题解决方案解析 [J].生物多样性，25（10）：1042-1044.

吴健，胡蕾，高壮，2017.国家公园：从保护地"管理"走向"治理"[J].环境保护（19）：30-33.

吴静，2017.国家公园体制改革的国际镜鉴与现实操作 [J].改革，（11）：70-78.

武小川，2014.论公众参与社会治理的法治化 [D].武汉：武汉大学.

夏开放，2018.生态文明视角下我国国家公园立法完善 [D].昆明：云南大学.

夏辛萍，2012.时间银行社区养老服务模式初探 [J].人民论坛，（17）：140-141.

向荣淑，2007.公众参与城市治理的障碍分析及对策探讨 [J].探索，（6）：69.

熊杨，2011.青藏线长江源区集镇垃圾状况调查报告 [C]// 中国土木工程学会全国排水委员会年会.

熊元斌，黄颖斌，2011.都市旅游营销模式创新——基于公共营销的视角 [J].中南财经政法大学学报，（3）：42-46.

徐菲菲，2015.制度可持续性视角下英国国家公园体制建设和管治模式研究 [J].旅游科学，29（3）：27-35.

许浩，2013.日本国立公园发展、体系与特点 [J].世界林业研究，26（6）：69-74.

杨桂华，牛红卫，蒙睿，等，2007.新西兰国家公园绿色管理经验及对云南的启迪 [J].林业资源管理，（6）：96-104.

杨锐，2003.美国国家公园的立法和执法 [J].中国园林，（5）：64-67.

杨锐，2019.论中国国家公园体制建设的六项特征 [J].环境保护，2019，47（Z1）：24-27.

杨莹，孙九霞，2018.乡村旅游发展中非政府组织与地方的关系：一个双重嵌入的分析框 [J].中南民族大学学报（人文社会科学版），38（6）：123-127.

俞海滨，2011. 基于复合生态管理的旅游环境治理范式及其实现路径 [J]. 商业经济与管理，
　　（10）：91-97.

泽雅，2005. 环保斗士："大胡子"杨欣 [J]. 环境教育，（8）：42-43.

张婧雅，张玉钧，2017. 论国家公园建设的公众参与 [J]. 生物多样性，25（1）：80-87.

张立，2016. 英国国家公园法律制度及对三江源国家公园试点的启示 [J]. 青海社会科学（2）：
　　61-66.

张文兰，仙珠，2017. 三江源国家公园对当地牧区社区原住民的影响 [J]. 林业调查规划，42
　　（4）：152-155.

张晓杰，2010. 中国公众参与政府环境决策的政治机会结构研究 [D]. 沈阳：东北大学.

张雪，甘甜，2019. 软嵌入：社会组织参与扶贫的行动逻辑——基于 H 组织的案例研究 [J]. 中
　　国非营利评论，23（1）：172-191.

张艳，2014. 社会治理背景下沿乌苏里江自然保护区社区参与研究 [D]. 哈尔滨：东北林业大
　　学.

张玉钧，2014. 日本国家公园的选定、规划与管理模式 [C] //2014 年中国公园协会成立 20 周
　　年优秀文集. 中国公园协会，54-56.

张振威，杨锐，2015. 美国国家公园管理规划的公众参与制度 [J]. 中国园林，31（2）：23-27.

赵凌冰，2019. 基于公众参与的日本国家公园管理体制研究 [J]. 现代日本经济，38（3）：
　　84-94.

赵鹏飞，2018. 三江源国家公园生态补偿调研现状及对策研究 [J]. 法制与经济，（12）：44-45.

赵翔，朱子云，吕植，等，2018. 社区为主体的保护：对三江源国家公园生态管护公益岗位的
　　思考 [J]. 生物多样性，26（2）：210-216.

赵彦彬，2013. 我国环境保护中公众参与法律问题研究 [D]. 曲阜：曲阜师范大学.

郑文娟，李想，2018. 日本国家公园体制发展、规划、管理及启示 [J]. 东北亚经济研究，2（3）：
　　100-111.

钟林生，周睿，2017. 国家公园社区旅游发展的空间适宜性评价与引导途径研究——以钱江源
　　国家公园体制试点区为例 [J]. 旅游科学，31（3）：1-13.

周睿，钟林生，虞虎，2017. 钱江源国家公园体制试点区管理措施的社区居民感知研究 [J]. 资
　　源科学，39（1）：40-49.

周孝玲，2016. 基于计划行为理论的市民参与 CSA 行为意向影响因素研究 [D]. 合肥：安徽农
　　业大学.

周正明，2013. 普达措国家公园社区参与问题研究 [J]. 经济研究导刊，（15）：205-207.

朱春全，2017. 国家公园体制建设的目标与任务 [J]. 生物多样性，25（10）：1047-1049.

曾以禹，王丽，郭晔，等，2019. 澳大利亚国家公园管理现状及启示 [J]. 世界林业研究，32
　　（4）：92-96.

朱孔山，高秀英，2010. 旅游目的地公共营销组织整合与构建 [J]. 东岳论丛，31（8）：129-
　　133.

庄优波，2014. 德国国家公园体制若干特点研究 [J]. 中国园林，30（8）：26-30.

卓玛措，2017. 生态旅游环境承载力与社区参与——三江源区生态旅游发展的理念与现实选择 [M]. 西宁: 青海人民出版社 .

Agrawal A, Gibson C, 1999. Enchantment and disenchantment: the role of community in natural resource conservation [J]. World Development, 27, 629–649.

Ajzen I, 1991. Thetheory of planned behavior,organization behavior and human decision processes[J]. Journal of Leisure Research, 50(2): 176–211.

Alkan H, et al.., 2010. Conflicts in benefits from sustainable natural resource management:two diverse examples from Turkey [J]. Journal of Environmental Biology, 31(1–2): 87–96.

Almany G R, et al., 2010. Research partnerships with local communities: two case studies from Papua New Guinea and Australia [J]. Coral Reefs, 29(3): 567–576.

Apostolopoulou E, Drakou E G, Pediaditi K, 2012. Participation in the management of Greek Natura 2000 sites: evidence from a cross–level analysis [J]. Journal of Environmental Management, 113(52): 308–318.

Arnstein S R, 1969. A ladder of citizen participation [J]. Journal of The American Planning Association, 35, 216–224.

Baral I V, Heinen J T, 2007. Resource, conservation attiyudes, management interventionand park-people relations in Westrn Terai Landscape of Nepal [J]. Environmental Conservation, 34(1): 64–72.

Bärner K, 2014. Introduction of participatory conservation in Iran:case study of the rural communities' perspectives in Khojir national park [J]. International Journal of Environmental Research, 8(4): 913–930.

Baskent E Z, Terzioğlu S, Başkaya S, 2008. Developing and implementing multiple–use forest management planning in Turkey [J]. Environmental Management, 42(1): 37–48.

Beesley L, 2005. The management of emotion in collaborative tourism research settings [J]. Tourism management, 26(2): 261–275.

Bockstael E, et al., 2016. Participation in protected area management planning in coastal Brazil [J]. Environmental Science & Policy, 60: 1–10.

Brown G, et al., 2015. Cross–cultural values and management preferences in protected areas of Norway and Poland [J]. Journal for NatureConservation, 28: 89–104.

Buono F, Pediaditi K, Gerrit J, 2012. Local community participation in Italian national parks management: theory versus practice [J]. Journal of Environmental Policy & Planning, 14(2): 189–208.

Choo H, Park S Y, Petrick J F, 2011. The influence of the resident's identification with a tourism destination brand on their behavior [J]. Journal of Hospitality Marketing & Management, 20(2): 198–216.

Crouch G I, Ritchie J R B, 1999. Tourism, competitiveness, and societal prosperity [J]. Journal of Business Research, 44(3): 137–152.

Curzon R, 2015. Stakeholder mapping for the governance of biosecurity: a literature review [J]. Journal of Integrative Environmental Sciences, 12(1): 15–38.

d' Angella, Go F M, 2009. Tale of two cities' collaborative tourism marketing: towards a theory of destination stakeholder assessment [J]. Tourism Management, 30(3): 429–440.

Daim M S, Bakri A F, Kamarudin H, 2012. Being neighbor to a national park: are we ready for community participation [J]. Procedia – Social and Behavioral Sciences, 36(36): 211– 220.

Dalton T M, 2005. Beyond biogeography: a framework for involving the public in planning of U.S. marine protected areas [J]. Conservation Biology, 19(5): 1392–1401.

David Thom, 1991. 新西兰一个国家公园的环境管理 [J]. 于文鹏，译 . 世界环境，(1): 31–35.

Dietz T, Stern P C, 1998. Science, values and biodiversity [J]. Bioscience, 48: 441–444.

Eckart L, Sigrid H L, 2011. Citizen participation in the conservation and use of rural landscapes in Britain: the Alport Valley case study [J] .Landscape and Ecological Engineering, 7(2): 223–230.

Fallon L D, Kriwoken L K, 2003. Community involvement in tourism infrastructure—the case of the Strahan Visitor Centre, Tasmania [J]. Tourism Management, 24(3): 289–308.

Fiorino D J, 1990. Citizen participation and environmental risk: a survey of institutional mechanisms [J]. Science, Technology, & Human Values, 15: 226–243.

Fischer A, Young J C, 2007. Understanding mental constructs of biodiversity: Implications for biodiversity management and conservation [J]. Biological Conservation, 136(2): 271–282.

Focacci M, Ferretti F, Meo I D, 2018. Integrating stakeholders' preferences in participatoryforest planning: a pairwise comparison approach from Southern Italy [J]. International Forestry Review, 19(4): 413–422.

Freeman R E,1984.Strategic management: A stakeholder approach [M]. Boston: Pitman.

Gallardo J H, Stein T V, 2007. Participation, power and racial representation: negotiating naturebased and heritage tourism development in the rural south [J]. Society and Natural Resources, 20(7): 597–611.

Gaymer C F, et al., 2015. Merging top–down and bottom–up approaches in marine protected areas planning: experiences from around the globe [J]. Aquatic Conservation Marine & Freshwater Ecosystem, 24(S2): 128–144.

Getz D, Jamal T B, 1994. The environment community symbiosis: a case for collaborative tourism planning [J]. Journal of Sustainable Tourism, 2(3): 152–173.

Granek E F, et al., 2010. Engaging recreational fi shers in management and conservation: global case studies [J]. Conservation Biology, 22(5): 1125–1134.

Heck N, et al., 2011. Stakeholder opinions on the assessment of MPA effectiveness and their interests to participate at Pacifi c Rim National Park Reserve, Canada[J]. Environmental Management, 47(4): 603–616.

Herbert R J H, et al., 2016. Ecological impacts of non–native Pacifi coysters (Crassostrea gigas) and management measures for protected areas in Europe [J]. Biodiversity & Conservation, 25(14): 1–31.

Héritier S, 2010. Public participation and environmental management in Mountain Nationa Parks[J]. Revue De Géographie Alpine, 98(1): 610–612.

Hisrt P, 2000. Democracy and government [A]. PierreJ, Debationggovernance: authotity, steering, anddemocracy [C]. Oxford.

Hiwasaki L, 2005. Toward sustainable management of national parks in Japan: securing local community and stakeholder participation [J]. Environmental Management, 35(6): 753–764.

Hogg K, et al., 2017. Controversies over stakeholder participation in marine protected area (MPA) management: a case study of the Cabo de PalosIslas Hormigas MPA [J]. Ocean & Coastal Management, 144C: 120–128.

Irvin R A, Stansbury J, 2010. Citizen participation in decision making: is it worth the effort [J]. Public Administration Review, 64(1): 55–65.

Islam G M N, et al., 2017. Community perspectives of governance for effective management of marine protected areas in Malaysia [J]. Ocean & Coastal Management, 135: 34–42.

Kai M, Kishida S, Sakai K, 2011. Applying adaptive management in resource use in South African National Parks: a case study approach [J]. Koedoe–African Protected Area Conservation and Science, 53(53): 144–157.

Kelboro G, Stellmacher T, 2015. Protected areas as contested spaces: Nech Sar National Park, Ethiopia, between "local people", the state, and NGO engagement [J]. Environmental Development, 16: 63–75.

Kovács E, et al., 2017. Evaluation of participatory planning: lessons from Hungarian Natura 2000 management planning processes [J]. Journal of Environmental Management, 204(1): 540–550.

Lange E, Hehl–Lange S, 2011. Citizen participation in the conservation and use of rural landscapes in Britain:the Alport Valley case study [J]. Landscape & Ecological Engineering, 7(2): 223–230.

Langemeyer J, et al., 2018. Participatory multi–criteria decision aid: operationalizing an integrated assessment of ecosystem services [J]. Ecosystem Services, 30: 49–60.

Li, et al., 2013. Martin Evaluating stakeholder satisfaction during public participation in major infrastructure and construction projects: a fuzzy approach [J]. Automation in Construction, 29(1): 123–135.

Lynch H J, et al., 2008. The Greater Yellowstone Ecosystem: challenges for regional ecosystem management [J]. Environmental Management, 41: 820–833.

Mahdi Kolahi, 2014. Introduction of participatory conservation in Iran: case study of the rural communities' perspectives in Khojir national park [J]. International Journal of Environmental Research, 8(4): 913–930.

Mannigel E, 2008. Integrating parks and people: how does participation work in protected area management? Participation in protected area management planning in coastal Brazil [J]. Environmental Science & Policy, 05: 498–511.

Marks R, 2008. Stakeholder participation for environmental management: a literature review [J]. Biological Conservation, 141(10): 2417–2431.

Martã–N–Fernã S, Martinez–Falero E, 2017. Sustainability assessment in forest management based on individual preferences [J]. Journal of Environmental Management, 206: 482–489.

Masagca J, Morales M, Araojo A, 2018. Formulating an early stakeholder involvement plan for Marine Protected Areas (MPA) in Catanduanes Island, Philippines [J]. Turkish Journalof Fisheries & Aquatic Sciences, 18(1): 131–142.

Mbile P, et al., 2005. Linking management and livelihood in environmental conservation: case of the Korup National Park Cameroon [J]. Journal of Environmental Management, 76(1): 1–13.

Micheli F, Niccolini F, 2013. Achieving success under pressure in the conservation of intensely used coastal areas [J]. Ecology & Society, 18(4): 59–63.

Misener L, Mason D S, 2006. Creating community networks: can sporting events offer meaningful sources of social capital? [J]. Managing Leisure, 11(1): 39–56.

Mitchell R K, Agle B R, Wood D J,1997. Toward a theory of stakeholder identification and salience: defining the princple of who and what really counts. Academy of management Review, 22: 653–886.

Nagendra H, et al., 2004. Monitoring parks through remote sensing:studies in Nepal and Honduras [J]. Environmental Management, 34(5): 748.

Niedziatkowski K, et al., 2018. Discourses on public participation in protected areas governance: application of Q methodology in Poland [J]. Ecological Economics, 145: 401–409.

Niedziatkowski K, Paavola J, Drzejewska B, 2012. Participation and protected areas governance: the impact of changing infl uence of local authorities on the conservation of the Bialowieza Primeval Forest, Poland [J]. Ecology & Society, 17(1): 1337–1347.

Octeau C,1999. Local community participation in the establishment of national parks: planning for cooperation [D]. University of British Columbia.

Paoli M, 1996. A comparison of expert and participant perspectives of public participation[D]. A dissertation in University of Guelph, 15.

Parks & Wildlife Commission of the Northern Territory, 2002. Public participation in protected area management best practice.

Pollard S, Toit D D, Biggs H, 2011. River management under transformation: the emergence of strategic adaptive management of river systems in the Kruger National Park [J]. Koedoe African Protected Area Conservation & Science, 53(2): 1–14.

Rasoolimanesh S M, Jaafar M, Ahmad A G, 2017. Community participation in World Heritage Site conservation and tourism development [J]. Tourism Management, 58 (In Press): 142–153.

Reed M S, 2008. Stakeholder participation for environmental management: A literature review [J]. Biological Conservation, 141(10): 2417–2431.

Rehmet J, Dinnie K, 2013. Citizen brand ambassadors: motivations and perceived effects [J]. Journal of Destination Marketing & Management, 2(1): 31–38.

Robinson R J, 2019. Managing the Lake District National Park: the fi rst 60 years [EB/ OL]. [2019–07–06]. https://www.lakedistrict.gov.uk/__data/assets/pdf_fi le/0022/100939/birthday_book_for_web.pdf

Rodela R, 2012. Advancing the deliberative turn in natural resource management: an analysis of discourses on the use of local resources [J]. Journal of Environmental Management, 96(1): 26–34.

Rodríguez–Martínez E, Gavin M C, Macedobravo M O, 2010. Barriers and triggers to community participation across different stages of conservation management [J]. Environmental Conservation, 37(3): 239–249.

Rodríguez–Martínez R E, 2008. Community involvement in marine protected areas: the case of Puerto Morelos reef, Mexico [J]. Journal of Environmental Management, 88(4): 1151–1160.

Ruizmallén I, et al., 2014. Cognisance, participation and protected areas in the Yucatan Peninsula [J]. Environmental Conservation, 41(3): 265–275.

Santana–Medina N, Franco–Maass S, Sánchez–Vera E, 2013. Participatory generation of sustainability indicators in a natural protected area of Mexico [J]. Ecological Indicators, 25 (1): 1–9.

Sautter E T, Leisen B, 1999. Managing stakeholders a tourism planning model [J]. Annals of Tourism Research, 26(2): 312–328.

Selin S W, Chavez D, 1995. Developing a collaborative model for environmental planning and management [J]. Environmental Management, 18: 189–195.

Sewell W R D, Phillips S D, 1979. Models for the evaluation of public participation programmes [J]. Nat. resources J, 19: 337–358.

Sirivongs K, Tsuchiya T, 2012. Relationship between local residents' perceptions, attitudes and participation towards national protected areas: a case study of Phou Khao Khouay National Protected Area, central Lao PDR [J]. Forest Policy & Economics, 21(1): 92–100.

Sladonja B, Poljuha D, Fanuko N, 2012. Introduction of participatory conservation in Croatia, residents'perceptions: a case study from the Istrian Peninsula [J]. Environmental Management, 49: 1115–1129.

Smith, 2012. Planning and management in Eastern Ontario's protected spaces: how do science and public participation guide policy? [D]. Ontario: Queen's University.

Steelman T A, Ascher W, 1997. Public involvement methods in natural resource policy making: advantages, disadvantages and Trade–Offs [J]. Policy Sciences, 30(2): 71–90.

Sterling E J, et al., 2017. Assessing the evidence for stakeholder engagement in biodiversity conservation [J]. Biological Conservation, 209: 159–171.

Stringer L C, Paavola J, 2013. Participation in environmental conservation and protected area management in Romania: a review of three case studies [J]. Environmental Conservation,40(2): 138–146.

The Lake District National Park Authority [EB/OL]. (2012–06–06) [2019–07–06]. https://www. racgp.org.au/theracgp/governance/organisational–policies/member–code–of–conduct.

Thomas J C, 2008. Public Participation in Public Decisions: New Skills and Strategies for Public Managers [M]. Beijing: China Renmin University Press.

Todd L, 2010. A stakeholder model of the Edinburgh Festival Fringe[C]//Global Events Congress IV: Events and Festivals Research: State of the Art, Leeds, UK.

Tosun C, 2006. Expected nature of community participation in tourism development [J]. Tourism management, 27(3): 493–504.

Tuler S, Webler T, 2000. Public participation on : relevance and application in the national park service [J]. Park Science, 20(1): 24–26, 47.

Twichell J, Pollnac R, Christie P, 2018. Lessons from Philippines MPA management: social ecological interactions, participation, and MPA performance [J]. Environmental Management, (2): 1–12.

UK Public General Acts, 1995. [EB/OL]. [2019–7–6]. http://www.legislation.gov.uk/ ukpga/1995/25/schedule/21/part/I.

Vernon J, et al., 2005. Collaborative policymaking: local sustainable projects [J]. Annals of Tourism Research, 32(2): 325–345.

Vodouhê F G, et al., 2010. Community perception of biodiversity conservation within protected areas in Benin [J]. Forest Policy & Economics, 12(7): 505–512.

Wang D, Ap J, 2013. Factors affecting tourism policy implementation: a conceptual framework and a case study in China [J]. Tourism Management, 36: 221–233.

Ward C, Holmes G, Stringer L, 2017. Perceived barriers to and drivers of community participation in protected–area governance [J]. Conservation Biology the Journal of the Society for Conversation Biology, 32(2): 437–446.

Webler T, Tuler S, Tanguay J, 2004. Competing perspectives on public participation in national park service planning: the Boston Harbor Islands National Park Area [J]. Journal of Park and Recreation Administration, 22: 91–113.

Wood M E, 1998. Meeting the global challange of community participation in ecotourism: case studies and lessons from Ecuador [M]. Virginia: The Nature conse vacancy.

附　录

附录1 "三江源国家公园公众参与机制研究"课题收集资料

资料类别	对象	资料名称	数量
文本资料、数据（二手）	—	三江源国家公园总体规划	1
		三江源国家公园专项规划	5
		三江源国家公园条例	1
		三江源国家公园志愿者管理条例	1
		可可西里招募志愿者具体要求	1
		澜沧江管委会工作汇报材料	1
		三江源生态管护员巡护日记	2
		三江源国家公园志愿者服务感想（网络）	10
深度访谈资料（一手）	管理局部门	三江源国家公园管理局访谈记录	2
	管委会部门	黄河源管委会、长江源管委会、澜沧江源管委会访谈记录	3
	管理处部门	曲麻莱管理处访谈记录	1
	乡镇（保护站）	扎河乡保护站访谈记录	1
	村委会	年都村、甘达村、措池村、代曲村、团结村村委会访谈记录	5
	合作社、组织	红旗村生态畜牧业合作社、甘达村合作社、甘达村马帮访谈记录	3
	学校	巴干寄小校长访谈记录	1
	普通社区居民	擦泽村、年都村、玛赛村、红旗村、甘达村、措池村牧民访谈记录	30
	NGO	三江源生态环保协会、绿色江河、山水自然保护中心、禾苗协会、原上草协会工作人员访谈记录	10
	志愿者	通过NGO、管理机构、高校社团招募的志愿者访谈记录	9
调查问卷资料（一手）	专家学者	研究三江源国家公园或其他类型国家公园的专家学者问卷	58
	志愿者	针对已经在三江源国家公园服务过的志愿者和潜在志愿者问卷	407

附录 2 "三江源国家公园社区参与机制研究"
相关访谈提纲及问卷

附录 2-1: 与三江源国家公园管理机构访谈提纲

1.请简要介绍一下该区域的管理概况和社区概况。

2.国家公园中的牧民在国家公园管理中扮演着什么样的角色?

3.在社区管理中有什么样的问题,面临怎样的困难?

4.当前社区参与内容及其方式有哪些?

5.如果牧民参与到国家公园管理中来,他们可以参与哪些方面,以何种形式参与?

6.当前国家公园社区参与面临的主要问题是什么,有什么经验和不足之处?

附录 2-2: 与 NGO 工作人员访谈提纲

1.请简单介绍一下组织的基本情况。(名称、性质、成立时间等)

2.请简要介绍一下在三江源国家公园开展过的项目。

3.跟国家公园管理局、社区分别是什么样的关系?

4.与社区开展的相关项目,具体的流程或者内容是什么,如何操作的?

5.对国家公园社区参与方面有什么意见或者建议?

附录2-3：与合作社工作人员访谈提纲

1. 请介绍一下合作社基本信息，建立和运作过程。

2. 合作社与国家公园当前处于什么关系？

3. 牧民是通过何种形式参与合作社的？

4. 合作社在运营过程中有哪些困难？

5. 合作社建立后，取得了哪些效果和收益？

附录2-4：普通牧民访谈提纲

1. 您家里的基本情况是怎么样的？包括有几口人，组成结构及家庭主要收入来源。

2. 您知道国家公园是什么时间建立的吗，对国家公园有过一些了解吗？

3. 国家公园建立后，您的生活发生了哪些改变？

4. 如果有机会参与到国家公园的保护、建设、管理中，您希望参与到哪些方面，以何种形式参与？

5. 国家公园建立后，您最担心什么？

6. 平时会跟亲人、朋友交流一些关于国家公园的问题吗，主要是哪些方面的问题？

7. 您对国家公园有哪些意见或建议？

8. 您多久去巡护一次，最近一次巡护是什么时候，巡护成本有多少？（若受访对象为生态管护员）

附录 2-5：专家学者调查问卷

三江源国家公园社区参与影响因素调查问卷

尊敬的专家老师：

　　您好！非常感谢您在百忙之中抽出时间翻阅并填写此问卷。为了更好地探索三江源国家公园社区参与机制的构建，此问卷旨在调查从专家学者的角度如何量测社区参与的影响因素。本研究所指的社区参与即狭义的社区参与，主要指社区牧民，研究问卷仅供研究之用，请放心作答。感谢您的协助与支持！

　　国家公园管理中的社区参与指的是社区居民参与国家公园的保护、建设与管理，即从规划到实施的各个方面。三江源国家公园是中国首个国家公园体制试点区，生态价值极高，该区域属藏族牧民聚居的民族地区，牧民在国家公园管理中扮演着重要的角色。根据实地调研及对搜集到的资料研究发现，在国家公园的政策引导下，牧民已逐步参与到生态补偿、生态管护、生态监测、生态体验等内容中，但整体看来，存在参与自主性弱、参与面窄、参与层次低等问题。本研究旨在探索如何构建合理的社区参与机制，从而逐步实现社区牧民自主、全面、深层次的参与。

×× 大学

1. 您是否访问过三江源国家公园？

　　□ 是　　　　□ 否

2. 您对三江源国家公园的了解程度？

　　□ 非常了解　　□ 比较了解　　□ 一般了解　　□ 较少了解　　□ 没有了解

3.社区参与影响因素——牧民自身因素（1分表示没有影响，5分表示非常有影响）。

因素	1	2	3	4	5
性别					
年龄					
身体素质					
生活习惯					
技能					
文化程度					
语言能力					
生态知识					
宗教信仰					
生态保护意识					
商品意识（在经济活动中的商品生产和交换意识）					
家庭条件					
生计来源					
家庭劳动力数量					
参与积极性					
参政议政意识					

4.社区参与影响因素——社会环境因素（1分表示没有影响，5分表示非常有影响）。

因素	1	2	3	4	5
传统观念					
社区参与传统					
藏族文化					
宗教的影响力					
社区的生计结构					
社区经济发展程度					
旅游发展程度					
生态环境					
地理区位					

5.社区参与影响因素——国家公园方面的因素（1分表示没有影响，5分表示非常有影响）。

因素	1	2	3	4	5
国家公园的发展阶段					
国家公园的发展理念					
生态保护权与社区发展权的归属					
国家公园的功能分区					
特许经营制度					
生态管护员制度					
生态补偿制度					
资金扶持制度					
信息公开					
教育培训					

您的工作单位：_____　您的研究方向：_____

如果您对本调查有任何意见或建议，请不吝赐教。

附录 3 "三江源国家公园 NGO 参与机制研究" 相关访谈提纲及问卷

附录 3-1: 三江源国家公园 NGO 参与访谈提纲 (管理机构)

三江源国家公园管理单位访谈提纲

访谈日期:_____　　　　访谈地点:_____

访谈人员:_____　　　　被访谈者:_____

尊敬的女士 / 先生,您好:

非常感谢您参与本次访谈!我是 × × 大学研究生,现针对国家社科项目向您 / 贵组织进行有关 "国家公园公众参与" 的主题调研。请您根据实际情况,从管理机构的角度回答相关问题,谢谢!

本人承诺:本调查仅供学术研究使用,并严格遵守匿名原则,敬请放心!

× × 大学

组织、项目基本情况

1. 哪些 NGO 在这里开展活动?时间、地点、频次(具体数据)。

2. 管理局 / 管委会为 NGO 活动提供了哪些支持?

3.您对 NGO 参与国家公园相关工作怎么看？觉得这些 NGO 是否发挥作用？产生多大效果？（境外的、本地的）

3.如何来筛选进入国家公园开展活动的 NGO？

4.有没有针对 NGO 相关的管理政策或规划？

5.与 NGO 采取怎样的合作方式？是否会对其项目进行监管？

6.您觉得 NGO 在国家公园公众参与相关事务中是怎样的角色？ NGO 在社区事务参与方面有哪些优势？

7.您是否了解过 NGO 项目计划，您觉得哪些是当前国家公园迫切需要的？哪些您觉得是不太重要的和迫切需要的？

8.管理单位有没有对 NGO 项目计划提出改变或增加要求的？

9.管理单位如何评估项目，有没有数据方法支撑？

附录 3-2：三江源国家公园 NGO 参与访谈提纲（NGO）

三江源国家公园 NGO 访谈提纲

访谈日期：_____　　　　访谈地点：_____

访谈人员：_____　　　　被访谈者：_____

尊敬的女士 / 先生，您好：

非常感谢您参与本次访谈！我是 ×× 大学研究生，现针对国家社科项目向您 / 贵组织进行有关"国家公园公众参与"的主题调研。请您根据实际情况，从组织的角度回答相关问题，谢谢！

本人承诺：本调查仅供学术研究使用，并严格遵守匿名原则，敬请放心！

×× 大学

一、组织、项目基本情况

1. 基本情况

名称：_____

性质／注册状态：_____

成立时间：_____

组织的核心价值观：_____

固定员工及志愿者数量：_____

主要涉及领域及开展项目：_____

运作体系：_____

主要成就：_____

2. 简单讲述一下到三江源国家公园服务的频率、季节、活动地点。

3. 在三江源国家公园开展项目情况、遇到的困难和问题。

二、与政府管理部门关系

1. 如何与政府管理部门沟通联系？是否进行活动备案、签署合作备忘录等？

2. 在项目进行过程中，政府管理部门给予的支持帮助有哪些、干预限制有哪些？

3. 在与政府管理部门沟通合作过程中（可分不同级别），您觉得那些地方不太方便或可以改进？

三、与社区关系

1. 您觉得社区在这个项目中起到了哪些作用？是否因社区建议而改变行动方法等事件？

2. 项目选点时会考虑哪些因素？是否对不同发展程度的社区有不同的合作方式，目前合作方式有哪些？

3. 在项目发展的不同阶段怎样吸引居民参与？如何争取社区支持的？（不同层次居民）最初采取什么办法增进社区对组织的了解？

4. 在项目推进过程中存在哪些阻碍居民参与的问题？

5.针对项目本身有没有想过如何创新改进吸引更多居民的参与?

6.如何进行社区居民能力培养?

7.在带领社区参与中(可结合具体项目),有没有一些事情是重要的进展?简述下当时的过程。

四、其他问题

1.您觉得NGO在国家公园公众参与中是什么样的角色?发挥着什么样的作用?(自我角色认知)

2.您觉得项目实施至今,收获了哪些成效?

哪些项目成效最大,其最值得借鉴的经验在哪里?

一些不太成功的案例或者需要改进的地方?

3.针对某一重点项目,简述目标、协调机制、内容和方式、行动路径。

4.未来计划组织实施哪些项目?或有相关想法?

附录 3-3: 三江源国家公园 NGO 参与访谈提纲(社区居民)

三江源国家公园社区居民访谈提纲

访谈日期:_____　　　访谈地点:_____

访谈人员:_____　　　被访谈者:_____

尊敬的女士/先生,您好:

非常感谢您参与本次访谈!我是××大学研究生,现针对国家社科项目向您/贵组织进行有关"国家公园公众参与"的主题调研。请您根据实际情况,从社区居民的角度回答相关问题,谢谢!

本人承诺:本调查仅供学术研究使用,并严格遵守匿名原则,敬请放心!

××大学

一、组织、项目基本情况

1. 请问您了解 L 组织吗？（提前查资料做备注）

2. 您了解 L 组织在三江源开展的活动项目吗？有哪些？评价如何？（不知道的略过）

参与其项目的：＿＿＿＿＿＿＿＿＿＿＿＿＿＿＿＿＿＿＿＿＿＿＿

没有参与其项目的：＿＿＿＿＿＿＿＿＿＿＿＿＿＿＿＿＿＿＿＿

您觉得哪些项目作用最大：＿＿＿＿＿＿＿＿＿＿＿＿＿＿＿＿＿

二、参与 NGO 项目情况（针对参与者）

1. 请您详细描述一下当时参与 ××× 项目的初衷和过程。

2. 您觉得参与 ××× 项目给您带来什么价值/利益，对您自身而言的意义在哪里？主要的激励因素有哪些？

三、人口学特征

1. 年龄：＿＿＿＿＿＿＿＿＿＿＿＿＿＿＿＿＿＿＿＿＿＿＿＿＿＿

2. 职业：＿＿＿＿＿＿＿＿＿＿＿＿＿＿＿＿＿＿＿＿＿＿＿＿＿＿

3. 受教育程度：＿＿＿＿＿＿＿＿＿＿＿＿＿＿＿＿＿＿＿＿＿＿

4. 是否为生态管护员：＿＿＿＿＿＿＿＿＿＿＿＿＿＿＿＿＿＿＿

5. 收入来源及情况：＿＿＿＿＿＿＿＿＿＿＿＿＿＿＿＿＿＿＿＿

6. 家庭人口及概况：＿＿＿＿＿＿＿＿＿＿＿＿＿＿＿＿＿＿＿＿

四、普通居民和社区精英的关系

当初为什么愿意跟随 ××× 参加这个活动？（信任、利益）按重要性由高到低进行排序。

五、针对社区精英

1. 您最初为什么愿意参与项目？

2. 您觉得村里在开展 ××× 项目时面临的困难有哪些？

3. 您觉得 ××× 组织在 ××× 项目中主要起到什么作用？

4. 您在开展活动时如何带动其他居民？

5. 在这个过程中有没有形成社区自组织，或者打算建立社区自组织？

附录4　"三江源国家公园志愿者参与机制研究" 相关访谈提纲及问卷

附录4-1：三江源国家公园志愿者参与访谈提纲（管理机构）

访谈日期：_____　　　　访谈地点：_____

访谈人员：_____　　　　被访谈者：_____

三江源国家公园志愿者参与访谈提纲

尊敬的女士／先生，您好：

非常感谢您参与本次访谈！我是××大学研究生，现针对国家社科项目向您／贵单位进行有关"国家公园志愿者参与"的主题调研。请您根据实际情况，从管理机构的角度回答相关问题，谢谢！

本人承诺：本调查仅供学术研究使用，并严格遵守匿名原则，敬请放心！

××大学

一、三江源国家公园志愿者参与现状

1.您了解三江源国家公园志愿者参与的情况吗？请讲述一下。

2.目前，主要活跃在三江源地区的志愿者或者志愿者组织有哪些？主要是通过什么途径进驻国家公园？进驻之前跟您所在单位是否有沟通联系？是否联合开展过志愿者项目？

3.您认为现在三江源国家公园在志愿者参与这方面有什么不足，希望得到哪方面的改善？

二、志愿者参与意愿及需求

1.您认为是否需要志愿者或者志愿者组织参与到国家公园的事务中来？

2.需要什么类型的志愿者？

3.希望这些志愿者参与到国家公园的哪些事务中来，以什么样的方式参与？

三、志愿者参与的认可、支持与回应

1.您所在的部门是否为志愿者参与国家公园相关事务提供渠道？

2.您认为您所在的部门对招募志愿者或者引入志愿者组织的相关信息公开的程度如何？

3.您所在部门是否有关于志愿者招募、培训、激励的一些具体做法？请讲述一下。

4.目前国家公园志愿者管理存在哪些问题？对未来发展有何期许或者长远发展计划？

附录 4-2：三江源国家公园志愿者参与访谈记录表

访谈记录表

访谈时间	
访谈地点	
访谈对象	
访谈人员	
访谈记录	

附录 4-3：三江源国家公园志愿者参与访谈提纲（非政府组织）

访谈日期：_____   访谈地点：_____

访谈人员：_____   被访谈者：_____

三江源国家公园志愿者参与访谈提纲（非政府组织）

尊敬的女士/先生，您好：

非常感谢您参与本次访谈！我是××大学研究生，现针对国家社科项目向您/贵组织进行有关"国家公园志愿者参与"的主题调研。请您根据实际情况，从志愿者组织的角度回答相关问题，谢谢！

本人承诺：本调查仅供学术研究使用，并严格遵守匿名原则，敬请放心！

××大学

1. 该组织的基本情况了解吗？（名称、性质、成立时间、组织的核心价值观等内容）

2. 该组织志愿者项目开展的具体情况如何？

3. 志愿者项目是如何运转的？

4. 开展志愿者项目时，遇到哪些困难或者问题？

5. 与三江源国家公园的管理机构、当地政府之间的关系是怎样的？

6. 如果三江源国家公园推行志愿者参与，该组织的角色及作用是什么？

附录4-4：三江源国家公园志愿者参与访谈提纲（志愿者）

访谈日期：_____　　　访谈地点：_____

访谈人员：_____　　　被访谈者：_____

三江源国家公园志愿者参与访谈提纲（志愿者）

尊敬的女士／先生，您好：

非常感谢您参与本次访谈！我是××大学研究生，现针对国家社科项目向您进行有关"国家公园志愿者参与"的主题调研。请您根据实际情况，从志愿者的角度回答相关问题，谢谢！

本人承诺：本调查仅供学术研究使用，并严格遵守匿名原则，敬请放心！

××大学

一、志愿者服务基本特征

1. 志愿者的人口统计学特征。（性别、年龄、职业、居住地点）

2. 是从什么途径了解可以去三江源国家公园参与志愿服务？

3. 通过什么途径成为三江源国家公园的志愿者？

4. 成为三江源国家公园志愿者时，经过了哪些流程？

5. 简单讲述一下到三江源国家公园服务的频率、季节、活动地点？

6. 在三江源国家公园服务时，做过哪些工作？最难忘的经历是什么？遇到过什么问题？

7. 志愿服务过程中或结束后，获得过一些保障或者奖励吗？具体是什么？

8. 这段服务经历对自己的影响及收获。

二、志愿者服务的动机

您成为三江源国家公园志愿者的原因是什么？

三、志愿者参与的影响因素

1.有哪些因素会影响你参与三江源国家公园志愿者服务？

2.对三江源国家公园发展志愿者的建议。

附录 4-5：三江源国家公园志愿者调查问卷（针对已经服务过的志愿者）

三江源国家公园志愿者调查问卷

尊敬的女士／先生，您好：

我们是 ×× 大学的学生，正在进行一项关于三江源国家公园志愿者参与的研究。三江源国家公园是中国第一个国家公园试点，地处青藏高原腹地，其划定的园区包括长江源、黄河源及澜沧江源，是三大江河的发源地，素有"中华水塔""亚洲水塔"之称，是国家重要的生态区域。本问卷采用匿名方式作答，所得资料和数据仅用于学术研究，不会泄露您所填写的任何个人信息。您所提供的宝贵信息对我们的研究非常重要，感谢您的配合与合作！

×× 大学

一、国家公园志愿服务经验及基本情况

1.您曾经参与过志愿服务活动吗？

□ 经常　　□ 偶尔　　□ 1 ～ 2 次　　□从来没有参与过

2.您曾经参与过的志愿服务属于下列哪种类型？

□ 社区志愿服务　　□ 扶贫、支教等行动　　□ 大型活动志愿服务

□ 环境、生态保护　　□ 应急救援　　　　　□ 海外志愿活动

□ 文化、遗产保护类　□ 旅游志愿者　　　　□ 其他

3. 您对三江源国家公园的了解程度：

 □ 非常了解　 □ 比较了解　 □ 一般了解　 □ 很少了解　 □ 没有了解

4. 您认为志愿者对三江源国家公园的重要程度：

 □ 非常重要　 □ 比较重要　 □ 一般　　　 □ 不太重要　 □ 不重要

5. 您最近一次作为志愿者服务三江源国家公园的时间及时长：

6. 您是从哪个渠道了解或知道三江源国家公园志愿服务活动的？（多选）

 □ 微博、微信等社交平台　　 □ 国家公园官网　　 □ 志愿者相关的官方网站

 □ 学校或社团组织　　　　　 □ NGO　　　　　 □ 单位介绍

 □ 同学及朋友介绍　　　　　 □ 报刊及书籍　　 □ 其他

7. 您是通过什么途径成为三江源国家公园志愿者的？（多选）

 □ 直接通过国家公园管理局 / 管理机构　 □ 通过高校社团、组织

 □ 通过工作单位组织　　　　　　　　　 □ 通过宗教组织

 □ 通过活跃在三江源地区的非政府组织（NGO）　 □ 其他

8. 成为三江源国家公园志愿者，您经历过下面哪些步骤或流程？（多选）

 □ 志愿者申请　 □ 部门回应　 □ 面试　 □ 笔试　 □ 签订协议

 □ 定岗　　　　 □ 培训　　　 □ 志愿服务总结

 □ 志愿服务评价及反馈　　 □ 志愿活动奖励　　 □ 其他

9. 作为三江源国家公园志愿者，您参与过哪些服务内容？（多选）

 □ 生态系统修复　　 □ 动植物保护及研究　　 □ 病虫害防治

 □ 环境监测（地质、水文、土壤等）　 □ 科研考察　 □ 巡护

 □ 文化遗产保护　　 □ 社区服务　 □ 放牧　　 □ 解说

 □ 环境教育　　　　 □ 访客（游客）服务　　 □ 设施维护

 □ 计算机相关（维护网络、设计电脑程序或公园网页）

 □ 资料整理与更新　 □ 办公室行政 / 文书工作　 □ 研究

 □ 垃圾清理　　　　 □ 其他

10.志愿服务结束后，您从三江源国家公园获得的激励：（多选）

　　□ 志愿服务证明或者证书　　　　□ 官方网站上公开表彰

　　□ 获得免申请进入国家公园的资格　□ 交通、餐饮等补助

　　□ 不需要奖励　　　　　　　　　□ 其他

二、国家公园志愿服务心理特征

1.您参与国家公园志愿服务的原因及期望：

题项	非常同意——非常不同意				
	5	4	3	2	1
关注生态、环境、动植物、社区发展等					
帮助改善、恢复及提高生态环境、社区生计等					
帮助保护留给后代的环境、资源和遗产					
希望国家公园成为更好的地方					
迈入想从事的工作的门槛					
简历上的志愿经验会添彩					
建立可能有助于学业 / 事业联系的人际关系					
探索可能的学业 / 事业选择					
有助于我的专业 / 事业					
获得新知识及提升技能					
在独特的环境中工作的机会					
观赏及体验独特风景					
拥有一次与众不同的体验					
享受未知和挑战					
让我的生活更加充实、更加有意义					
暂时摆脱现实生活、学习、工作压力					
觉得自己被需要的					
获得尊重					
获得成就感					
认识新朋友					
与志同道合的人交流					
和同学、朋友、亲人一起工作					

2.除了以上因素，您是否有参与国家公园志愿服务的其他原因或者期望？

　　□ 没有　　□ 有（请填写具体内容，并注明重要程度）

三、国家公园志愿服务行为特征

1.影响您参与国家公园志愿者服务的因素：

题项	非常同意——非常不同意				
	5	4	3	2	1
志愿服务地点是否有吸引力					
志愿服务内容是否合理及有趣味性					
实际服务内容与目标是否匹配					
志愿服务信息是否易获取					
志愿者招募程序是否便捷					
志愿参与途径是否多样					
参与志愿服务时是否有各种基本保障（安全、生活等）					
是否有志愿服务职前培训					
是否有物质性（如金钱、奖品、奖状等）回报					
志愿者之间是否有交流的机会					
是否有与外界沟通交流的机会					
是否能得到应有的尊重和肯定					
是否能得到服务机构的客观评价和结果反馈					
自身身体状况是否适合					
家人、朋友等是否理解或支持					
与您常住地的距离					
是否有足够的时间					
是否有足够的可支配收入					

2.除了以上因素，是否还有其他因素影响您参与国家公园志愿服务？

　　□ 没有　　□ 有（请填写具体内容，并注明重要程度）

3. 您对三江源国家公园志愿服务经历的评价：

题项	非常同意——非常不同意				
	5	4	3	2	1
总体来说，我很满意这次三江源国家公园志愿服务					
我会建议朋友们来三江源国家公园做志愿者					
如果有机会，我很愿意再次作为志愿者为三江源服务					

4. 您对三江源国家公园开展志愿者活动及管理有什么意见或建议？（请提宝贵意见）

_____

_____

_____

四、您的一般信息

1. 性别：□ 男　　□ 女

2. 您出生于：_____ 年

3. 您的最高学历：□ 初中及以下　　□ 高中或中专　　□ 大专

　　　　　　　　□ 本科　　　　　□ 硕士及以上

4. 政治面貌：□ 中共党员　□ 共青团员　□ 民主党派　□ 无党派人士 / 群众

5. 职业：□ 无业　　　□ 学生　　　□ 教师　　　□ 艺术家　　　□ 摄影家

　　　　□ 公务员 / 事业单位人员　　　　　□ 公司职员　　□ 离退休人员

　　　　□ 个体经营　□ 军人　　□ 非政府组织员工　　　　□ 其他

6. 月收入：□ 3 000 元及以下　　□ 3 001～6 000 元　　□ 6 001～9 000 元

　　　　　□ 9 001～15 000 元　　□ 15 001 元及以上

7. 婚姻状况：□ 单身　　□ 已婚

8. 您的现居住地：□ 国内（_____ 省 _____ 市）　　□ 国外

再次感谢您的支持和耐心填写！祝您旅途愉快！

附录 4-6：三江源国家公园志愿者调查问卷（针对潜在志愿者）

三江源国家公园志愿者调查问卷

尊敬的女士 / 先生，您好：

我们是 ×× 大学的学生，正在进行一项关于三江源国家公园志愿者参与的研究。三江源国家公园是中国第一个国家公园试点，地处青藏高原腹地，其划定的园区包括长江源、黄河源及澜沧江源，是三大江河的发源地，素有"中华水塔""亚洲水塔"之称，是国家重要的生态区域。本问卷采用匿名方式作答，所得资料和数据仅用于学术研究，不会泄露您所填写的任何个人信息。您所提供的宝贵信息对我们的研究非常重要，感谢您的配合与合作！

×× 大学

一、其他志愿服务经验

1. 您曾经参与过志愿服务活动吗？

□ 经常　　□ 偶尔　　□ 1～2 次　　□ 从来没有参与过

2. 您曾经参与过的志愿服务属于下列哪种类型？

□ 社区志愿服务　　　□ 扶贫、支教等行动　　□ 大型活动志愿服务

□ 环境、生态保护　　□ 应急救援　　　　　　□ 海外志愿活动

□ 文化、遗产保护类　□ 旅游志愿者　　　　　□ 其他

二、国家公园志愿者参与的认知及参与意愿

1. 您了解三江源国家公园的程度：

□ 非常了解　　□ 比较了解　　□ 一般了解　　□ 很少了解　　□ 没有了解

2. 您认为志愿者能帮助三江源国家公园实现其目标和功能：

□ 非常同意　　□ 比较同意　　□ 一般　　□ 比较不同意　　□ 不同意

3.我会积极关注三江源国家公园志愿者项目：

☐ 非常同意　　　☐ 比较同意　　　☐ 一般　　　☐ 比较不同意　　　☐ 不同意

4.我会积极参与三江源国家公园志愿者项目：

☐ 非常同意　　　☐ 比较同意　　　☐ 一般　　　☐ 比较不同意　　　☐ 不同意

　　6-1 如若不同意参与，请说明原因：

5.您一般从什么途径获取志愿服务信息？

☐ 微博、微信等社交平台　　　☐ 国家公园官网　　　☐ 志愿者相关的官方网站

☐ 学校或社团组织　　　**☐ NGO**　　　☐ 单位介绍

☐ 同学及朋友介绍　　　☐ 报刊及书籍　　　☐ 其他

6.您希望通过什么方式成为三江源国家公园志愿者？

☐ 直接通过国家公园管理局 / 管理机构　　　☐ 通过高校社团、组织

☐ 通过工作单位组织　　　☐ 通过宗教组织

☐ 通过活跃在三江源地区的 NGO　　　☐ 其他

7.您认为作为三江源国家公园志愿者，需要经过以下哪些过程？

☐ 志愿者申请　　☐ 部门回应　　☐ 面试　　☐ 笔试　　☐ 签订协议

☐ 定岗　　　☐ 培训　　　☐ 志愿服务总结

☐ 志愿服务评价及反馈　　　☐ 志愿活动奖励　　　☐ 其他

8.参与国家公园志愿服务时，您对以下哪些内容感兴趣？

☐ 生态系统修复　　☐ 动植物保护及研究　　☐ 病虫害防治

☐ 环境监测（地质、水文、土壤等）　　　☐ 科研考察

☐ 巡护　　　☐ 文化遗产保护　　　☐ 社区服务

☐ 放牧　　　☐ 解说　　　☐ 环境教育

☐ 访客（游客）服务　☐ 设施维护

☐ 计算机相关（维护网络、设计电脑程序或公园网页）

☐ 资料整理与更新　　　☐ 办公室行政 / 文书工作　　　☐ 研究

☐ 垃圾清理　　　☐ 其他

9.志愿服务结束后，您期望从三江源国家公园获得的激励：（多选）

☐ 志愿服务证明或者证书   ☐ 官方网站上公开表彰

☐ 获得免申请进入国家公园的资格   ☐ 交通、餐饮等补助

☐ 不需要奖励   ☐ 其他

三、国家公园志愿服务心理特征

1.您参与国家公园志愿服务的原因及期望：

题项	非常同意——非常不同意				
	5	4	3	2	1
关注生态、环境、动植物、社区发展等					
帮助改善、恢复及提高生态环境、社区生计等					
帮助保护留给后代的环境、资源和遗产					
希望国家公园成为更好的地方					
迈入想从事的工作的门槛					
简历上的志愿经验会添彩					
建立可能有助于学业/事业联系的人际关系					
探索可能的学业/事业选择					
有助于我的专业/事业					
获得新知识及提升技能					
在独特的环境中工作的机会					
观赏及体验独特风景					
拥有一次与众不同的体验					
享受未知和挑战					
让我的生活更加充实、更加有意义					
暂时摆脱现实生活、学习、工作压力					
觉得自己被需要的					
获得尊重					
获得成就感					
认识新朋友					
与志同道合的人交流					
和同学、朋友、亲人一起工作					

2.除了以上因素，您是否有参与国家公园志愿服务的其他原因或者期望?

　　□ 没有　　□ 有（请填写具体内容，并注明重要程度）

四、三江源国家公园志愿服务决策

1.影响您参与国家公园志愿者服务的因素：

题项	非常同意——非常不同意				
	5	4	3	2	1
志愿服务地点是否有吸引力					
志愿服务内容是否合理及有趣味性					
实际服务内容与目标是否匹配					
志愿服务信息是否易获取					
志愿者招募程序是否便捷					
志愿参与途径是否多样					
参与志愿服务时是否有各种基本保障（安全、生活等）					
是否有志愿服务职前培训					
是否有物质性（如金钱、奖品、奖状等）回报					
志愿者之间是否有交流的机会					
是否有与外界沟通交流的机会					
是否能得到应有的尊重和肯定					
是否能得到服务机构的客观评价和结果反馈					
自身身体状况是否适合					
家人、朋友等是否理解或支持					
与您常住地的距离					
是否有足够的时间					
是否有足够的可支配收入					

2.除了以上因素，是否还有其他因素影响您参与国家公园志愿服务?

　　□ 没有　　□ 有（请填写具体内容，并注明重要程度）

五、您的一般信息

1. 性别：□男　　□女

2. 您出生于：＿＿＿＿＿＿＿年

3. 您的最高学历：□初中及以下　　□高中或中专　　□大专

　　　　　　　　□本科　　　　□硕士及以上

4. 政治面貌：□中共党员　□共青团员　□民主党派　□无党派人士 / 群众

5. 职业：□无业　　□学生　　□教师　　□艺术家　　□摄影家

　　　　□公务员 / 事业单位人员　　　　□公司职员　□离退休人员

　　　　□个体经营　□军人　　□NGO 员工　　　　□其他

6. 月收入：□3 000 元及以下　　□3 001 ～ 6 000 元　　□6 001 ～ 9 000 元

　　　　　□9 001 ～ 15 000 元　□15 001 元及以上

7. 婚姻状况：□单身　　□已婚

8. 您的现居住地：□国内（＿＿＿＿＿省＿＿＿＿市）　　□国外

再次感谢您的支持和耐心填写！祝您旅途愉快！